高等学校土木工程专业"十四五"系列教材

高等学校土木工程专业应用型本科系列教材

装配式钢结构建筑设计与施工

孙绪杰　马兴国　董艳秋　主　编

中国建筑工业出版社

图书在版编目（CIP）数据

装配式钢结构建筑设计与施工 / 孙绪杰，马兴国，
董艳秋主编. — 北京：中国建筑工业出版社，2022.2
高等学校土木工程专业"十四五"系列教材　高等学
校土木工程专业应用型本科系列教材
ISBN 978-7-112-26991-4

Ⅰ. ①装… Ⅱ. ①孙… ②马… ③董… Ⅲ. ①装配式
构件－钢结构－建筑设计－高等学校－教材②装配式构件
－钢结构－建筑施工－高等学校－教材 Ⅳ.
①TU391.04②TU758.11

中国版本图书馆 CIP 数据核字（2021）第 267157 号

本书共分为 6 章，分别为概述、装配式钢结构建筑设计、装配式钢结构建筑
构件生产和运输、装配式钢结构建筑施工、装配式低层冷弯薄壁型钢住宅设计与
施工、BIM 技术在钢结构建筑中的应用。

本书可作为高等院校土木工程类、工程管理类、建筑材料类相关专业的教材，
同时也可作为相关企业的岗位培训教材。

为了更好地支持相应课程的教学，我们向采用本书作为教材的教师提供课件，
有需要者可与出版社联系。建工书院：http://edu.cabplink.com，邮箱：jckj@
cabp.com.cn，2917266507@qq.com，电话：(010) 58337285。

* * *

责任编辑：聂　伟　王　跃
责任校对：李美娜

高等学校土木工程专业"十四五"系列教材
高等学校土木工程专业应用型本科系列教材
装配式钢结构建筑设计与施工
孙绪杰　马兴国　董艳秋　主　编

*

中国建筑工业出版社出版、发行（北京海淀三里河路 9 号）
各地新华书店、建筑书店经销
北京红光制版公司制版
天津安泰印刷有限公司印刷

*

开本：787 毫米×1092 毫米　1/16　印张：15¾　字数：380 千字
2022 年 6 月第一版　　2022 年 6 月第一次印刷
定价：**48.00** 元（赠教师课件）
ISBN 978-7-112-26991-4
（38784）

前　言

　　装配式建筑有利于提升建筑品质、实现建筑行业节能减排和可持续发展的目标。近年来，随着《中共中央国务院关于进一步加强城市规划建设管理工作的若干意见》和国务院办公厅《关于大力发展装配式建筑的指导意见》等文件的相继出台，装配式建筑在我国得到快速发展。针对钢结构发展相对缓慢的现状，国家还特别提出重点发展装配式钢结构建筑。

　　当前，国家提出大力培养装配式建筑设计、生产、施工、管理等专业人才，鼓励高等学校、职业学校设置装配式建筑相关课程，推动装配式建筑企业开展校企合作，创新人才培养模式。装配式建筑不仅仅是建造方式的变革，也是我国建筑业实现"中国建造"的关键环节，更是实现建筑产业化的有效途径。装配式建筑对建设相关产业布局具有深远的影响，对建筑施工企业的人员构成、生产方式的变革影响巨大。为贯彻落实国家相关文件精神，培养装配式钢结构建筑的设计与施工人才，推动新型装配式建筑高质量发展，编者在多年教学与实践的基础上编写了此教材。

　　本教材以培养装配式钢结构建筑设计与施工管理人员为目标，结合现行国家、行业及企业技术标准，系统阐述了装配式钢结构建筑的基本知识、装配式钢结构建筑设计、构件制作与运输、装配式钢结构建筑施工、装配式低层冷弯薄壁型钢建筑设计与施工以及BIM技术在装配式钢结构建筑设计与施工中的应用等内容。

　　本教材由黑龙江工程学院土木工程学院孙绪杰、马兴国、董艳秋担任主编。具体编写分工为：孙绪杰、武鹤编写第1章，孙绪杰编写第2章，董艳秋编写第3章，张旭宏编写第4章，马兴国编写第5章，孙绪杰、叶光伟编写第6章。本教材由孙绪杰统稿。

　　在本教材编写过程中查阅并参考了大量期刊、文献、教材、论文以及网络资料，在此谨向相关资料作者和单位表示由衷的感谢。由于装配式钢结构建筑正处于不断发展和实践过程，还有许多施工现场实践问题需要进一步深入学习研究，同时由于编者本身水平所限，本教材中难免会存在不妥和疏漏之处，敬请广大读者批评指正。

编　者

2021 年 05 月

目　　录

第1章 概　　述

1.1　发展装配式钢结构建筑的时代背景

我国钢结构建筑经历了几个发展阶段，在20世纪70～80年代，对于建筑用钢有所限制；2000年以后，随着钢铁产量的逐年攀升，国家出台了新的建筑用钢政策，鼓励用钢，发展钢结构建筑；最近几年，我国的钢铁产能过剩，便有专家提出了用钢结构建筑化解钢铁产能的建议，建筑行业正式进入大量用钢阶段，从2016年开始，随着装配式建筑的推进，也开始大力推广装配式钢结构建筑；而如今的装配式钢结构住宅建设试点使钢结构建筑进入到了全面发展阶段。

随着国民经济的快速发展，我国钢材的产量和产业规模近几十年来一直稳居世界前列，2015年钢产量已突破8亿t，钢结构产量已将近5000万t，也相继建成了一大批具有世界领先水平的钢结构标志工程：以国家体育场为代表的城市体育项目、以国家大剧院为代表的剧院文化项目、以北京银泰中心为代表的超高层建筑等。但从客观角度看，我国钢结构的发展依然十分滞后，"十二五"期间钢结构用钢量占钢产量的比例不到6%，且钢结构建筑面积在总建筑面积中的比例不到5%，远远低于发达国家水平；从全球范围看，绿色化、信息化和工业化是建筑业发展的必然趋势，钢结构建筑具有绿色环保、可循环利用、抗震性能良好的独特优势，在全寿命期内具有绿色建筑和工业化建筑的显著特征，在我国发展钢结构空间巨大。

党的十八届五中全会提出"创新、协调、绿色、开放、共享"的五大发展理念，明确了"十三五"时期经济社会发展的总体要求。建筑业作为国民经济的支柱产业，要切实贯彻新的发展理念，加大改革创新力度，从根本上改变传统的、落后的生产建造方式，加快推进产业转型升级，走可持续发展的道路。

发展新型建造模式，大力推广装配式建筑，是中央城市工作会议提出的任务，是贯彻"适用、经济、绿色、美观"的建筑方针、实施创新驱动战略、实现产业转型升级的必然选择，是推动建筑业在"十三五"和今后一个时期赢得新跨越、实现新发展的重要引擎。《中共中央国务院关于进一步加强城市规划建设管理工作的若干意见》提出，力争用10年左右时间，使装配式建筑占新建建筑的比例达到30%。住房和城乡建设部已将推广装配式建筑作为落实中央城市工作会议精神的重大举措。

2015年11月，李克强总理主持召开国务院常务工作会议，明确指出"结合棚改和抗震安居工程等，开展钢结构建筑试点，扩大绿色建材等的使用"；2016年3月，李克强总理在《政府工作报告》中提出，"大力发展钢结构和装配式建筑，提高建筑工程标准和质量，推动产业结构的调整升级"。推广应用钢结构，不仅可以提高建设效率、提升建筑品质、低碳节能、减少建筑垃圾的排放，符合可持续发展的要求，还能化解钢铁产能过剩，推动建筑产业化发展，促进建筑部品更新换代和上档升级，具有重大的现实意义。

推进装配式建筑的发展和应用是实现建筑行业升级转型和可持续发展的必由之路。装配式建筑是一场建造方式的变革，改变了传统建筑业的运营模式，通过工厂制作和现场组装，将大部分工作放在了工厂，可以减少现场人为因素的过多干扰、提高工程质量。建筑工业化可以大幅度提高劳动生产率、大大减少施工现场的工人数量、节约劳动成本，是解决目前中国人口红利逐渐消失、农民工人数快速减少、农民工工资持续增长、人工费用占建筑成本比例越来越高等问题的必要途径。建筑工业化还可以促进多行业整体的技术进步和升级转型，据统计，建筑工业化可以带动包括建材业、制造业、冶金、材料、化工、电子、机械等 50 多个关联产业的发展。

目前的装配式建筑可以分为装配式主体结构和装配式内装部品两大部分，其中装配式主体结构包括三种主要的结构形式：钢结构、预制混凝土结构和木结构。建筑钢结构天然就是符合装配式建筑特点的结构形式，结构构件完全是在工厂完成加工，在现场仅进行拼装来完成结构施工。钢结构建筑在我国已经有多年的发展经验，技术上比预制混凝土结构和木结构更加成熟。但是因为钢结构建筑造价稍高、人们对传统现浇混凝土建筑已经习惯等原因，前些年钢结构并没有在我国得到大面积应用，绝大多数已建成的钢结构工程仍属于"大（跨度大）、高（高度高）、特（用途特殊）、重（荷载重）"的特殊工程，此类工程都是用常规混凝土结构难以实现的。目前国内建筑行业面临的环境发生了巨大的变化：如近年国内钢铁产量迅速增加、钢铁产能出现过剩，多年经济发展中积累的环境污染、资源短缺问题变成社会经济发展的主要矛盾，经济发展的人口红利逐渐消失，钢结构建筑作为装配式建筑中的一种重要形式，将在未来的中国得到更大的发展。

1.2 装配式钢结构建筑的特点

1.2.1 装配式钢结构建筑的概念

钢结构建筑是指建筑的结构系统由钢部（构）件组成的建筑；就结构体系而言钢结构天生具有装配式的特点，组成结构系统的梁、柱、支撑等构件均是在工厂加工制作，现场安装而成的；但仅因为结构体系的装配化就认为钢结构建筑是装配式建筑，这个观点是不充分的。装配式钢结构建筑是指建筑的结构系统由钢部（构）件构成的装配式建筑。而装配式建筑，按《装配式建筑评价标准》GB/T 51129 的规定，应同时满足下列要求：①主体结构部分的评价分值不低于 20 分（该分值可通过竖向构件应用比例超过 35% 或水平构件应用比例超过 80% 得到）；②围护墙和内隔墙部分的评价分值不低于 10 分（该分值可通过围护墙、隔墙的装配化施工、装修一体化等得到）；③采用全装修；④装配率不低于 50%。满足以上要求的钢结构建筑才是装配式钢结构建筑，装配式钢结构建筑不等同于装配式钢结构，而是以钢结构作为承重结构的装配式建筑。

1.2.2 装配式钢结构建筑的特点

因为建筑的装配化绝非单一结构构件装配的简单要求，而是对整体的构配件生产的配套体系和现场装配化程度的综合要求。与传统钢结构建筑相比，装配化钢结构建筑更加强调设计的模数化和工厂的预制化，不论是结构系统还是外围护系统、设备和管线系统和内装系统，整个建筑的主要部分都应采取预制部品构件集成；更加强调部品部件安装的整体化和集成化，如整体式厨房和整体式卫生间，以及设备管道的科学集成和模块化安装，以实现建筑过程的一体化；更加强调管理系统的信息化和建筑工人的技术化，通过信息化的科学管理和专业化技术操作，来保证装配式建筑的施工质量，从传统建筑粗犷化的生产模式转变为装配式建筑精细化的生产模式，促进建筑产业的优化和升级。

装配式建筑是对传统建造方式的根本变革。与传统施工方法相比，装配式建筑可以大大缩短建造周期，全面提升工程质量，在节能、节水、节材等方面效果非常显著，并且可以大幅度减少建筑垃圾和施工扬尘，更有利于保护环境。装配式建筑以标准化设计、工厂化生产、装配化施工、一体化装修、信息化管理、智能化应用为主要特征，标准化是发展装配式建筑的基本前提和技术支撑。随着装配式建筑技术体系的快速发展，生产的社会化和规模化要求越来越高，技术难度和工程复杂程度也越来越大，标准化的地位和作用更加突出。在装配式建筑推广过程中，任何一项新的技术、材料、工艺、设备、部品部件，其科学性、先进性、适用性都需要以标准化为依托。要通过标准的制定和实施，有效搭建设计、生产、施工、管理之间技术协同的桥梁，为推广装配式建筑打下坚实基础。

钢结构建筑的产业化，不仅包括结构专业，还包括建筑、结构、机电设备、建材、部品、装修等全部专业；不仅涉及生产和施工环节，还涵盖设计、生产、施工、验收、运营维护的建筑全生命期。钢结构建筑的主体结构技术经过多年的工程实践已经比较成熟，但是符合产业化要求的围护系统、内装系统、机电设备部品系统等部分的产品和技术与建筑、结构等专业的协调配合还不成熟。

与其他形式的装配式建筑尤其是装配式混凝土建筑相比，装配式钢结构建筑具有以下特点：

(1) 现场没有现浇节点（湿作业），安装速度更快，施工质量更容易得到保证；

(2) 钢材是延性材料，具有更好的抗震性能；

(3) 自重更轻，基础造价相应降低；

(4) 材料可回收，更绿色环保；

(5) 梁柱截面更小，可获得更多的使用面积；

(6) 资金占用周期短，更早实现收益；

(7) 外围护结构较为复杂；

(8) 防火和防腐需要更加重视；

(9) 造价相对较高。

1.3　装配式钢结构建筑的发展历程

1.3.1　国外装配式钢结构建筑的发展

欧洲从 18 世纪下半叶开始用铸铁建造桥梁和建筑，英国是先行者。最早的铁结构桥梁是跨度 30m 的英国塞文河桥，1779 年建成。最早用于房屋建筑的生铁结构是建于 1786 年的巴黎法兰西剧院的屋顶。

装配式铁结构建筑的第一座里程碑，也是装配式建筑和现代建筑的第一座里程碑是建于1851年的伦敦水晶宫（图1-1），水晶宫长564m，宽124m，所有铁柱和铁架都在工厂预先制作好，到现场进行组装。整个建筑所用玻璃都是一个尺寸，124cm×25cm，铸铁构件以124cm为模数制作，达到高度的标准化和模数化，装配起来非常方便，只用了4个月时间就完成了展馆建设，堪称奇迹，具有划时代意义。

图1-1　伦敦水晶宫

铁结构建筑所能获得的大空间和非常短的建造工期满足了工业建筑和公共建筑的需要，19世纪，欧洲许多工业厂房和火车站采用铁结构。

图1-2　埃菲尔铁塔

装配式铁结构的另一座里程碑也是高层建筑的里程碑是埃菲尔铁塔（图1-2）。为纪念法国大革命100周年和1889年巴黎世博会召开，法国人希望建造一座能够反映法兰西精神和时代特征的纪念性建筑。项目委员会从700件投标作品中选中了埃菲尔设计的300m高的铁塔方案。埃菲尔铁塔建造在一片反对声中进行，历时2年2个月，于1889年3月31日竣工。正如埃菲尔为铁塔方案辩护时所称的"为现代科学和法国工业革命争光"，埃菲尔铁塔获得了巨大成功，是人类建筑进入新时代的象征，是超高层建筑的第一个样板。

1886年，法国赠送美国纽约的自由女神像建成，女神像高46m，其装配式铁结构所达到的高度给美国建筑树立了样板。1890年，由芝加哥建筑学派先行者詹尼设计的芝加哥曼哈顿大厦建成，这座16层的住宅是世界上第一栋高层装配式钢铁建筑，是当时最高的建筑。

19世纪后半叶，钢铁结构建筑的材质从生铁到熟铁再到钢材，进入快节奏发展期。进入20世纪后，钢铁结构建筑进入了高速发展时代。现代装配式钢铁建筑技术发源起始于欧洲，而在美国得以发扬光大。1913年建成的纽约伍尔沃斯大厦高241m，为铆接钢结构，石材外墙。

1967年加拿大蒙特利尔世界博览会美国馆，被称作生物圈的球形构造物，设计者是美国著名建筑师、工程师布克敏斯特·富勒，富勒于1949年发明了网架结构，蒙特利尔生物圈是网架结构的扩展。这座几何球直径76m，高41.5m，没有任何支撑柱，完全靠金属球形网架自身的结构张力来维持稳定。

1977年建成的巴黎蓬皮杜艺术中心是世界著名建筑（图1-3），也是装配式理念贯彻得非常坚决的钢结构建筑。著名意大利建筑师佐伦·皮亚诺和英国建筑师理查德·罗杰斯把自己的建筑说成高科技建筑，所谓的高科技，核心就是装配式。从装配式的角度看，蓬皮杜艺术中心的主要特点是：①它的结构构件装配连接非常简单，既不是焊接，也不是栓接，更不是铆接，而是插入加上销接。连接节点是一个筒，结构构件插入筒里，筒与构件有销孔，插入销子即可；②它的设备管线系统也是集成

图1-3 蓬皮杜艺术中心

化装配式的；③它把结构、设备与管线系统视为建筑美学元素，将它们彻底裸露，甚至于电动扶梯运行时缆索的移动都是可见的。

美国得克萨斯州阿灵顿的牛仔体育场是非常著名的装配式钢结构建筑，于2009年建成，可容纳10万人，建筑面积28万 m²，屋顶采用柱梁支撑，还可以自由开启，两道钢结构桁架拱是活动屋顶的支撑，是这座建筑的特点。

1.3.2 国内装配式钢结构建筑的发展

我国钢结构建筑和钢结构标准规范体系的发展可以概括为四个发展阶段。20世纪50年代为第一阶段、20世纪60～70年代为第二阶段、20世纪80～90年代为第三阶段、21世纪初为第四阶段。

20世纪50年代，苏联援建我国156个大型建设项目，其中大型工业厂房项目多数采用了钢结构。这些厂房的设计直接催生了我国第一版《钢结构设计规范》，即1954版《钢结构设计规范》的诞生。该规范直接采用了苏联钢结构规范的内容。

到了20世纪60～70年代，因为工业发展的需求，国家各部门对钢材的需求量大幅增加，但是钢产量仍然有限。而1954版钢结构规范采用了苏联设计规范，适用苏联的气候条件和经济条件，造成建筑用钢量较大。于是我国结合本国国情和10余年工程、设计、科研成果，编写了自己的钢结构规范，即1969版《弯曲薄壁型钢技术规范》和1974版

《钢结构设计规范》。另外由于节约钢材的政策和焊接空心球和螺栓球网架节点的成功研发，全国各地的网架工程快速增多。其中 1964 年第一个平板网架工程在上海完成。

20 世纪 80～90 年代，改革开放政策带动全国工程建设的巨大需求，钢结构建筑迎来快速发展时期。很多新技术或研发成果从国外引入，并应用于工程实践。如 1987 年我国第一栋高层钢结构建筑，高 165m 的深圳发展中心大厦建成。其他如厂房框架结构，包括平板网架和网壳的空间结构，空间结构和拱、钢架组成的混合体系，钢和混凝土混合结构，悬索结构，膜结构，以门式刚架、拱形波纹屋顶为代表的轻钢结构等工程的出现，标志着钢结构工程技术逐渐成熟。

21 世纪初至今，随着经济的持续发展和基础设施的广泛建设，我国钢结构工程达到了空前的快速发展阶段：大批采用钢结构和钢-混凝土组合结构的高层、超高层地标性建筑，大量应用空间大跨度钢结构体系的体育场馆、展览文化建筑和车站、航站楼类型建筑出现。传统结构形式如高层钢结构、空间结构继续快速发展的同时，新结构形式和技术如钢板剪力墙结构、张弦梁、张弦桁架、预应力钢结构、钢结构住宅等也不断出现并快速发展。2006 年我国粗钢产量达到 4 亿 t，居世界首位；2014 年我国粗钢产量达到 8 亿 t，约占全世界的一半。当前面对钢铁产量的增加，甚至产能的过剩，以及我国在经济发展中遇到的诸如环境污染、资源紧缺、人口红利逐渐消失等新问题，传统的现浇混凝土结构遇到了无法解决的难题，国家不断推出政策推广钢结构在建筑领域的应用，钢结构在我国的建筑行业迎来了全新的发展机遇。

1.4　装配式钢结构建筑技术应用现状

1.4.1　钢结构建筑的体系构成

1. 主体结构体系

20 世纪 80 年代以来，随着我国经济的快速、持续发展，国内建筑钢结构领域的科学研究也蓬勃发展，同时广泛吸收和引进了发达国家钢结构方面先进的技术，随着结构计算技术的不断提升，钢结构技术水平已经开始向国际先进技术靠拢和接轨。目前在我国广泛应用的钢结构建筑体系主要有：多（高）层建筑钢结构、钢-混凝土混合结构体系，大跨度空间网格结构体系，重型和轻型钢结构厂房结构体系，以冷弯薄壁型钢结构为代表的轻型钢结构体系等。

（1）多（高）层建筑钢结构、钢-混凝土混合结构体系通常包括：框架结构；框架-支撑结构（包括框架-中心支撑、框架-偏心支撑和框架-屈曲约束支撑结构）；框架-延性墙板结构；框架-筒体结构；筒体结构（包括框筒、筒中筒、桁架筒和束筒结构）；巨型框架结构等。以上结构可以采用纯钢结构，也可以用混凝土构件或钢-混凝土组合构件取代一部分钢构件，组成钢-混凝土组合结构体系。当建筑超过一定高度，采用混凝土结构的经济性和安全性将不如钢结构；当建筑高度更高，采用混凝土结构将无法实现，只能采用钢结构或钢-混凝土混合结构。近年来我国一线城市，甚至很多二三线城市都建造了超高层建筑，基本都采用钢结构或钢-混凝土组合结构体系。在大规模推广和发展钢结构建筑的背景之下，钢结构在以住宅为代表的普通多（高）层建筑中的应用越来越受到社会各界的重视和认可，政府、建筑工程从业人员、甲方和开发商都在齐心合力推动钢结构住宅的发展，在不久的将来钢结构住宅必将占有更大的市场份额。

（2）大跨度空间网格结构体系包括平板型网架、单层与多层网壳，同时也包括目前工程中常用的立体管桁架。平板网架将整个网架产生的弯曲、剪切效应转化为单个网架杆件承受轴向拉力和压力，所有杆件均以轴向受力为主，材料获得充分的利用而达到较好的经济效果。网壳结构可充分利用自身的形状效应，整个网壳以受轴向力为主，产生的弯矩很小，使网壳杆件受力更合理，从而获得更好的经济效应。近几十年来虽然不断有新的大跨度结构体系出现，但传统的网架及网壳仍然是应用范围最广（工业厂房、火车站、航站楼、文体设施等）、应用面积最大的空间结构形式。在网格结构节点形式领域，虽然不断有新型网格节点的出现，但性能最可靠、应用最广泛的依然是焊接球节点和螺栓球节点，部分形式复杂和受力较大的网格节点也会采用相关节点和铸钢节点。

（3）门式刚架轻钢结构是采用根据构件受力大小而变截面的工字形梁、柱组成框架在平面内受力，框架在平面外与支撑、檩条和墙梁等相连接受力的结构体系。因其能够有效利用材料、构件尺寸小、重量轻、工业化程度高、可以在工厂批量生产而保证质量、高强度螺栓连接简便迅速、土建施工量小、施工周期短、施工质量易于控制，近年来被广泛应用在一般工业与民用建筑中。门式刚架轻型房屋在很多领域都可以应用，如各种类型的厂房、仓库、超市、批发市场等建筑，小型体育馆、训练馆、健身房等体育建筑，展览馆、展示场等文化建筑。巨大的市场需求也促使从事门式刚架钢结构房屋加工、安装的企业如雨后春笋般发展起来。门式刚架结构基于自身的一系列优点和广泛的适用性，很多情况下已经取代了混凝土框架＋网架的结构体系。

（4）冷弯薄壁型钢结构采用板件厚度小、板件宽厚比很大的小截面冷弯型钢构件作为受力构件，利用型钢构件屈曲后的有效截面受压。冷弯薄壁型钢杆件在低多层建筑中通常作为钢龙骨按照一定的模数紧密布置，钢龙骨之间设置连接和支撑体系，钢龙骨两侧安装结构板材、保温层、隔热层、装饰层等功能层形成墙体和楼板，特别适用于低层（3层以下）住宅、别墅和普通公共建筑。低层冷弯薄壁型钢建筑具有以下优点：自重轻，基础造价和运输安装费用低；型钢构件、配套板材及各种配件均为工厂化生产，容易保证质量；建筑内不露梁、柱，龙骨布置灵活，各种建筑空间和建筑造型易于实现，容易满足客户个性化设计的需要；施工安装基本实现干作业，施工步骤简便，施工速度快，材料易于回收；龙骨体系和墙板体系施工结合了设备管线布置和二次装修。

2. 楼板结构体系

装配式钢结构楼板结构主要有钢筋桁架组合楼板、压型钢板组合楼板和预制混凝土叠合楼板等形式，新型楼板结构还在不断涌现。

（1）钢筋桁架组合楼板。钢筋桁架组合楼板是把钢筋桁架楼承板与现浇混凝土或预制混凝土板结合而成的组合楼板，钢筋桁架组合楼板施工时不需要设置模板且现场安装便捷，具有施工工期短、刚度强度好、整体抗震性能好等特点。

（2）压型钢板组合楼板。通过在支撑压型钢板上面浇筑混凝土材料结合而成的楼板称为压型钢板组合楼板，常依据压型钢板与混凝土是否共同工作把压型钢板组合楼板分为非组合和组合楼板，其具有轻巧便捷、方便运输和安装、便于管线安装等特点。

（3）预制混凝土叠合楼板。预制混凝土叠合楼板主要是通过在配有预应力钢筋的混凝土底板的侧边预设置钢筋并在混凝土板的侧边和上部现浇一层复合的混凝土，使预制板的预留钢筋与现浇板的钢筋连接并浇筑形成整体楼板，其具有整体稳定性能好、板面不易裂缝、抗震性能好的特点。

3. 外围护结构体系

装配式建筑的外墙对于保温隔热、防火防水、隔声密闭等性能要求较高，严寒及寒冷地区建筑单一材料外墙常常难以满足外墙的全部性能要求，如节能、防火、防水、隔气、隔声等方面，建筑设计中常考虑采用复合墙体来提高外墙的整体性能。复合墙体可分为保温隔热层、防水层、隔气层、空气屏障和隔声层5个部分。装配式建筑外墙主要有蒸压加气混凝土条板夹心墙、预制现场装配式轻钢龙骨复合墙板、预应力混凝土夹心复合墙等。

4. 内装体系

建筑内墙主要起分隔空间的作用，就墙体材料而言，对防火、隔声、防水、防潮等性能有一定要求。市场上内墙种类较多，常见的有蒸压加气混凝土条板、蒸压加气块、轻质和混凝土条板、石膏条板、轻钢龙骨隔墙等。SI内装是近年开始迅速兴起的一种工业化的建筑内装体系。S指Skeleton，即作为建筑骨骼的主体结构；I指Infill，即建筑物立面的充填体，包括设备管线、部品和内装修等。SI内装主要包括以下部品与部件：卫生间、厨房、收纳、吊顶、隔墙、地面、室内门窗。

（1）CSI（China Skeleton Infill）住宅规模和用途变化的可能性

在住宅空间主体不改变的情况下，为了能适应不同空间使用规模、不同使用功能，将空间划分成多个单元。其每个单元都可以独立地存在，有多样化的空间布局，同时随着用户对空间要求的增加与减小，可以自由地组合，将几个或多个单元组合在一起，进行重新划分与装修，每个房间都可以进行功能的置换。更进一步地考虑，若干年以后，由于城市的发展，建筑功能的变化，CSI住宅不仅可供家庭居住，也可用于大学生的集体宿舍、医生诊所、小型工作室、商铺等。

（2）可以满足不同住户对住宅的差异化使用要求

现在到处可以看到，住户在搬入新的住宅前，自行装修情况相当普遍，要求因人而异千变万化，开凿墙体影响承重结构的情况时有发生，说明住户的使用要求不同，同时也说明住户对房间布置不够满意；过多的承重墙及抗震墙限制了用户的不同要求，越来越多的住户要求可以灵活分割的住宅。此外，家庭生活方式复杂多样化形成差异及个性化需要，表现出对住宅划分的不同要求。CSI住宅可以满足不同住户对住宅的差异化使用要求，很好地解决了这个问题。

（3）CSI住宅可以应对住户本身家庭结构及生命循环的发展变化

随着社会的发展，时间的推移，家庭结构由"宗族"大家庭分化成由两代人组成的"核心家庭"并呈小型化的发展趋势。人们对居住的需求随结婚、生育、衰老、死亡的家庭微观生命循环而发生周期性变化，随着年龄的增长而产生的生理及心理变化直接影响居住需求，尤其是对卧室的要求。根据住宅的生理分室要求：儿童6~7岁与父母分室，12~14岁以上异性分室。随着年龄的增加有增加卧室的要求，而一旦子女离开父母独立生活，又有减少卧室的要求。在这种生命循环的影响下，CSI住宅的可变设计就显得非常重要，可以使住宅的功能根据需要发生变化，最大限度地发挥住宅的作用。

CSI内装系统具有以下特点和优势：①内装部品在工厂制作，现场装修采用干作业，可以最大限度地保证产品质量；②大大缩短现场施工周期，节省大量人工和管理费用；③施工现场噪声、粉尘和建筑垃圾等污染大大减少，降低原材料的浪费；④采用集成部品可以有效解决施工生产的尺寸误差和模数接口问题；⑤隔墙和主体建筑结构分离，主体结构可以形成大空间，可灵活改变户内空间的功能划分，具有满足今后生活方式的适应性；⑥主体结构部分和内装及管线部分分离，管线的更换、维修方便简单，不会损坏主体结构；⑦住宅主管道设置在公共空间部分，便于管线与设备的维护更换，建筑的公共部分和私有部分分界清晰、责任分明。CSI内装系统和钢结构都是工业化程度很高的系统，特别是当CSI内装系统用在钢结构住宅中时，将最大限度地体现装配式建筑的特点和优势。在人工成本不断攀升、环保问题愈发凸显、建筑长期品质越来越受到关注的今天，CSI内装系统和钢结构建筑结合的工程必将大量出现。

1.4.2 钢结构构件生产

钢结构作为一种全装配式的建筑结构形式，所有结构构件都是在钢结构加工厂完成生产加工的。钢结构加工的一般工艺包括零部件加工、组装、焊接、预拼装、除锈和涂装、包装和运输等。据统计，目前我国从事钢结构的企业超过1万家，年产能5万t以上的企业有几十家。企业类型有国有企业、民营企业和外资企业三类。

我国钢结构厂家的规模和生产技术实力存在着较严重的两极分化。一方面经过21世纪初至今许多超大型、高难度钢结构建筑工程的实施，一批高水平的钢结构厂家涌现出来，部分大型国有钢结构企业、大型民营钢结构企业和部分尖端外资或中外合资的钢结构企业以技术和质量取胜，设计、加工和施工能力较强，擅长于各种大型厂房、各种复杂大跨度空间结构建筑、高层和超高层钢结构建筑。另一方面数量众多的中小型民营钢结构企业整体实力较弱、技术能力不高、技术人员缺乏、产品品质一般，主要承接各种小型工程，如厂房、多层项目、钢结构改造加固项目等的构件加工，市场经营范围往往集中在一个特定区域，生产运营成本较低。如何规范钢结构加工企业，特别是众多中小型民营钢结构企业的管理，提高这些中小型民营钢结构企业整体的生产技术水平，是将来推广钢结构建筑在我国的应用、保证工程质量的重要问题。

1.4.3 钢结构施工技术

钢结构建筑中的结构构件在加工厂完成生产运输到工程现场后，完全通过螺栓连接、焊接等方式组装成最终结构，本身不包括湿作业、施工速度快、现场人员少、对环境的影响也小，因此钢结构是一种工业化程度极高的结构形式。和钢结构加工厂情况类似，施工方面也存在施工企业技术水平发展不平衡的情况。少数大型钢结构企业施工技术和能力较强，多数企业的施工水平一般，甚至较低。近年我国钢结构工程飞速发展的背后，存在着许多令人担忧的工程质量问题，而这些工程质量问题很大部分是出现在施工阶段。工程质量是工程项目的生命，质量低劣势必带来安全隐患，甚至会导致生命和财产的巨大损失。钢结构施工质量的整体提高是钢结构建筑发展的必要条件。

钢结构施工技术包括许多内容，如施工组织设计、施工阶段设计、焊接、紧固件连接、安装、压型金属板工程、涂装、施工测量、施工监测等。除了专门的《钢结构工程施工规范》外，很多钢结构体系的技术规范、规程等规定了一部分钢结构施工方面的内容，本书根据实际工程的需要，选取并讨论了以下规范中对于钢结构施工真正实用和重要的规定：《钢结构工程施工规范》《门式刚架轻型房屋钢结构技术规范》《高层民用建筑钢结构技术规程》《空间网格结构技术规程》《矩形钢管混凝土结构技术规程》《钢管混凝土结构技术规范》《高层建筑钢-混凝土混合结构设计规程》《高层建筑混凝土结构技术规程》《组合楼板设计与施工规范》《冷弯薄壁型钢结构技术规范》等。

钢结构施工质量验收方面主要使用的规范是国家标准《钢结构工程施工质量验收标准》，这本规范是所有钢结构工程进行施工验收的依据。

1.4.4 运营和维护

推行装配式建筑，不仅要注重建设阶段的节能减排，还要关注建筑使用阶段的运营管理和日常维护，使其在整个建筑生命期内实现绿色环保、人居和谐。因此在推行建筑产业化的过程中，不仅要重视施工作业方式的转变，还要重视运营阶段的科学维护和管理，才能使建筑达到设计正常使用年限，并且建筑功能不降低。

钢结构建筑有别于钢筋混凝土结构建筑或砌体结构建筑的是耐腐蚀性差、容易锈蚀，影响使用寿命。钢结构的运营和维护包括了钢结构建筑日常使用期间的运营和维护管理、在各种条件针对不同目的的钢结构检测和鉴定以及钢结构的改造加固技术。钢结构建筑在我国有了多年的发展，特别是自20世纪90年代起至今的持续建设，目前国内已建成的钢结构建筑数量已经相当可观，我国大量已建成的钢结构建筑已经开始时进入维护时代。

1.4.5 集成技术的应用

装配式建筑要求技术集成化，对于预制构件来说，其集成的技术越多对后续的施工环节越容易，这是装配式建筑发展的一个重要方向。

部分钢结构建筑用外墙板功能中集成了自承重、保温两项技术；国外部分外墙板甚至集成了自承重、保温、内外装修等系列功能，施工安装完成后只需处理墙板接缝即可投入使用，工业化程度极高。目前国内也有很多建材厂家在对此类高度集成、高度工业化的钢结构用外墙板进行研发。

中国香港近年对整体卫生间有着深入的研究，目前已经发展到第四代。整体卫生间一次内装到位，内墙面瓷砖可在工厂预贴，洁具也可在工厂预设，但为了减少运输、施工阶段的破损也常在施工完成之后安装，上下水管均布置在墙外，卫生间一侧设置毛面与承重墙体现浇在一起，卫生间墙体非承重，其自重荷载由本层承受。

习　题

1. 简述装配式钢结构建筑的定义。
2. 简述装配式钢结构建筑的特点。
3. 简述装配式钢结构建筑的结构体系种类。

第 2 章　装配式钢结构建筑设计

2.1　建　筑　设　计

2.1.1　建筑工业化的相关要求

装配式建筑设计的关键在于技术集成，设计宜采用主体结构、装修和设备管线的装配化集成技术。国家标准及地方标准均提出了装配式建筑宜采用和推行主体结构、装修和设备管线的装配化集成技术。钢结构建筑主体本身已经是全工业化建造，其装修和设备管线也更适合采用装配化集成技术。新型装配式建筑不是传统生产方式和装配化简单相加，用传统的设计、施工和管理模式进行装配化施工不是真正的装配式建筑，只有将主体结构、围护结构和内装部品等集成为完成的体系，才是完全的装配建筑，才能体现工业化生产的优势，实现提高质量、提升效率，减少人工，减少浪费的目的。目前，我国的装配式建筑采用系统性集成方法，其体系通常包括：建筑结构体的系统与技术集成；建筑内装体的系统与技术集成；围护结构的系统与技术集成；设备及管线的系统与技术集成。

2.1.2　平面设计

1. 平面布置

钢结构建筑设计应通过模数协调实现建筑结构体和建筑内装体之间的整体协调。应采用基本模数或扩大模数，做到构件部品设计、生产和安装尺寸的相互协调。模数协调的应用，有利于协调建筑空间与建筑部件的尺寸关系，有利于建筑部件的定位和安装，建筑物的开间或柱距，进深或跨度、梁、板、隔墙和门窗洞口宽度等分部件的界面尺寸宜采用水平基本模数和水平扩大模数数列，且水平扩大模数数列宜采用 $2nM$、$3nM$（n 为自然数，$M=100mm$），优先尺寸为 6M。多（高）层钢结构住宅的建筑设计应在优选设计模数的基础上以模数网格线定位。图 2-1 为住宅建筑与结构布置的实例。

结构构件的轴线与模数网格线的关系及围护、分隔构件的定位应符合所选建筑体系的特征并有利于构配件的生产、安装和其他附加构造层次的实施；主要构件的标志尺寸（厚度或断面尺寸除外）应尽量为设计模数的倍数，并符合模数协调的原则，在相邻构配件之间留下模数化的空间。部件优先尺寸的确定一般应符合下列规定：承重墙和外围护墙厚度的优先尺寸系列宜根据分模数或 M 的倍数及其与 M/2 的组合确定，宜为 100mm、150mm、200mm、250mm、300mm；内墙厚度优先尺寸系列宜采用 60mm、80mm、100mm、120mm、150mm、200mm；柱、梁截面的优先尺寸系列宜根据 M 的倍数与 M/2 的组合确定。

层高优先尺寸系列宜采用（22~30）M，间隔 M，当采用密排钢次梁或肋形板、井字

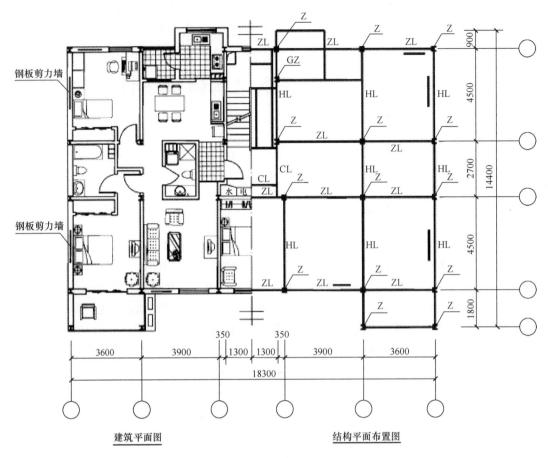

图 2-1　住宅楼平面建筑与结构布置

梁楼盖时层高可扩充至 32M，当外墙选用蒸压轻质加气混凝土板（ALC）横排时，因其标准板宽为 600mm，层高宜采用 $n×6M$；室内净高优先尺寸系列宜采用（20～28）M，间隔 M。

平面设计在模数应用的基础上，应做好各专业的协同工作，共同确立好平面定位，通常采用梁、柱等结构构件的中心线定位法，在结构部件水平尺寸为模数尺寸的同时，获得的装配空间也为模数空间，实现结构与内装的协调。

建筑平面布置设计应考虑有利于钢结构建造。因材料的高强度特性，柱网及钢架适合大跨度、大开间的布置。平面设计不仅应考虑建筑各功能空间当时的使用需求，还应该考虑建筑全生命期的空间适应性，让建筑空间适应社会不同时期的不同需要。尽量按一个结构空间来设计公共建筑的单元空间或住宅的套型空间，根据结构受力特点合理设计柱跨的距离，并注意预制构配件（部件）的模数尺寸既应满足平面功能需要，同时应符合模数协调。

平面设计宜采用大开间，钢结构建筑内的大空间可根据使用功能需要，采用轻钢龙骨石膏板、轻质条板等轻质隔墙进行灵活的空间划分。轻钢龙骨石膏板内可布置设备管线，方便检修和改造更新，满足建筑的可持续发展，符合国家工程建设节能减排、绿色环保的要求。

2. 平面形状

平面形状设计应保证结构的安全及满足抗震设计的要求。钢结构建筑平面设计的规则性，有利于结构的安全性，符合《建筑抗震设计规范》的要求；特别不规则的平面设计在地震作用下内力分布较复杂。为实现相同的抗震设防目标，形体不规则的建筑，要比形体规则的建筑耗费更多的结构材料，不规则程度越高，结构材料的消耗量越大，不利于节约材料。同时平面设计的规则性可以减少水平结构构件的类型、预制楼板的类型，也符合结构的经济合理性。多（高）层钢结构建筑的平面布置是以钢框架结构为基础的，应避免出现单跨布置，且不宜有过多凹凸变化。在建筑设计中要从结构合理性和经济性角度优化设计方案，避免不必要的不规则和不均匀布局。建筑平面设计应与结构体系相协调，平面几何形状宜规则，其凹凸变化及长宽比例应满足结构对质量、刚度均匀的要求，平面刚度中心与质心宜接近或重合。空间布局应有利于结构抗侧力体系的设置及优化，应充分兼顾钢框架结构的特点，房间分隔应有利于柱网设置。

3. 门窗洞口

传统混凝土和砌体结构建筑的平面设计是在确定功能空间的开间、进深尺寸及开窗位置、形式时重点考虑结构的安全性、合理性，而钢框架结构建筑的外围护体系为非受力构件，门窗的设置相对灵活。钢结构建筑的围护构件多为轻型墙材，采用幕墙体系时，应注意与钢结构连接时应保证结构的安全性。在轻型板材上开设的门窗，其定位应结合轻型板材的排板，避免板材裁切过多或剩余尺寸过小。除此之外平面设计在门窗选型上还应符合《建筑门窗洞口尺寸系列》GB/T 5824 的规定。

4. 标准化设计

平面设计应采用标准化、模数化、模块化、系列化的设计方法。项目应体现标准化设计概念，基本单元、构件、建筑部品应符合重复使用率高、少规格、多组合的要求。预制构件和建筑部品的重复使用率是项目标准化程度的重要指标，根据对工程项目初步调查，在同一项目中对相对复杂或规格较多的构件，同一类型的构件一般控制在 3 个规格左右并占总数量的较大比例，可控制并体现标准化程度。对于规格简单的构件宜用一个规格构件。

标准化的基础是模数化，模数协调的目的是实现建筑构件的通用性与互换性，使规格化、通用化部件适用于各类常规建筑，满足各种要求。同时，大批量的规格化、定型化部件生产可稳定质量、降低成本。通用化部件所具有的互换功能，可促进市场的竞争和部件生产水平的提高。公共建筑的基本单元是指标准的结构空间，居住建筑则是基本套型。平面的标准化设计离不开模数协调，平面设计应在模数化的基础上以基本单元或基本户型为模块并采用基本模数、扩大模数、分模数的方法实现建筑主体、建筑内装和内装部品等相互间尺寸协调。钢结构宜采用扩大模数网格，且优选尺寸应为 $2nM$、$3nM$ 模数系列。部件定位可采用中心线定位法、界面定位法，或者中心线与界面定位法混合使用的方法。其方法的选择应符合部件受力合理、生产简单、优化尺寸和减少部件种类的需要，满足部件部品的互换、位置可变的要求；应优先保证部件安装控件符合模数，或满足一个及以上部件间净尺寸符合模数。平面设计应在模数化的基础上以公共建筑基本单元或住宅建筑基本户型为模块，进行组合设计。任何功能空间都可以通过模块化的方式进行设计，把一个标准模块分解成多个小而独立的、相互作用的分模块，对不同模块设定不同的功能，以便于更好地处理复杂、大型的功能问题。模块应具有"接口、功能、逻辑、状态"等属性。其中接口、功能与状态反应模块是外部属性，逻辑反应模块是内部属性。模块应是可组合、分解和更换的。

5. 模块设计

为推行设计标准化，钢结构住宅可采用模块单元组合的设计方法，模块单元适用于标准房间重复率高的建筑模型，如旅馆客房、医院病房、学生宿舍、军用营房以及居民公寓。用于居民住宅时也可以设计为一居室模块，二居室模块，并以两个一居室模块合成为三居室。某住宅楼如图 2-2 所示，可以分解成若干个基本模块，这些模块，可以适当改变尺寸，同样可以用于其他类似的建筑中。

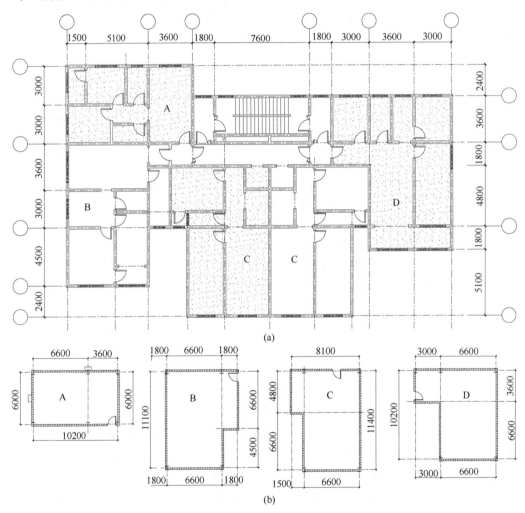

图 2-2　住宅楼平面及模块化分割图
（a）住宅楼平面；（b）分解的模块化户型

模块单元一般应有的特点为：每一模块单元含有一处竖向交通和一组完整的套型组合；相关模块可互换；模块单元具有结构独立性，结构体系同一性、可组性，组合后具备结构整体性；模块单元的设备系统是独立的。就目前生产建造水平而言，实施模块化住宅是一个渐进的过程，对于成熟的、重要的以及影响面较大的部位可先期运行，如建筑产品中的集成厨房、整体卫生间。厨房、卫生间宜采用整体化设计，整体厨房、卫生间符合绿色建筑和建筑工业化的要求。整体厨房空间尺寸应符合现行行业标准《住宅整体厨房》JG/T 184 和《住宅厨房模数协调标准》JGJ/T 262 的要求。整体卫浴空间尺寸应符合现行行业标准《住宅整体卫浴间》JG/T 183 和《住宅卫生间模数协调标准》JGJ/T 263 的要求。厨房和卫生间是住宅建筑的核心功能空间，其功能主要是通过其功能部品和设备设施实现的。一方面，其空间不大但设施复杂，需要用标准化、集成化的手段来实现；另一方面，其功能部品的工业化程度高，适宜标准化、集成化。因此在套型设计中要重点考虑厨房和卫生间的标准化，宜将用水空间集中布置，结合功能管线要求合理确定整体厨房和整体卫生间的位置。根据住宅套型的定位，设计各功能分模块，处理好系统间的接口，结合工厂生产和工程实际预留合理的结构空间，集成应用。

起居室、卧室、餐厅模块设计要点为：起居室模块应满足家庭团圆、看电视、会客等功能需求，并应尽可能控制开向起居室的门的数量和位置，宜保证墙面的完整性，便于家具布置；卧室模块一般包括双人卧室、单人卧室以及卧室与起居室合为一室的三种类型，卧室与起居室合为一室时，在不低于起居室设计标准，并且满足复合睡眠功能空间后，适当考虑空间布局的多样性，空调室内机出风口不应正对床的位置，且不宜设置在电视机或床头上方，床头应设置台灯位置，以及卧室照明双联开关；设置独立餐厅或在客厅划分出就餐区域时，用餐区宜设置独立照明，小户型中，在餐厅或兼作餐厅的客厅增加冰箱摆放的空间，缩减厨房面积，餐桌旁设餐具柜，摆放微波炉等厨用电器，并预留插座；合理控制窗洞与侧墙的距离，并结合家具尺寸设置，避免家具遮挡窗户采光，合理设计强、弱电及开关面板位置，避免面板被家具遮挡，影响使用；起居室、卧室与餐厅模块设计应考虑适老性需求。

厨房模块设计要点为：模块的设计尺寸宜满足标准化整体橱柜的要求及《住宅整体厨房》JG/T 184 的规定；模块应包括橱柜、管道井、冰箱等功能单元；管道井应集约布置，燃气表、燃气立管统一布置在管道井内，并设检修口，方便维修。

卫生间模块设计要点为：模块的设计尺寸宜满足标准化整体卫浴的要求及《住宅整体卫浴间》JG/T 183 的规定；建筑宜采用同层排水设计，应结合房间门净高、楼板跨度、设备管线等因素确定降板方案；模块应满足如厕、盥洗、淋浴、管道井等基本功能要求；卫生间中的各功能单元应根据一般使用频率和生活习惯进行合理排序。

门厅模块设计要点为：门厅模块应包括收纳、临时置物、整理妆容、装饰等功能单元模块。

6. 交通核设计

交通核模块主要由楼梯间、电梯井、前室、候梯厅、设备管道井等功能组成，其中楼梯间、电梯井、设备管道井根据规范限定和适用需求，以标准化方法进行设计。公共建筑中的楼梯数量、宽度及分布应按照平面功能中各个防火分区中的使用人数经计算得出的疏散宽度及疏散距离来确定。住宅中的交通核应满足《住宅设计规范》GB 50096、《建筑设计防火规范》GB 50016、《民用建筑设计通则》GB 50352 及工业化建筑标准的相关要求。

前室、候梯厅、公共走道等组成部分由于关系到立面形象，套型布局的朝向、采光、通风等因素，决定了核心筒设计的品质，影响居民居住环境，可综合各项因素进行设计。

楼梯的设置除了满足规范的疏散要求，还应尽可能按照标准化的模数进行设置，方便后期进行工业化预制和施工。在模块设计中，根据宽度和高度可确定整栋楼预制楼梯的构件尺寸，实现标准化工厂生产。机电设备管线系统采用集中布置方式，合理利用交通核的空间。

7. 电梯设计

钢结构公共建筑的电梯、扶梯设计按照各类公共建筑的功能需求和使用频率确定数量和位置，且应满足现行标准《无障碍设计规范》GB 50763 的要求。

七层及七层以上的住宅或住户入口层楼面距室外设计地面的高度超过 16m 以上的住宅必须设置电梯，宜成组集中布置，应在设有户门和公共走廊的每层设站。钢结构住宅中电梯的设置特别要避免设置支撑的电梯墙与居室贴邻。候梯厅深度不应小于多台电梯中最大轿厢的深度，且不应小于 1.5m。十二层及十二层以上的住宅，每栋楼设置电梯不应少于两台，其中应设置一台可容纳担架的电梯，设计中要注意的是当普通电梯与担架电梯同时设置时，井道尺寸须满足各自的设备要求，候梯厅尺寸应同时满足无障碍要求及担架梯轿厢深度。每单元只设置一部电梯时，从第十二层起应设置与相邻住宅单元连通的联系廊。联系廊可隔层设置，上下联系廊之间的间隔不应超过 5 层。联系廊的净宽不应小于 1.10m，局部净高不应低于 2.00m。

消防电梯应符合《建筑设计防火规范》GB 50016 的要求。高度大于 33m 的住宅建筑应设置消防电梯，下列情况的地下室或半地下室应设置电梯：(1) 建筑物设有电梯；(2) 建筑埋深大于 10m 且地下室或半地下室总建筑面积大于 3000m²。消防电梯应分别设置在不同防火分区内，且每个防火分区不应少于 1 台。电梯在钢结构建筑中不能当作安全疏散之用，仅作为平时竖向交通工具和无障碍设施，发生火灾时供消防人员使用，避免消防人员与疏散逃生人员在疏散楼梯上形成"对撞"，既延误灭火时机，又影响人员疏散；防止消防人员通过楼梯登高时间长，消耗大，体力不够，不能保证迅速投入灭火行动。

2.1.3 立面设计

工业化建筑的立面应带有工业化特色，立面上的元素应由功能产生，不应有过多无用的纯装饰性的构件，且应多研发、使用工业化的产品部件来丰富立面效果。钢结构建筑的立面设计，应采用标准化的设计方法，通过模数协调，根据工业化建筑"少规格、多组合"的原则，依据钢结构建造方式的特点实现立面的个性化和多样化。

1. 立面设计中的预制构件要求

立面设计应最大限度采用预制构件，尽量减少立面预制构件的种类。外墙应轻质、高强、防火，并应根据钢结构住宅的特点选用标准化、产业化的墙体材料。外墙应优先采用轻型墙板，墙体本身及其与钢结构的连接节点应符合现行国家标准《建筑抗震设计规范》GB 50011—2010 第 13.3.2 条的要求。

住宅填充墙除选用轻型块材砌筑外，宜积极提高预制装配化程度，可选用、发展和推广下列各类新型外墙：蒸压轻质加气混凝土板外墙；薄板钢骨-砌筑复合外墙；薄板钢骨骨架轻质复合外墙；保温填充轻型板现场二次复合外墙；钢筋混凝土幕墙板现场复合外保温外墙（墙板在工厂或在现场预制）；钢丝网混凝土预制保温夹芯板外墙。实际工程选用的墙体构件和工程做法宜为经过工程试点并通过国家或省、部级鉴定的产品和技术。

外墙板标准化设计应满足互换性的要求。预制构件、轻型外墙板的标准化、大批量的规格化、定型化生产可稳定工程质量、降低成本，通用化部件所具有的互换能力可促进市场的竞争和部件生产水平的提高。

应充分考虑钢结构建筑的工业化因素，建筑平面应规整，外墙无凹凸，立面避免凸窗，少装饰构件，避免复杂的外墙构件。利用标准开间，采用模数化设计，居住建筑的户型或公共建筑的基本单元在满足建设项目要求的配置比例前提下尽量统一，通过标准单元的简单复制、组合达到高重复率的标准层的组合方式，实现立面外墙的标准化和类型的最少化，使建筑呈现工业化立面的效果，整齐划一、简洁重复、富有韵律。

2. 建筑的层高

多（高）层钢结构建筑的层高应由其使用功能要求的净高加上结构高度和楼地面做法确定。钢结构建筑的层高应符合下列要求：

模数协调。建筑层高和室内净高宜满足模数层高和模数室内净高的要求。住宅的层高宜控制在 2.80～3.00m，不宜超过 3.30m，并应为基本模数 M 的倍数。钢结构建筑层高的设计应按照建筑模数协调要求，采用基本模数、扩大模数 nM 的设计方法实现结构构件、建筑部品之间的模数协调，为工业化建筑构件的互换性与通用性创造条件，便于工厂化统一加工。层高和室内净高的优先尺寸间隔为 M。立面高度的确定涉及预制墙板等构件的规格尺寸，应在立面设计中认真贯彻建筑模数协调的原则，确定合理的设计参数，在保证工程的功能、质量的同时获得良好的经济效益。室内净高应以地面装修完成面与顶棚完成面为基准面来计算模数高度。为实现垂直方向的模数协调，达到可变、可改、可更新的目标，需要将层高设计成模数层高。

层高设计。建筑层高应结合建筑使用功能、工艺要求和技术经济条件综合确定，并应符合专用建筑设计规范的要求。含装修在内的楼盖技术层厚度为 h_1，普通钢结构住宅当 $h_1 \leqslant 250mm$ 时，层高宜为 2.8m；当 $250mm < h_1 \leqslant 350mm$ 时，层高宜为 2.9m；当 $h_1 \geqslant 350mm$ 时，层高宜为 3.0m。对 CSI 住宅，应结合架空夹层构造方法选择适宜住宅层高，实现套内各种管线同层敷设，架空高度根据实际需要确定。

钢结构建筑特别是住宅类建筑的层高与梁板形式、设备系统紧密相关。钢结构建筑的楼板可以是现浇混凝土板，也可以采用各种预制叠合楼板；楼板可以置于钢梁上，也可以位于钢梁高度内；设备管线可以埋于楼板现浇层内也可穿钢梁、桁架，还可以位于梁下或架空地板内；综合考虑以上条件才能最终确定建筑层高。

一般来说，影响建筑物层高的因素有：①室内的净高。室内净高应为地面完成面（有架空层的应按架空层面层完成面）至顶棚底面之间的垂直距离。室内净高要求越高，相应的层高也就越高。室内的净高除满足建设项目使用的要求外，应符合《民用建筑设计统一标准》GB 50352 及各专用建筑设计规范的要求。②结构的高度。结构体系不同，结构构件（如梁、板）相对位置及占用的高度也不同。应与结构专业密切配合确定结构所需的高度，按照设计的要求确定层高及室内模数净高。③楼地面的构造做法。公共建筑的楼地面做法应根据使用功能、工艺要求和技术经济条件综合确定，并应符合《楼地面建筑构造》12J304 的规定。④顶棚的高度。建筑专业应与机电专业及室内装修进行一体化设计，协同确定室内的顶棚高度。顶棚内的机电管线应布置合理、避免交叉、利于维修与维护，尽量减小顶棚内高度。钢结构建筑外露的梁、柱等钢构件均需要进行防火处理，各类建筑应结合设备管线和内装设计综合考虑顶棚的位置和形式。钢结构住宅的层高要根据不同的建设方案、结构选型、内装方式等综合考虑。钢结构住宅中设置的设备系统，尤其是空调、新风系统，其设备及管线占用的高度、管线与梁的位置（是否穿梁）都对室内净高及层高的确定有重要影响。

为提高工业化程度，钢结构住宅的楼地面宜采用架空地板系统，架空层内敷设排水和供暖等管线，顶棚内敷设电力、空调管线等。住宅建筑中采用 CSI 住宅建设技术的架空楼板地面做法与采用传统叠合楼板混凝土垫层的楼地面做法的构造高度是不同的。层高＝房间净高＋楼板厚度＋架空层高度＋顶棚高度。CSI 体系的设计采用的是建筑结构体与建筑内装体、设备管线相分离的方式。影响住宅层高的因素主要为架空层与顶棚高度。架空层和顶棚空间的设置应根据不同建筑的特点和需求，采用同层设置或局部设置。架空层和顶棚的高度根据实际设计需要确定。设备管线架空层的同层设置是指整个建筑平面内设置架空层，由于此法使设备管线全部同层布置，有利于建筑平面布局的整体改造（厨卫均可移位），其弊病是建筑层高较大。而局部设置设备管线架空层是通过厨卫局部降板来实现管线的同层布置，其优点是层高较小，但厨卫房间要相对稳定不能移位，不利于平面布局的整体改造。设计师可根据经济性分析合理选用架空方案来控制住宅的层高。采用装配化集成技术同层设置架空层的住宅层高不宜低于 3.00m，局部设置架空层的住宅层高不宜低于 2.80m，采用 CSI 技术的住宅层高不宜低于 3.00m。

采用叠合楼板与混凝土垫层常规做法的住宅，钢结构住宅的柱距通常都比传统混凝土剪力墙结构开间大，因此板厚往往比混凝土结构大，采用叠合楼板的钢结构建筑，无论是地板供暖方式，还是传统的散热器供暖，都应比混凝土住宅的层高加高 100mm 以上，如混凝土住宅层高宜为 2.8m，则钢结构层高宜为 2.9m 以上。

钢结构公共建筑的层高应满足建设使用要求及规范对净高的需求。与传统现浇建筑的设计过程相比，地面构造做法区别不大，但是在顶棚的设计中应加强与各专业的协同设计，合理布置机电管线、设备管道及设备设施，减少管线交叉。同时，进行更加准确、详细的预留、预埋及构件预留洞设计。

3. 立面门窗

多（高）层钢结构建筑立面门窗的设计不仅要经济美观，还应满足建筑的使用功能、采光、日照、消防、节能等的要求，对于玻璃幕墙的使用应符合国家及各地消防部门的最新规定。

门窗洞口的尺寸应符合模数协调的原则，宜采用优先尺寸，并符合《建筑门窗洞口尺寸系列》GB/T 5824 的规定。门窗洞口尺寸应符合模数协调标准，扩大模数为 nM。门窗洞口选用优先尺寸，可以在满足功能要求的前提下，减少门窗类型、降低工厂生产和现场装配的复杂程度而提高效率，有利于门窗各部件的互换性，方便管理，减少浪费。同一地区同一建筑物内，门窗洞口尺寸应优先选择门窗洞口尺寸系列的基本规格，其次选用辅助规格，并减少规格数量，使其相对集中。建筑设计采用组合门窗时，宜优先选用基本门窗组合的条形窗、带形窗、连门窗等。钢结构建筑的围护墙体推荐采用各类轻型墙板，其对开窗位置、尺寸限制较少。如采用外挂 PC 整板时，则尽量统一预制挂板类型，便于施工管理。

4. 外墙装饰材料

钢结构建筑的外墙板饰面材料应结合装配式建筑的特点，考虑经济性原则及符合绿色建筑的要求。随着建材与产品的不断更新发展，钢结构建筑的外墙板发展趋势为自带装饰效果的轻型板材。

外饰面采用耐久性好、易维护的装饰建筑材料，可有效保持建筑物的立面风格、视觉效果和人居环境的绿色健康，减少建筑全生命期内的材料更新替换和维护成本，减少施工带来的有毒有害物质排放、粉尘及噪声等问题。对于钢结构建筑建议配套使用幕墙体系或饰面保温一体板，此类预制外墙板饰面在构件厂一体完成，其质量、效果和耐久性都要大大优于现场湿作业，并大大减少人工劳动。饰面的质量应符合《建筑装饰装修工程质量验收规范》GB 50210 的有关规定。预制外墙一体板饰面宜结合当地条件考虑，外饰面采用陶板、涂料、面砖和石材等材料。保温饰面一体板可在工厂生产时，处理为涂料、石材、陶板、面砖等，不同质感和色彩可满足设计的多样化要求。为确保预制外墙板外饰面的质量，设计人员应在构件生产前先确认构件样品的表面颜色、质感、图案等要求。涂料饰面整体感强，装饰性良好、施工简单、维修方便，较为经济，宜优先选用聚氨酯、硅树脂、氟树脂等耐候性好的材料，满足设计要求。面砖饰面、石材饰面坚固耐用，具备很好的耐久性和质感，且易于维护。生产预制外墙的过程中，与预制外墙板采用反打工艺同时制作成型，可减少工序，提高外墙板的黏结性能和质量。

外墙应采用整体外包的构造连接方式，满足建筑节能要求。外墙与主体钢结构连接构造节点应保证在重力荷载、风荷载及多遇地震作用的影响下不发生破坏。外墙与主体钢结构的连接接缝应采用柔性连接，接缝应满足在温度应力、风荷载及地震作用等外力作用下，其变形不会导致密封材料的破坏。有防火要求的应采用防火材料嵌填。墙板间或墙板与不同材质墙体相接的板缝应采取可靠的弹性密封材料连接措施。外墙与配件的连接，宜采取加强构造。金属连接配件或预埋件，应采取防腐处理，其做法按现行国家防腐标准执行。采用幕墙（如石材幕墙、金属幕墙、玻璃幕墙、人造板材幕墙等）作为围护结构时，幕墙厂家须配合预制构件厂做好结构受力构件上预埋件的预留预埋工作。

5. 热工设计

热阻值低是钢材的一大特性，也是钢结构建筑设计相对于传统建筑设计要特别注意的地方。外墙结构热桥部位的内表面温度不应低于室内空气露点温度，当不满足时应改变构造设计或在热桥部位的一侧采取保温措施。供暖地区的轻型复合墙体宜采用双重保温措施，主保温层主要用于降低墙体的传热系数，夹心保温层主要用于隔绝结构件和连接件与外层的联系，防止形成"热桥"。刚性结构建筑的梁、柱导热性高，除采用整体玻璃幕墙系统外，宜采用外保温形式。当外墙采用内嵌式保温复合夹心板时，仍需要整体或局部保温阻断梁柱位置的热桥。保温复合夹芯板本身也要保证在内部保温层中不产生结露，否则松散的保温夹心材料（如岩棉）遇水后保温性能严重下降，直接导致墙体保温失效。钢结构建筑外保温层厚度、复合夹芯板内的保温层厚度应通过节能软件计算，使复合外墙的墙体内部和室内表面均不产生结露。必要时，复合保温夹芯板内应增加防水透气层。

2.1.4 节点构造

1. 构造节点的模数协调

构造节点和分部件的接口尺寸等宜采用分模数数列，且分模数数列宜采用 M/10、M/5、M/2。

2. 梁板形式设计

钢结构建筑的楼板形式根据楼板施工方式分为现浇混凝土板、预制混凝土板和二次浇筑叠合楼板；根据梁与板的相对位置分为梁上楼板和梁嵌楼板。梁嵌楼板的形式，避免了管线穿梁的情况，减少了梁板占用高度，解决了钢结构住宅中板下露梁的最大弊端，如图2-3所示。当为梁嵌楼板的形式时，如何在结构受力计算上考虑楼板的整体性能折减，有待进一步研究。梁嵌楼板的标准规范也有待进一步制定。图2-4为现浇楼板做法示意，图2-5～图2-7为叠合板做法示意。

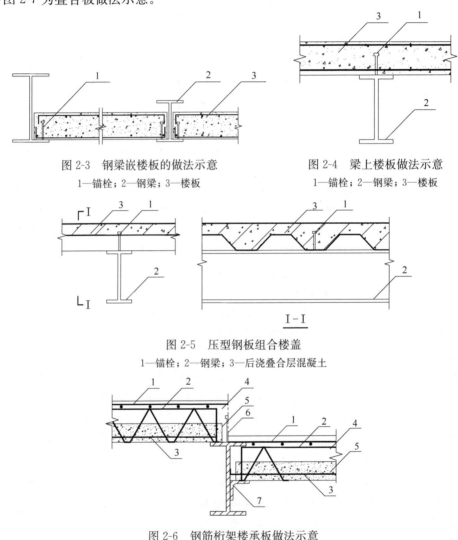

图 2-3　钢梁嵌楼板的做法示意　　　　图 2-4　梁上楼板做法示意
1—锚栓；2—钢梁；3—楼板　　　　　　　1—锚栓；2—钢梁；3—楼板

图 2-5　压型钢板组合楼盖
1—锚栓；2—钢梁；3—后浇叠合层混凝土

图 2-6　钢筋桁架楼承板做法示意
1—负筋和分布筋；2—上弦筋；3—下弦筋；4—后浇叠合层混凝土；
5—预制板；6—锚栓；7—支承角钢

3. 楼地面构造设计

钢结构建筑的楼板如采用叠合楼板设计，楼地面的构造设计应适合叠合楼板的施工与建造特点，可参考 PC 结构技术标准的相关规定。

结合叠合层及建筑垫层的构造设计。多（高）层钢结构公共建筑和住宅的楼板应该与

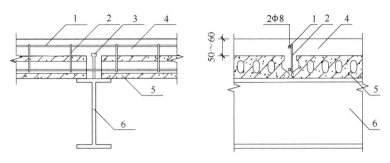

图 2-7　钢梁嵌楼板做法示意

1—连接钢筋（长 2000mm）；2—分布筋；3—锚栓；4—后浇叠合层混凝土；
5—SPD 预制板；6—钢梁

外墙等其他预制构件相匹配，形成体系化的工艺工法，发挥装配式建筑省时、省工、省模板、支撑简便、湿作业少的特点，因此钢结构住宅宜优先选用叠合楼板。叠合楼板为预制楼板与现场浇筑混凝土组合而成，其工序包括工厂预制、现场装配浇筑、建筑垫层施工。叠合楼板的建筑设备管线布线宜结合楼板的现浇层或建筑垫层统一考虑。结合设备和电气专业设计进行楼面的管线设计综合对于降低叠合层和垫层厚度，减少管线交叉非常重要，在叠合楼板的设计中应进行建筑设备管线综合设计。机电设备专业管线一般布置在建筑垫层中，垫层厚度宜为 100～120mm。

CSI 体系的地面应结合架空层构造方法选择适宜住宅层高，实现套内各种管线同层敷设，架空高度根据实际需要确定。用水管线的架空层底板应做柔性防水并向上泛起，严密防水及防渗漏。其顶板应在适当位置设置检修用活动盖板。

厨房、卫生间等用水房间，管线敷设较多，条件较为复杂，设计时应提前考虑，可采用现浇混凝土结构。如采用叠合楼板，要求预制构件开洞、留槽、降板等，均应详细设计，提前在工厂加工完成，并应在湿区采取可靠的防水措施。住宅底层厨房的地面遇有室外燃气管接入时，应采用实铺地面。

4. 屋面的构造设计

钢结构建筑屋面应形成连续的完全封闭的防水层；防水层的整体性受结构变形与温差变化影响，防水层的变形超过其延伸极限时会造成开裂及漏水。选用耐候性好、适应变形能力强的防水材料，能够承受气候条件等外部因素作用引起的老化，防水层不会因基层的开裂和接缝的移动而损坏破裂；增强结构的整体刚度，基层的找平层应采用细石混凝土找平层，基层刚度较差时，宜在混凝土内加钢筋网片。

卷材、涂膜的基层宜设找平层。找平层厚度和技术要求应符合表 2-1 的规定。

找平层厚度和技术要求　　　　　　　　　　　　　　　　表 2-1

找平层分类	适用的基层	厚度（mm）	技术要求
水泥砂浆	整体现浇混凝土	15～20	1：2.5 水泥砂浆
	整体材料保温层	20～25	
细石混凝土	装配式混凝土板	30～35	C20 混凝土，宜加钢筋网片
	板状材料保温层		C20 混凝土

5. 墙体构造设计

墙体构造。外墙是组成多（高）层钢结构建筑的一个主要部分，应满足结构、热工、防水、防火、保温、隔热、隔声及建筑造型设计等要求。外墙宜采用含有重质材料和轻质高效保温隔热材料的复合结构；构造适宜时，可设置空气间层、防水层；严寒地区围护结构保温层内侧宜设置隔汽层，隔汽层宜选用膜材料，敷设时应连续；采用加气混凝土、泡沫混凝土等单一材料外墙时，在其内外侧宜设混合砂浆、水泥砂浆等重质饰面；当采用带有外装饰表面的蒸压轻质加气混凝土板时，内侧宜抹灰或衬装其他薄板；应采取措施减少热桥，当无法避免时，应使热桥部位内表面温度不低于室内空气露点温度。供暖地区室外钢构件与室内主体结构的连接宜采用铰接（如腹板连接）或特殊设计，以减少传热截面。连接部位宜采用保温层覆盖。当室外钢构件深入室内时，在室内部分的一定长度范围内应采取延续保温措施，并进行露点验算。预制外墙板板缝应采用构造防水为主，材料防水为辅的做法。嵌缝材料应在延伸率、耐久性、耐热性、抗冻性、黏结性、抗裂性等方面满足接缝部位的防水要求。预制外墙板的各类接缝设计应构造合理、施工方便、坚固耐久，并结合本地材料、制作及施工条件综合考虑。

装配式结构中外墙板接缝处的防水密封材料的选择，对于保证建筑的物理性能，防止外墙接缝发生渗漏起到重要作用。材料防水是靠防水材料阻断水的通路，以达到防水的目的或增加抗渗漏的能力。目前市场上有多种防水密封材料，其中硅酮类和丙烯酸类防水密封材料的性能比较优良，特别是硅酮类防水密封材料，已经形成产品标准，可遵照执行。接缝中被衬应采用发泡氯丁橡胶或聚乙烯塑料棒；接缝中用于第二道防水的密封胶条，宜采用三元乙丙橡胶、氯丁橡胶或硅橡胶。构造防水是采用合适的构造形式，阻断水的通路，以达到防水的目的。在外墙板接缝外口设置适当的线性构造（如在水平缝，在下层墙板的上部做成凸起的挡水台和排水坡，嵌在上层墙板下部的凹槽中，在上层墙板下部设披水；在垂直缝设置沟槽），形成空腔，切断毛细管通路，利用排水构造将渗入接缝的雨水排出墙外，防止室内渗漏。将外围护结构分为两层安装是应对防水问题比较有效的做法。第一层为建筑外墙板，第二层为外保温饰面体系。两层均为块材，施工时注意错缝安装，两层做法之间留有空隙，使少量水汽有排出的途径。

内隔墙构造根据所处功能房间位置不同有不同的性能要求。在有隔声要求、防水要求、吊挂重物要求时，可以局部现浇墙体或拼接性能满足要求的墙板。各种新型内隔墙的选用可参阅相关国标图集，如《蒸压加气混凝土砌块、板材构造》13J104、《钢结构镶嵌 ASA 板节能建筑构造》08CJ13 等。ASA 板是以粉煤灰为填充料、水泥为胶结料、耐碱玻璃纤维网格布或钢筋为增强材料制成的一种建筑板材，具有质量轻、强度高、保温隔热、耐火、隔声效果好等性能，其施工简便快捷，具备锯、钉、钻、刨和粘等操作性。图 2-8 为内隔墙与梁的连接构造。

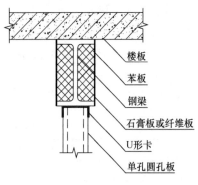

楼板
苯板
钢梁
石膏板或纤维板
U形卡
单孔圆孔板

图 2-8　内隔墙与梁的连接构造

门窗与墙体的连接。预制外墙板的门窗安装方式，在不同的气候区域施工工法存在差异，应根据项目区域的实际条件进行设计。门窗固定在钢构件上时，连接件应具有弹性且应在连接处设置软填料填缝。传统的现浇混凝土体系门窗洞口在现场手工支模浇筑完成，施工误差较大，工厂化制造的外门窗的几何尺寸误差很小，两者之间的不匹配导致外门窗施工工序复杂、效率低下，而且质量控制困难，容易造成门窗漏水。钢结构建筑的主体均为工厂生产，钢构件的精度决定了其门窗洞口尺寸偏差很小、便于控制，与工厂化制造的外门窗比较匹配，施工工序简单、省时省工。一般门窗会在完成楼板后施工，钢梁已经承受楼板荷载，完成一定的挠度变形，但门窗温度变化较大，仍不应直接与梁刚性连接。注意南北方地域差别，根据本地区的实际情况采用合理的门窗安装方案。图2-9给出了某钢结构住宅工程外墙和窗户的连接构造做法。

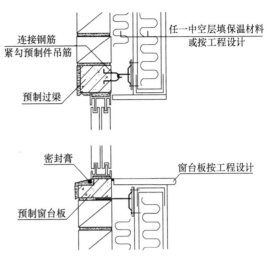

图2-9　窗口构造及节点大样

　　结构转换节点。地下室外墙部分由于有挡土和防潮的要求，钢结构建筑通常会在地面以上某一标高转换为现浇混凝土结构，如图2-10所示。结构转换可以结合功能在某一层加厚楼板作为转换层，也可以在首层室内±0.000标高变换为混凝土结构。在钢柱与混凝土结构墙交接的位置，钢柱要插进混凝土柱一定长度，钢柱表面需要外包50mm以上的混凝土层。当建筑室外地坪标高低于室内±0.000标高，在高差范围内墙身上将会出现一道自然勒脚。

　　6. 声学设计
　　根据金属传声特性，钢结构建筑要在对声学有要求的建筑或房间中做好结构隔声构造。钢构件在户间、户内空间可能形成声桥的部位，应采用隔声材料或重质材料填充或包覆，使相邻空间隔声指标达到设计标准。压型钢板组合楼板、倒置槽型板下方应设置隔声吊顶。外墙与楼板端面间的缝隙应以防火、隔声材料填塞。根据

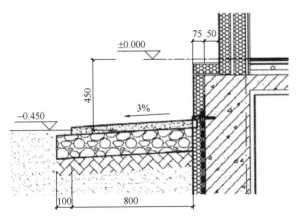

图2-10　墙底部做法

建筑选定的墙板材料，以厂家提供的产品隔声检测报告为依据确定墙板厚度。钢结构住宅分户墙根据《建筑隔声与吸声构造》08J931选用满足计权隔声量大于45dB的构造做法，如图2-11所示。
　　外露钢柱表面可采用减振隔声板或结合防火构造达到隔声要求，如图2-12所示。
　　电梯的设置应注意噪声问题。当电梯不得不贴邻起居室、书房灯房间时，可设双墙等隔声措施，具体做法详见图集《建筑隔声与吸声构造》08J931。采用条板隔墙时，电梯间的隔声可参考图2-13的做法。

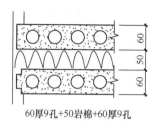

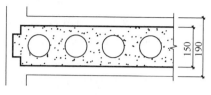

60厚9孔+50岩棉+60厚9孔   90厚7孔+双面抹灰

图 2-11   GRC 多孔条板隔声做法

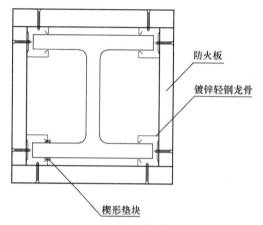

图 2-12   钢柱表面隔声构造

7. 钢结构防火构造

钢材的耐火性差，室内金属承重构件的外露部位，必须加设防火保护层。钢结构住宅装修设计应充分考虑钢材的特性，实行防火构造优先的原则。钢结构可采用下列防火保护措施：外包混凝土或砌筑砌体；涂敷防火涂料；防火板包覆；复合防火保护，即在钢结构表面涂敷防火涂料或采用柔性毡状隔热材料包覆，再用轻质防火板做饰面板；柔性毡状隔热材料包覆。

钢结构构件应采用包敷不燃烧材料（浇筑混凝土或砌块，采用轻型防火板、内填岩棉、玻璃棉等柔性毡状材料复合保护）或喷涂防火涂料的措施。有特殊需要的建筑可采用

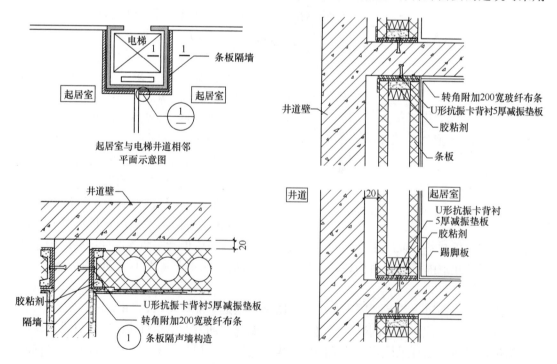

图 2-13   电梯井隔声做法

特种耐火钢。当钢结构采用防火涂料保护时，可采用膨胀型或非膨胀型防火涂料。钢结构防火涂料的技术性能除应符合现行国家标准《钢结构防火涂料》GB 14907 的规定外，还应符合下列要求：

钢结构防火涂料品种的选用，高层建筑钢结构和单、多层钢结构的室内隐蔽构件，当规定的耐火极限为 1.5h 以上时，应选用非膨胀型钢结构防火涂料。室内裸露钢构件、轻型屋盖钢结构和有装饰要求的钢结构，当规定的耐火极限低于 1.5h 时，可选用膨胀型钢结构防火涂料。耐火极限要求不小于 1.5h 的钢结构和室外的钢结构工程，不宜选用膨胀型防火涂料。露天钢结构应选用适合室外用的钢结构防火涂料，且至少应经过 1 年以上室外钢结构工程的应用验证，涂层性能无明显变化。复层涂料应相互配套，底层涂料应能同普通的防锈漆配合使用，或者底层涂料自身具有防锈功能。生产厂家应提供非膨胀型防火涂料的热传导系数（500℃时）、比热容、含水率和密度参数，或提供等效热传导系数、比热容和密度参数。主要成分为矿物纤维的非膨胀型防火涂料，当采用干式喷涂施工工艺时，应有防止粉尘、纤维飞扬的措施。

采用防火涂料的钢结构防火保护构造宜按图 2-14 选用。承受冲击、振动的构件；涂层厚度不小于 30mm 的构件；腹板高度超过 500mm 的构件；构件幅面较大且涂层长期暴露在室外或黏结强度不大于 0.05MPa 的钢结构防火涂料，当采用非膨胀型防火涂料进行防火保护时，涂层内应设置与钢构件相连接的钢丝网。

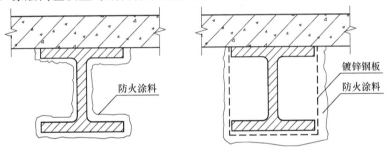

图 2-14　采用防火涂料的钢结构防火保护构造

当钢结构采用防火板保护时，可采用低密度防火板、中密度防火板和高密度防火板。防火板材应为不燃性材料，受火时不炸裂、不产生穿透裂纹。生产厂家应提供产品的热传导系数（500℃时）或等效热传导系数、密度和比热容等参数。图 2-15 为采用防火板的钢结构防火保护构造的一些做法。

如采用复合防火保护，必须根据构件形状和所处部位进行包敷构造设计，在满足耐火要求的条件下充分考虑保护层的牢固稳定。在包敷构造设计时，应充分考虑外层包敷的施工不应对内层防火层造成结构破坏或损伤。

柔性毡状隔热材料防火保护仅适用于不易受损且不受水湿的部位，包敷构造的外层应设金属保护壳，金属保护壳应固定在支撑构件上，支撑构件应固定在钢构件上，支撑构件应为不燃材料。在材料自重作用下，毡状材料不应发生体积压缩不均匀现象。图 2-16 为采用柔性毡状隔热材料的钢结构防火保护构造的一种做法。

钢构件防火保护层采用包敷不燃材料的做法占用空间大，适用于公共建筑而不适合用于钢结构住宅建筑；防火板、复合防火板也容易受到住户装修改造的破坏。随着化工业发

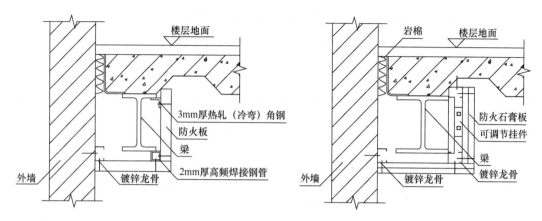

图 2-15　采用防火板的钢结构防火保护构造做法

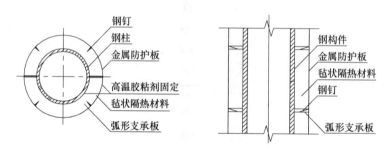

图 2-16　采用柔性毡状隔热材料的防火构造做法

展，薄型防火涂料的性能已可满足钢结构耐火时间的要求，在钢结构住宅中宜采用薄型防火涂料加装饰板的防火构造。钢结构防火构造可参考图集《民用建筑钢结构防火构造》06SG501。

2.1.5　专业协同

工业化建筑追求工业化生产率高，装配精度高，应该改变传统建造方式后期随意剔凿的习惯。尤其是钢结构建筑，金属构件不像混凝土建筑可以随意开小洞，因此在前期设计时要全面考虑，留足各种条件，避免建成后改造修补。协同设计应从建筑设计、建造、运营维护等建筑全生命期进行考虑。

应按照建筑、结构、设备和装修一体化设计原则，并应以配套的建筑体系和产品为基础进行综合设计。应充分考虑工业化建筑的特点以及项目所在地的技术经济条件，利用信息化技术手段实现各专业间的协同配合，尤其是将室内装修设计与建筑结构、机电设备有机结合，保证生产、施工过程中顺利实现工业化建筑的各种技术要求。

1. 建筑设计协同

钢结构住宅的建设设计应与结构、水、电、燃气、供暖、通风各专业协调。做到设计合理，技术先进。

方案阶段，应了解业主需求，确定项目定位，根据技术要求做好平面设计和立面设计。平面设计时在保证使用功能的基础上，通过全体系的模数协调，实现平面组合的模块化和多样化。立面设计时要根据建造地点的气候条件选择外围护材料，确定外墙与柱的位置关系。

初设阶段，结合各专业的工作进一步优化和深化。根据项目设备系统和梁高反推层高，并及早与甲方确定。应结合当地地域特点和技术、习惯等因素，实现外围护构件和连接节点的标准化设计。根据排水形式，确定降板范围和降板方式。在规划设计中，确定场地内构件运输、存放、吊装等设计方案。从户型标准化、模块化方面进行户型的优化设计。建筑与结构专业应对外围护结构连接节点部位在构造、防水、防火、隔声、节能等方面的可行性进行研究。应体现工业化建筑的特点，尽量采用预制外墙保温饰面一体化面层做法，可采用涂料、陶板、面砖等做法。结合节能设计，确定外围护结构保温做法，寒冷、严寒地区宜采用复合夹心保温板结合外保温体系。与机电专业和室内精装修设计确定强电箱、弱电箱、预留预埋管线和开关点位的预留预埋方案。

施工图阶段，按照初设确定的技术路线深化设计，各专业与建筑部品、装饰装修、构件厂等上下游厂商加强配合，做好构件组合深化设计，提供能够实现的预制构件大样图，尤其是做好节点的防水、防火、隔声和系统集成设计，解决好连接节点之间的、部品之间的"错漏碰缺"。在建筑工程设计图纸深度要求基础上增加围护构件排板大样图、墙板连接节点构造详图等。预制构件设计应注意建筑节能保温的形式，选取适合地域需求的保温材料。饰面保温一体板宜采用装饰混凝土、涂料、面砖、石材等耐久、不宜污染的材料，板块分格宜结合材料标准尺寸进行统一。根据室内装修图和机电设备管线图，进行套内管线综合，确定钢梁腹板的留洞位置。对管线相对集中、交叉、密集的部位，如强弱电盘、表箱等进行管线综合，并在建筑设计和结构设计中加以体现，同时依据精装修施工图纸进行整体机电设备管线的预留预埋。预埋设备及管道安装所需的支吊架或预埋件，支吊架安装应牢固可靠，并具有耐久性，支架间距应符合相关工艺标准的要求。穿越预制墙体的管道应预留套管，穿越预制楼板的管道应预留洞，穿越预制梁的管道应预留套管。安装固定于预制外墙上的管线，应在工厂安装预埋固定件。

2. 内装协同

钢结构住宅宜提供菜单式的全装修，一次装修到位，以减少装修对结构安全的损害。钢结构住宅的全装修应遵循建筑、装修、部品一体化的设计原则，部品体系应满足国家相应标准要求，并满足安全、经济、节能、环保的要求，部品体系宜实现以集成化为特征的成套供应，部品安装应满足干法施工要求。钢结构住宅是先天的CSI体系，特别适合结合内装设计，以内装工业化带动部品工业化，继而实现构件和部品制造工业化、施工安装装配化，并执行优化参数、公差配合和接口技术等有关规定，以提高其互换性和通用性。内装设计采用标准化、模数化设计；各构件、部品与主体结构之间的尺寸应匹配、协调，应提前预留、预埋接口，采用易于装修工程的装配化施工；墙、地面块材铺装基本保证现场无二次加工。在设计过程中，应确定所有点位的定位，并在预制构件中进行预埋。全装修设计应综合考虑不同材料、设备、设施具有不同的使用年限，装修体应具有可变性和适应性，便于安装、使用维护和维修改造。钢材的防火应结合内装一次到位，使业主不易私自破坏钢结构防火构造。

2.2 结 构 设 计

多（高）层钢结构建筑可分为公共建筑和住宅。多（高）层钢结构住宅建筑在结构设计方面基本与多（高）层钢结构公共建筑相同，仅在部分细节上有所区别。

目前我国常用的多（高）层钢结构建筑的结构体系可分为纯钢结构和钢-混凝土混合结构。其中纯钢结构建筑的结构体系包括钢框架结构、钢框架支撑结构（包括框架-中心支撑、框架-偏心支撑和框架-屈服约束支撑结构）、钢框架-延性墙板、筒体结构（包括框筒、筒中筒）、桁架筒和束筒结构、巨型框架结构等。其中框架是具有抗弯能力的钢框架；框架-支撑体系中的支撑可采用中心支撑、偏心支撑和屈曲约束支撑；框架-延性墙板体系中的延性墙板主要指钢板剪力墙、无黏结内藏钢板支撑剪力墙板和内嵌竖缝混凝土剪力墙板等。筒体体系包括框筒、筒中筒、桁架筒、束筒，这些筒体可采用钢结构，也可采用钢-混凝土结构。巨型框架主要是由巨型柱和巨型梁（桁架）组成的结构。常用的多（高）层钢-混凝土混合结构体系主要包括钢支撑-钢筋混凝土框架、钢框架-钢筋混凝土核心筒、钢外筒-钢筋混凝土核心筒等。

考虑抗震设计时，多（高）层建筑钢结构体系应具有明确的计算简图和合理的地震作用传递途径，应具有必要的承载能力，足够大的刚度，良好的变形能力和消耗地震能量的能力，并设置多道抗震防线，避免因部分结构或构件的破坏而导致整个结构丧失承受重力荷载、风荷载和地震作用的能力；结构刚度、承载力和质量在竖向和水平方向的分布应合理，避免因局部突变或结构扭转效应而形成薄弱部位，对可能出现的薄弱部位，应采取有效加强措施。

《钢结构设计标准》GB 50017 规定了钢结构设计中的基本规定和构件设计方法；《高层民用建筑钢结构技术规程》JGJ 99 对纯钢结构建筑的设计进行了规定；《建筑抗震设计规范》GB 50011、《高层建筑混凝土结构技术规程》JGJ 3 以及《钢管混凝土结构技术规范》GB 50396、《组合结构设计规范》JGJ 138、《钢骨混凝土结构技术规程》YB 9082 等规范标准对钢-混凝土组合结构的设计做了规定；《轻型钢结构住宅技术规程》JGJ 209 对低层和多层钢结构住宅的设计做了规定。

2.2.1 钢结构的形式与设计要求

1. 基本要求

10 层及 10 层以上或房屋高度大于 28m 的住宅建筑以及房屋高度大于 24m 的其他高层民用建筑钢结构的设计、制作与安装应符合《高层民用建筑钢结构技术规程》的要求。非抗震设计和抗震设防烈度为 6 度至 9 度抗震设计的高层民用建筑钢结构，其适用的房屋最大高度和结构类型应符合规范规定。对于高层民用钢结构应注重概念设计，综合考虑建筑的使用功能、环境条件、材料供应、制作安装、施工条件因素，优先选用抗震抗风性能好且经济合理的结构体系、构件形式、连接构造和平立面布置。在抗震设计时，应保证结构的整体抗震性能，使整体结构具有必要的承载能力、刚度和延性。高层民用建筑钢结构构件的钢板厚度不宜大于 100mm。

大量地震震害及其他自然灾害表明，在危险地段及发震断裂最小避让距离之内建造房屋和构筑物较难幸免灾祸，由于缺乏相关工程实践和研究成果，相关规程并未提出具体条款。此外，注重高层民用建筑钢结构的概念设计，保证结构的整体性，是国内外历次大地震及风灾的重要经验总结。多（高）层钢结构建筑非结构构件采用轻质板材可有效减轻结构自重和地震反应，同时便于实现与主体结构的可靠连接，能够适应较大的层间变形。结构构件采用过厚钢板容易导致结构构件的加工制作及安装难度大，且焊接部位残余应力影响显著、受力复杂、疲劳性能不宜保证，因此为尽量避免上述缺点，相关规程给出了板厚的限值。钢-混凝土混合结构体系是近年来在我国迅速发展的一种新型结构体系，由于其在降低结构自重、减少结构截面尺寸、加快施工进度等方面的显著优势，已引起工程界和投资商的广泛关注，已有大量高度在150～200m的建筑甚至更高的高层建筑采用了钢-混凝土混合结构，其中使用最多的是框架-核心筒及筒中筒混凝土结构体系。

2. 钢结构材料

一般多（高）层钢结构、钢-混凝土混合结构建筑的结构构件和连接部件选材应参考《钢结构设计标准》GB 50017 和《建筑抗震设计规范》GB 50011 的规定。根据具体结构形式的不同，还应参考其他相应专用规范，如《组合结构设计规范》JGJ 138、《钢管混凝土结构技术规范》GB 50936 等。协会标准《钢结构钢材选用与检验技术规程》CECS 300 对各种钢材的选用和材质性能做出了更详细的规定，可供参考。结构材料性能指标，应符合下列最低要求：钢材的屈服强度实测值与抗拉强度实测值的比值不应大于0.85；钢材应有明显的屈服台阶，且伸长率不应小于20%；钢材应有良好的焊接性和合格的冲击韧性。

承重结构采用的钢材应具有抗拉强度、伸长率、屈服强度和硫、磷含量的合格保证，对焊接结构尚应具有碳含量的合格保证。焊接承重结构以及重要的非焊接承重结构采用的钢材还应具有冷弯试验的合格保证。主要承重构件所用钢材的牌号宜选用Q345钢、Q390钢，一般构件宜选用Q235钢，其材质和材料性能应分别符合现行国家标准《低合金高强度结构钢》GB/T 1591 或《碳素结构钢》GB/T 700 的规定。有依据时可选用更高强度级别的钢材。主要承重构件所用较厚的板材宜选用高性能建筑用GJ钢板，其材质和材料性能应符合现行国家标准《建筑结构用钢板》GB/T 19879 的规定。外露承重钢结构可选用Q235NH、Q355NH或Q415NH等牌号的焊接耐候钢，其材质和材料性能要求应符合现行国家标准《耐候结构钢》GB/T 4171 的规定。选用时宜附加要求保证晶粒度不小于7级，耐腐蚀指数不小于6.0。承重构件所用钢材的质量等级不宜低于B级；抗震等级为二级及以上的高层民用建筑钢结构，其框架梁、柱和抗侧力支撑等主要抗侧力构件钢材的质量等级不宜低于C级。承重构件中厚度不小于40mm的受拉构件，当其工作温度低于−20℃时，宜适当提高其所用钢材的质量等级。选用Q235A或Q235B级钢时应选用镇静钢。

高层民用建筑中按抗震设计的框架梁、柱和抗侧力支撑等主要抗侧力构件，钢材的抗拉性能应有明显的屈服台阶，其断后伸长率A不应小于20%；屈服强度波动范围不应大于120N/mm²，钢材实测屈强比不应大于0.85。钢框架柱采用箱形截面且壁厚不大于20mm时，宜选用直接成方工艺成型的冷弯方（矩）形焊接钢管，其材质和材料性能应符合现行行业标准《建筑结构用冷弯矩形钢管》JG/T 178 中Ⅰ级产品的规定；框架柱采用圆钢管时，宜选用直缝焊接圆钢管，其材质和材料性能应符合现行行业标准《建筑结构用冷成型焊接圆钢管》JG/T 381 的规定，其截面规格的径厚比不宜过小。

随着我国钢材生产工业的发展，结构钢材品种不断完善、质量性能不断提高，现有国产结构用钢已可在保证较高强度的同时，也具有较好的延性、韧性和焊接性能，能够满足抗风、抗震高层钢结构用钢的综合性能要求，因此在材料选用方面，包括 Q390 钢、高性能建筑用 GJ 厚钢板等钢材，也可选用更高强度的钢材。钢材的延性要求主要为保证高层钢结构建筑在地震作用下的安全性和可靠性。在罕遇地震下，造成建筑物破坏的循环周次通常在 100～200 周以内，结构相应带有高应变低周疲劳工作特点，因此承重结构钢材需具有适应大应变与塑性变形的延性和韧性性能，从而有效消耗地震能量，减小地震作用，达到大震不倒的设防目标。多（高）层钢结构中，箱形截面与方形钢管截面性能优良，工程应用广泛，型材产品质量也更有保证，推荐采用。

《高层民用建筑钢结构技术规程》JGJ 99—2015 中第 4.2 节给出了各牌号钢材、焊接结构用铸钢件、焊缝以及螺栓的强度设计值，包括 Q345GJ 钢的相关材料设计指标。当多（高）层钢结构建筑工程中选用较大截面圆钢管时，宜选用直焊缝焊接圆钢管，同时应避免过大的冷作硬化效应降低钢管的延性，截面径厚比不宜过小（Q235），主要承重构件不宜小于 20 或 25（Q345）。

3. 结构整体变形规定

外围钢框架或型钢混凝土、钢管混凝土框架与混凝土核心筒组成的框架-核心筒结构，以及由外围钢框架或型钢混凝土、钢管混凝土框筒与混凝土核心筒组成的筒中筒结构，层间位移比限值参照《高层建筑混凝土结构技术规程》JGJ 3—2010 中第 3.7.3 条和第 3.7.5 条的规定。

在风荷载或多遇地震标准值作用下，按弹性方法计算的楼层层间最大水平位移与层高之比不宜大于 1/250。多（高）层建筑层数多、高度大，为保证在正常情况下主体结构基本处于弹性受力状态以及填充墙板、隔墙和幕墙等非结构构件的完好，多（高）层钢结构建筑必须具有必要的刚度，同时保证用户的舒适度。刚度控制主要通过控制层间位移角来实现，并不扣除整体弯曲转角产生的侧移。层间位移计算可不计梁柱节点域剪切变形的影响。纯钢结构住宅，如果采用外墙挂板，内隔墙砌块等做法，在层间侧移比接近 1/250 时主体结构可以保持弹性，但是可能内外墙已经发生明显破坏。针对外墙体系和主体钢结构的连接形式，纯钢结构住宅的层间位移比宜根据具体情况考虑适当从严控制。对于薄弱层或薄弱部位一般按弹塑性方法计算，高层民用建筑钢结构薄弱层或薄弱部位弹塑性层间位移不应大于层高的 1/50。

高层建筑结构的风振反应加速度包括顺风向的最大加速度、横风向最大加速度和扭转角速度，最大限值的确定主要依据现行国家标准《建筑结构荷载规范》GB 50009 的相关规定。房屋高度不小于 150m 的高层民用建筑钢结构应满足风振舒适度要求。在现行国家标准《建筑结构荷载规范》GB 50009 规定的 10 年一遇的风荷载标准值作用下，结构顶点的顺风向和横风向振动最大加速度计算值对住宅和公寓不大于 0.20m/s²，对办公建筑和旅馆不应大于 0.28m/s²。结构顶点的顺风向和横风向振动最大加速度，可按现行国家标准《建筑结构荷载规范》GB 50009 的有关规定计算，也可通过风洞试验结果判断确定。计算时钢结构阻尼比宜取 0.01～0.015。

楼盖结构应具有适宜的舒适度。对于大跨度楼盖结构，其舒适度的保证主要通过控制其竖向自振频率和加速度限值来实现，避免跳跃时周围人群的不舒适。楼盖结构的竖向振动频率不宜小于3Hz，竖向振动加速度峰值不应大于表2-2的限值。楼盖结构竖向振动加速度可按现行行业标准《高层建筑混凝土结构技术规程》JGJ 3的有关规定计算。

楼盖竖向振动加速度限值   表2-2

人员活动环境	峰值加速度限值（m/s²）	
	竖向自振频率不大于2Hz	竖向自振频率不小于4Hz
住宅、办公	0.07	0.05
商场及室内连廊	0.22	0.15

注：楼盖结构竖向频率为2~4Hz时，峰值加速度可按线性插值选取。

4. 结构形式和布置

非抗震设计和抗震设防烈度为6~9度的乙类和丙类高层民用建筑钢结构适用的最大高度应符合表2-3的规定。

高层民用建筑钢结构适用最大高度（m）   表2-3

结构体系	6度、7度 （0.10g）	7度 （0.15g）	8度		9度 （0.40g）	非抗震设计
			（0.20g）	（0.30g）		
框架	110	90	90	70	50	110
框架-中心支撑	220	200	180	150	120	240
框架-偏心支撑、框架-屈曲约束支撑、框架-延性墙板	240	220	200	180	160	260
筒体（框筒、筒中筒、桁架筒、束筒）、巨型框架	300	280	260	240	180	360

注：1. 房屋高度指室外地面到主要屋面板板顶的高度（不包括局部突出屋顶部分）；

2. 超过表内高度的房屋，应进行专门研究和论证，采取有效加强措施；

3. 表内筒体不包括混凝土筒；

4. 框架柱包括全钢柱和钢管混凝土柱；

5. 甲类建筑6、7、8度时宜按本地区抗震设防烈度提高1度后符合本表要求，9度时应做专门研究。

高层民用建筑的高宽比，是对结构刚度、整体稳定、承载能力和经济合理性的宏观控制；在结构设计满足《高层民用建筑钢结构技术规程》JGJ 99规定的承载力、稳定、抗倾覆、变形和舒适度等基本要求后，仅从结构安全角度来说高宽比限值不是必须满足的，主要影响结构设计的经济性。高层民用建筑钢结构的高宽比不宜大于表2-4的规定。

高层民用建筑钢结构适用最大高宽比   表2-4

烈度	6、7	8	9
最大高宽比	6.5	6.0	5.5

注：1. 计算高宽比的高度从室外地面算起；

2. 当塔形建筑底部有大底盘时，计算高宽比的高度从大底盘顶部算起。

高层民用建筑可采用框架、框架-中心支撑或其他体系的结构；超过50m的高层民用建筑，8、9度时宜采用框架-偏心支撑、框架-延性墙板或屈曲约束支撑等结构。高层民用建筑钢结构不应采用单跨框架结构。

多（高）层钢结构建筑的建筑设计应根据抗震概念设计的要求明确建筑形体的规则性。不规则的建筑方案应按规定采取加强措施；特别不规则的建筑方案应进行专门研究和论证，采用特别的加强措施；严重不规则的建筑方案不应采用。《高层民用建筑钢结构技术规程》JGJ 99—2015 第 3.3 节对高层钢结构建筑形体及其结构布置的平面、竖向不规则性的判断依据、具体的加强措施、构造要求、楼盖整体性要求以及侧向刚度计算方法和变化限值做出了规定，与现行国家标准《建筑抗震设计规范》GB 50011 的规定基本一致。

混合结构高层建筑适用的最大高度应符合表 2-5 的规定，主要依据已有的工程经验形成。此外研究表明，混合结构中钢框架承担的地震剪力过少，会导致混凝土核心筒的受力状态和地震下的表现与普通钢筋混凝土结构几乎无差别，甚至混凝土墙体更易破坏，因此，对钢框架-核心筒结构体系的最大适用高度较 B 级高度的全混凝土框架-核心筒体系的最大适用高度适当减少。

混合结构高层建筑适用的最大高度（m）　　　　　　表 2-5

结构体系		非抗震设计	抗震设防烈度				
			6 度	7 度	8 度		9 度
					0.2g	0.3g	
框架-核心筒	钢框架-钢筋混凝土核心筒	210	200	160	120	100	70
	型钢（钢管）混凝土框架-钢筋混凝土核心筒	240	220	190	150	130	70
筒中筒	钢外筒-钢筋混凝土核心筒	280	260	210	160	140	80
	型钢（钢管）混凝土外筒-钢筋混凝土核心筒	300	280	230	170	150	90

注：平面和竖向均不规则的结构，最大适用高度应适当降低。

混合结构高层建筑的高宽比不宜大于表 2-6 的规定。钢-混凝土混合结构房屋的最大适用高度考虑到混合结构中钢（型钢混凝土、钢管混凝土）框架-钢筋混凝土筒体结构的主要抗侧力体系仍然是钢筋混凝土筒体，因此其高宽比限值和层间位移角限值均取钢筋混凝土结构体系的同一数值，而筒中筒体系混合结构，外周筒体抗侧刚度较大，承担水平力较多，钢筋混凝土内筒分担的水平力减少，且外筒延性更好，故其高宽比要求适当放宽。

混合结构高层建筑适用的最大高宽比　　　　　　表 2-6

结构体系	非抗震设计	抗震设防烈度		
		6 度、7 度	8 度	9 度
框架-核心筒	8	7	6	4
筒中筒	8	8	7	5

2.2.2 结构计算

1. 作用及作用组合

多（高）层钢结构建筑的结构设计须考虑竖向荷载、温度作用、风荷载、屋面雪荷载等以及水平和竖向地震作用，主要参考现行国家标准《建筑结构荷载规范》GB 50009 和《建筑抗震设计规范》GB 50011 的规定。对于钢结构住宅所用的一些新型内外墙体系，如一些外墙板（ALC 板）、阳台成品部件的恒荷载会比较大，宜根据具体情况考虑。另外，现行《建筑结构荷载规范》GB 50009 对住宅活荷载规定为 $2kN/m^2$，对浴室、卫生间的活荷载规定为 $2.5kN/m^2$。而对钢结构住宅目前推广的内装工业化为了保证设备管线的维修，如果采用室内楼面架空、整体卫浴等做法，装修荷载可能会比较大。在结构设计中宜考虑将二次装修荷载和外墙、内隔墙荷载指定为恒荷载进行结构计算，以免计算中漏载。施工中采用附墙塔、爬塔等对结构有影响的起重机械或其他施工设备时，应根据具体情况验算施工荷载对结构的影响。此外，针对活荷载的计算，由于该类结构中活荷载与永久荷载相比较小，可不考虑活荷载不利分布，简化计算；但楼面活荷载大于 $4kN/m^2$ 时，宜考虑不利布置。高层民用建筑钢结构的设计要考虑施工的情况，对结构进行验算。

考虑到钢结构对温度比较敏感，宜考虑由季节性气温变化、太阳辐射、适用热源等因素引起的温度作用对结构的影响。

对横风向风振作用效应或扭转风振作用效应明显的高层民用建筑，应考虑横风向风振或扭转风振动的影响。对于房屋高度大于 30m 且高宽比大于 1.5 的房屋，应考虑风压脉动对结构产生顺风向振动的影响。结构顺风向风振响应计算应按随机振动理论进行，结构的自振周期应按结构动力学计算。横风向风振或扭转风振的范围、方法及顺风向与横风向效应的组合方法应符合现行国家标准《建筑结构荷载规范》GB 50009 的有关规定。基本风压按现行国家标准《建筑结构荷载规范》GB 50009 的规定采用。对风荷载比较敏感的高层民用建筑，承载力设计时应按基本风压的 1.1 倍采用。当多栋或群集的高层民用建筑相互间距较近时，宜考虑风力相互干扰的群体效应。一般可将单栋建筑的体型系数 μ_s 乘以相互干扰增大系数，该系数可参考类似条件的试验资料确定，必要时通过风洞试验或数值技术确定。房屋高度大于 200m 或有下列情况之一的高层民用建筑，宜进行风洞试验或通过数值技术判断确定其风荷载：①平面形状不规则，立面形状复杂；②立面开洞或连体建筑；③周围地形和环境较复杂。高层钢结构建筑对风荷载是否敏感，主要与高层建筑的体型、结构体系和自振特性有关，目前工程界尚无实用的划分标准。《高层民用建筑钢结构技术规程》JGJ 99 建议，一般情况下高度大于 60m 的高层民用建筑，承载力设计时风荷载计算可按基本风压的 1.1 倍采用；对于房屋高度不超过 60m 的高层民用建筑，风荷载取值是否提高，可由设计人员根据实际情况确定。荷载作用组合及地震作用组合可按《高层民用建筑钢结构技术规程》JGJ 99 执行。

2. 结构分析方法

多（高）层钢结构、钢-混凝土混合结构建筑在竖向荷载、风荷载以及多遇地震作用下可采用弹性分析方法，在罕遇地震作用下可采用弹塑性分析方法。当钢结构住宅采用钢框架结构、墙体采用不同形式填充墙时，墙板的侧移刚度会影响钢框架结构的整体抗侧刚度，从而影响结构的自振周期。当内墙、外墙较多，对结构侧向变形限制较明显时，应对钢框架结构自振周期进行合理折减。钢结构住宅类建筑多采用外挂墙板，内隔墙墙板或砌块，结构计算阻尼比可能会比《建筑抗震设计规范》GB 50011 和《高层民用建筑钢结构技术规程》JGJ 99 的规定偏大。如纯钢结构在 50～200m 之间，规范规定阻尼比是 0.03，如采用外墙挂板和填充墙内墙，计算阻尼比 0.03 宜根据实际情况适度增大。计算高层民用建筑钢结构的内力和变形时，可假定楼盖在其自身平面内为无限刚性，设计时应采取相应措施保证楼盖平面内的整体刚度。楼盖可能产生较明显的面内变形时，计算时应采用楼盖平面内的实际刚度，考虑楼盖的面内变形的影响。高层民用建筑钢结构弹性计算时，钢筋混凝土楼板与钢梁间有可靠连接，可计入钢筋混凝土楼板对钢梁刚度的增大作用，两侧有楼板的钢梁其惯性矩可取为 $1.5I_b$，仅一侧有楼板的钢梁其惯性矩可取为 $1.2I_b$，I_b 为钢梁截面惯性矩。弹塑性计算时，不应考虑楼板对钢梁惯性矩的增大作用。

高层民用建筑钢结构的弹性计算模型应根据结构的实际情况确定，应能较准确地反映结构的刚度和质量分布以及各结构构件的实际受力状况；可选择空间杆系、空间杆-墙板元及其他组合有限元等计算模型。高层民用建筑钢结构弹性分析时，应计入重力二阶效应的影响。梁柱刚性连接的钢框架计入节点域剪切变形对侧移的影响时，可将节点域作为一个单独的剪切单元进行结构整体分析，也可按下列规定作近似计算：对于箱形截面柱框架，可按结构轴线尺寸进行分析，但应将节点域作为刚域，梁柱刚域的总长度，可取柱截面宽度和梁截面高度的一半两者中的较小值；对于 H 形截面柱框架，可按结构轴线尺寸进行分析，不考虑刚域；当结构弹性分析模型不能计算节点域的剪切变形时，可将框架分析得到的楼层最大层间位移角与该楼层柱下端的节点域在梁端弯矩设计值作用下的剪切变形角平均值相加，得到计入节点域剪切变形影响的楼层最大层间位移角。任一楼层节点域在梁端弯矩设计值作用下的剪切变形角平均值可按下式计算：

$$\theta = \frac{1}{n} \sum_{i=1}^{n} \frac{M_i}{GV_{p,i}} (i = 1, 2, \cdots, n)$$

式中，θ 为楼层节点域的剪切角平均值；M_i 为楼层第 i 个节点域在所考虑的受弯平面内的不平衡弯矩（N·mm），由框架分析得出，即 $M_i = M_{b1} + M_{b2}$，M_{b1}、M_{b2} 分别为受弯平面内该楼层第 i 个节点左、右梁端同方向的地震作用组合下的弯矩设计值；n 为该楼层的节点域总数；G 为钢材的剪切模量（N/mm²）；$V_{p,i}$ 为第 i 个节点域的有效体积（mm³）。

钢框架-支撑结构、钢框架-延性墙板结构的框架部分按刚度分配计算得到的地震剪力应乘以调整系数，达到不小于结构总地震剪力的 25% 和框架部分计算最大层剪力 1.8 倍两者的较小值。

高层钢结构建筑是复杂的三维空间受力体系，计算分析时应根据结构实际情况，选取能较准确地反映结构中各构件的实际受力状况的力学模型，且在分析中应考虑几何非线性影响。为更准确地计算结构侧移，应考虑中节点刚域的剪切变形，或采用简化方法，使计算结果偏于安全。

依据多道防线的概念设计，钢框架-支撑结构、钢框架-延性墙板结构体系中，支撑框架、带延性墙板的框架是第一道防线，在强烈地震中支撑和延性墙板先屈服，内力重分布使框架部分承担的地震剪力增大，二者之和大于弹性计算的总剪力。

高层民用建筑钢结构弹塑性变形计算，房屋高度不超过 100m 时，可采用静力弹塑性分析方法；高度超过 150m 时，应采用弹塑性时程分析法；高度为 100～150m 时，可视结构不规则程度选择静力弹塑性分析法或弹塑性实诚分析法；高度超过 300m 时，应有两个独立的计算。复杂结构应首先进行施工模拟分析，应以施工全过程完成后的状态作为弹塑性分析的初始状态。结构构件上应作用重力荷载代表值，其效应应与水平地震作用产生的效应组合，分项系数可取 1.0。钢材强度可取屈服强度 f_y，应计入重力荷载二阶效应的影响。

采用静力弹塑性分析法进行罕遇地震作用下的变形计算，可在结构的两个主轴方向分别施加单向水平力进行静力弹塑性分析；水平力可作用在各层楼盖的质心位置，可不考虑偶然偏心的影响；结构的每个主轴方向宜采用不少于两种水平力沿高度分布模式，其中一种可与振型分解反应谱法得到的水平力沿高度分布模式相同；采用静力弹塑性分析方法时，可用能力谱法或其他有效方法确定罕遇地震时结构层间弹塑性位移角，可取两种水平力沿高度分布模式得到的层间弹塑性位移角的较大值作为罕遇地震作用下该结构的层间弹塑性位移角。需求谱曲线可由现行国家标准《建筑抗震设计规范》GB 50011 的地震影响系数曲线得到，或由建筑场地的地震安全性评价提出的加速度反应谱曲线得到。结构材料的性能指标（如弹性模量、强度取值等）以及本构关系，与结构或构件的抗震性能有密切关系，应根据实际情况合理选用。如进行钢结构弹塑性分析时，钢材一般选用材料的屈服强度，结构弹塑性变形往往比弹性变形大很多，考虑结构几何非线性进行计算是必要的，结果的可靠性也会因此有所提高。

竖向荷载作用计算时，宜考虑钢柱、型钢混凝土（钢管混凝土）柱与钢筋混凝土核心筒竖向变形差异引起的结构附加内力，计算竖向变形差异时宜考虑混凝土收缩、徐变、沉降及施工调整等因素的影响。

外柱与内筒的竖向变形差异宜根据实际施工工况进行计算。在施工阶段，宜考虑施工过程中已对这些差异逐层进行调整的有利因素，也可考虑采取外伸臂桁架延迟封闭、楼面梁与外周柱及内筒体采用铰接等措施减小差异变形的影响。在伸臂桁架永久封闭以后，后期的差异变形会对伸臂桁架或楼面梁产生附加内力，伸臂桁架及楼面梁的设计应考虑这些不利影响。

3. 结构稳定性分析

高层民用建筑框架结构整体稳定性应满足下式要求：

$$D_i \geqslant 5 \sum_{j=1}^{n} G_j / h_i, \ (i = 1, 2, \cdots, n)$$

高层民用建筑框架-支撑结构、框架-延性墙板结构、筒体结构和巨型单位结构应满足下式要求：

$$EJ_d \geqslant 0.7 H^2 \sum_{j=1}^{n} G_i$$

式中，D_i 为第 i 楼层的抗侧刚度（kN/mm），可取该层剪力与层间位移的比值；h_i 为第 i 楼层层高（mm）；G_i、G_j 分别为第 i、j 楼层重力荷载设计值（kN），取 1.2 倍的永久荷载标准值与 1.4 倍的楼面可变荷载标准值的组合值；H 为房屋高度（mm）；EJ_d 为结构一个主轴方向的弹性等效侧向刚度（kN·mm²），可按倒三角形分布荷载作用下结构顶点位移相等的原则，将结构的侧向刚度折算为竖向悬臂受弯构件的等效侧向刚度。

多（高）层钢结构建筑的整体稳定性通过控制重力 P-Δ 效应不超过 20%，使结构的稳定具有适宜的安全储备。在水平力作用下，高层民用建筑钢结构的稳定应满足本规定，不应放松要求。如不满足本规定，应调整并增大结构的侧向刚度。

4. 地震作用分析

多（高）层钢结构建筑的地震作用分析基本可按《建筑抗震设计规范》GB 50011 执

行，同时《高层民用建筑钢结构技术规程》JGJ 99 针对其结构受力特点增加了部分补充条款。高层民用建筑钢结构的地震作用计算除应符合现行国家标准《建筑抗震设计规范》GB 50011 的有关规定外，尚应符合下列规定：扭转特别不规则的结构，应计入双向水平地震作用下的扭转影响；其他情况，应计算单向水平地震作用下的扭转影响；9 度抗震设计时应计算竖向地震作用；高层民用建筑中的大跨度、长悬臂结构，7 度（0.15g）、8 度抗震设计时应计入竖向地震作用。

高层民用建筑钢结构的抗震计算，宜采用振型分解反应谱法；对质量和刚度不对称、不均匀的结构以及高度超过 100m 的高层民用建筑钢结构应采用考虑中扭转耦联振动影响的振型分解反应谱法；高度不超过 40m、以剪切变形为主且质量和刚度沿高度分布比较均匀的高层民用建筑钢结构，可采用底部剪力法；7～9 度抗震设防的高层民用建筑，下列情况应采用弹性时程分析进行多遇地震下的补充计算：甲类高层民用建筑钢结构；表 2-7 所列的乙、丙类高层民用建筑钢结构；特殊不规则的高层民用建筑钢结构。

采用时程分析的房屋高度范围表 表 2-7

烈度、场地类别	房屋高度范围（m）
8 度Ⅰ、Ⅱ类场地和 7 度	＞100
8 度Ⅲ、Ⅳ类场地	＞80
9 度	＞60

多（高）层钢结构建筑主要采用振型分解反应谱法，底部剪力法的应用范围较小；弹性时程分析法作为补充计算方法，在高层民用建筑中已得到比较普遍的应用，特别是高度较高或刚度、承载力和质量沿竖向分布不均匀的特别不规则建筑或特别重要的甲乙类建筑，需采用弹性时程分析法进行补充计算。计算罕遇地震下的结构变形，应按现行国家标准《建筑抗震设计规范》GB 50011 的规定，采用静力弹塑性分析方法或弹塑性时程分析法。计算安装有消能减振装置的高层民用建筑的结构变形，应按现行国家标准《建筑抗震设计规范》GB 50011 的规定，采用静力弹塑性分析方法或弹塑性时程分析法。大跨度指跨度大于 24m 的楼盖结构、跨度大于 12m 的转换结构，长悬臂指悬挑长度大于 5m 的悬挑结构。大跨度、长悬臂结构应验算自身及其支承部位结构的竖向地震效应。

钢支撑-混凝土框架结构的抗震计算，尚应符合下列要求：结构的阻尼比不应大于 0.045，也可按混凝土框架部分和钢支撑部分在结构总变形能所占的比例折算为等效阻尼比；钢支撑框架部分的斜杆，可按端部铰接杆计算。当支撑斜杆的轴线偏离混凝土柱轴线超过柱宽 1/4 时，应考虑附加弯矩；混凝土框架部分承担的地震作用，应按框架结构和支撑框架结构两种模型计算，并宜取二者的较大值；钢支撑-混凝土框架的层间位移限值，宜按框架和框架-抗震墙结构内插。钢框架部分除伸臂加强层及相邻楼层外的任一楼层计算分配的地震剪力应乘以放大系数，达到不小于结构底部总地震剪力的 20% 和框架部分计算最大楼层地震剪力 1.5 倍二者的较小值，且不少于结构底部地震剪力的 15%。由地震作用产生的该楼层框架各构件的剪力、弯矩、轴力计算值均应进行相应调整；结构计算宜考虑钢框架柱和钢筋混凝土墙体轴向变形差异的影响；结构层间位移限值，可采用钢筋混凝土结构的限值。

多遇地震作用下楼层位移验算和构件设计时，钢-混凝土组合结构的阻尼比介于钢结构和钢筋混凝土结构之间，考虑到钢-混凝土组合结构抗侧刚度主要来自混凝土核心筒，阻尼可取为0.04，偏向于混凝土结构；在风荷载作用下，结构塑性变形一般比设防烈度地震作用下小，因此阻尼比也应比后者设计小，并根据房屋高度和结构形式选取不同的值，阻尼比可取为0.02～0.04。

2.2.3 楼盖设计

1. 楼盖布置原则和方案

在多（高）层建筑中，楼盖结构除了直接承受竖向荷载的作用并将其传递给竖向构件外，还要充当多种角色，其中横隔作用十分重要。楼盖结构的工程量在多（高）层建筑中占较大比例。因此楼盖的布置方案和设计不仅影响到整个结构的性能，还可能影响到施工进程，最终影响到建筑的经济效益。

楼盖方案的选择除了要遵循满足建筑设计要求，较小自重以及便于施工等一般性的原则外，还要有足够的整体刚度。楼盖结构包括楼板和梁系，楼板和梁系的连接不仅起固定作用，还要可靠地传递水平剪力。用于多（高）层建筑的楼板类型有：现浇钢筋混凝土楼板、装配整体式钢筋混凝土楼板以及压型钢板组合楼板等。由预制板和现浇层混凝土构成的混凝土叠合板作为楼板具有显著的经济效益。目前较常用的为压型钢板组合楼板，这种楼板是直接在铺设于钢梁上翼缘的压型钢板上浇筑钢筋混凝土。6、7度设防且房屋高度不超过50m的高层民用建筑钢结构，可采用装配整体式钢筋混凝土楼板，也可采用装配式楼板或其他轻型楼盖。但其均应与钢梁可靠连接，且宜在板上浇筑刚性面层，以确保楼盖的整体性。预制楼板通过其底面四角的预埋件与钢梁焊接，焊脚高度不应小于6mm，焊缝长度不应小于80mm，板缝的灌缝构造宜一律按抗震设防要求进行。必要时可在板缝间的梁上设抗剪连接件（如栓钉等）。刚性面层是整浇形式，厚度不小于50mm，混凝土强度等级不低于C20，层内钢筋网格配筋量不小于$\phi6@200$。刚性面层面积较大时，应采用设后浇带等措施来减小温度应力的影响。卫生间及开洞较多处可采用现浇钢筋混凝土楼板。

梁系由主梁和次梁组成。结构体系包含框架时，一般以框架梁为主梁，次梁以主梁为支承，间距小于主梁。主梁通常等跨等间距设置，图2-17是一些典型的结构平面布置，其中图2-17（a）是横向框架加纵向剪力墙布置方案，用于矩形平面；图2-17（b）是纵横双向纯框架结构布置方案，可用于正方形平面的多层房屋结构。常见的次梁布置有：等跨等间距次梁，等跨不等间距次梁。梁系布置还要考虑如下一些因素：①钢梁的间距要与上覆楼板类型相协调，尽量取在楼板的经济跨度内。对于压型钢板组合楼板，其适用跨度范围为1.5～4.0m，而经济跨度范围为2～3m。②钢梁将竖向抗侧力构件连成整体，形成空间体系。为充分发挥整体空间作用，主梁应与竖向抗侧力构件直接相连。③就竖向构件而言，其纵横两个方向均应有梁与之相连，以保证两个方向的长细比不致相差悬殊。④抗倾覆要求竖向构件，尤其是外层竖向构件应具有较大的竖向压力，来抵消倾覆力矩产生的拉力。梁系布置应能使尽量多的楼面荷载传递到这些构件上。

为减小楼盖结构的高度，主次梁通常不采取叠接方式，一般做法是：保持主次梁上翼缘齐平而用高强度螺栓将次梁连接于主梁的腹板。直径较小的敷设管线可预埋于楼板内，直径较大时可在梁腹板上开孔穿越，但孔洞应尽量远离剪力较大区段。对于圆孔，其孔洞

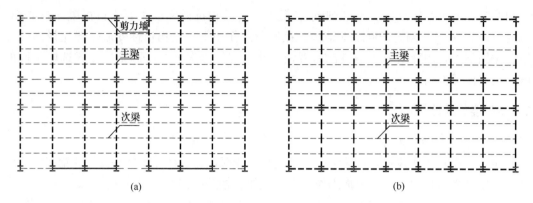

(a)　　　　　　　　　　　　　　　　(b)

图 2-17　框架和次梁布置方案

（a）横向框架布置方案；（b）双向框架布置方案

尺寸和位置宜按照图 2-18 所示的构造要求设计，矩形孔的构造要求见《高层民用建筑钢结构技术规程》JGJ 99。

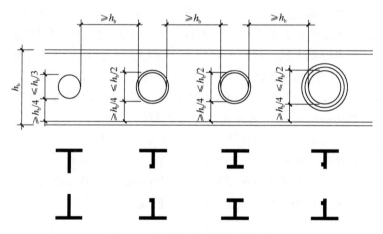

图 2-18　钢梁腹板开圆孔的构造

　　楼盖梁一般宜采用简支连接，即仅将次梁的腹板与主梁的加劲肋或连接角钢用高强度螺栓连接（图 2-19a），其传递荷载为次梁的梁端剪力，并考虑连接的偏心引起的附加弯矩，可不考虑主梁扭转，必要时也可采用刚性连接形式连接次梁（图 2-19b）。

　　蜂窝梁由于自重轻、抗弯刚度大和孔洞便于敷设管道和电缆等优点，在跨度大、剪力较小时不失为楼盖梁的一种适宜形式。图 2-20 是用 H 型钢制作蜂窝梁的示意图。将 H 型钢沿腹板上的剖分线切割为 AB 和 DC 上下两段，之后把下部的 DC 段做水平翻转，再将所得 CD 段和上部的 AB 段沿图 2-20（b）焊缝焊接，同时在两段之间补焊图 2-20（b）阴影部分表示的一块腹板，最终将原截面高度为 h_1 的 H 型钢制作为高度为 h_2 的蜂窝梁。显然，当 $h_2/h_1 > 1$ 时，其值在 1.3～1.6 之间。一般而言，h_2/h_1 越大，蜂窝梁的抗剪性能越低。蜂窝梁截面惯性矩、截面模量与比值 h_2/h_1 大致呈如下关系：

$$I_2/I_1 \approx (h_2/h_1)^2 \quad W_2/W_1 \approx h_2/h_1 \tag{2-1}$$

式中，I_1 和 I_2 分别是 H 型钢和蜂窝梁关于强轴的截面惯性矩；W_1 和 W_2 分别是 H 型钢和蜂窝梁关于强轴的截面模量。腹板开孔对梁的应力场干扰甚大，导致复杂的应力集中现象。

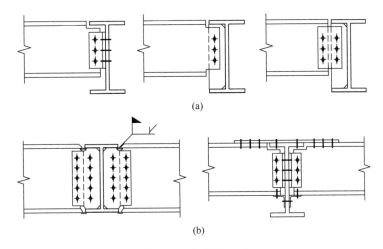

(a)

(b)

图 2-19　主次梁连接

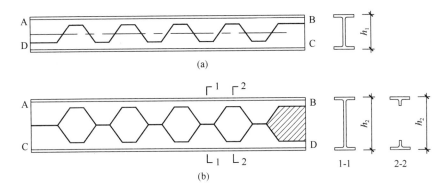

图 2-20　蜂窝梁做法

蜂窝梁的设计可采用如下实用计算方法：

（1）抗弯强度校核

$$\frac{1.1M_{\max}}{\gamma_{x}W_{\alpha}} \leqslant f \quad （未削弱截面） \tag{2-2}$$

$$\frac{M_{\beta}}{h_{T}A_{T}} + \frac{V_{\beta}a}{4\gamma_{x2}W_{T\min}} \leqslant f \quad （削弱最大截面） \tag{2-3}$$

式中　$M_{\max}$——梁的最大弯矩；

　　　W_{α}——梁未削弱截面的截面模量；

　M_{β}、V_{β}——梁削弱最大截面处弯矩和剪力的不利组合；

　　　h_{T}——梁削弱最大截面处上下两 T 形截面形心之间的距离；

　　　A_{T}——梁削弱最大截面处单个 T 形截面的面积；

　$W_{T\min}$——梁削弱最大截面处单个 T 形截面的最小截面模量；

　　　a——蜂窝孔口的水平几何尺寸；

　γ_{x}、γ_{x2}——塑性发展系数，分别取 1.05 和 1.2。

（2）抗剪强度校核

支座截面：

$$\frac{VS}{It_{\mathrm{w}}} \leqslant f_{\mathrm{v}}(\text{或 } f_{\mathrm{v}}^{\mathrm{w}}) \tag{2-4}$$

距支座最近的两孔洞间的水平焊缝：

$$\frac{V_1 l_1}{h_{\mathrm{T}} t_{\mathrm{w}} a} \leqslant f_{\mathrm{v}}^{\mathrm{w}} \tag{2-5}$$

式中　V ——梁支座截面的剪力；

　　　I ——梁支座截面关于中和轴的惯性矩；

　　　S ——梁支座截面中和轴上（或下）部分截面关于中和轴的面积矩；

　　　t_{w} ——梁腹板厚度；

　　　V_1 ——距支座最近的两孔洞中间截面的剪力；

　　　l_1 ——距支座最近的两孔洞中心间的距离。

（3）整体稳定校核

$$\frac{1.1 M_{\max}}{\varphi_{\mathrm{b}} W_{\alpha}} \leqslant f \tag{2-6}$$

式中　φ_{b} ——依据截面 1-1 计算的梁整体稳定系数。

（4）挠度校核

腹板开孔将对梁的刚度造成削弱。削弱程度大时，除应考虑弯曲刚度削弱对挠度的影响外，还必须考虑剪切刚度削弱的影响。削弱程度不大时（$h_2/h_1 \leqslant 1.5$），可按下列简化公式计算：

$$\eta \frac{M_{\mathrm{k\,max}} l^2}{10 EI} \leqslant [\upsilon] \tag{2-7}$$

式中　$M_{\mathrm{k\,max}}$ ——梁跨中最大弯矩标准值；

　　　I ——依据截面 1-1 计算的惯性矩；

　　　l ——梁跨度；

　　　η ——考虑截面削弱的挠度放大系数，按表 2-8 选取；

　　　$[\upsilon]$ ——挠度允许值。

挠度放大系数表　　　　　　　　　　　　　　　　　表 2-8

高跨比（h_2/l）	1/40	1/32	1/27	1/23	1/20	1/18
η	1.1	1.15	1.2	1.25	1.35	1.4

2. 压型钢板组合楼盖的设计

压型钢板组合楼盖不仅结构性能较好，施工方便，而且经济效益好，从 20 世纪 70 年代开始，在高层钢结构中得到广泛应用。组合楼板一般以板肋平行于主梁的方式置于次梁上，如果不设次梁，则以板肋垂直于主梁的方式布置于主梁上（图 2-21）。搁置楼板的钢梁上翼缘通长设置抗剪连接件，以保证楼板和钢梁之间可靠地传递水平剪力，常见的抗剪连接件是栓钉。抗剪连接件的承载力不仅与其本身的材质及型号有关，且和混凝土强度等级等有关。单个栓钉连接件的受剪承载力设计值为：

$$N_{\mathrm{v}}^{\mathrm{c}} = 0.43 A_{\mathrm{st}} \sqrt{E_{\mathrm{c}} f_{\mathrm{c}}} \leqslant 0.7 A_{\mathrm{st}} f_{\mathrm{u}} \tag{2-8}$$

式中　A_{st} ——栓钉钉杆截面面积；

　　　E_{c} ——混凝土弹性模量；

f_c——混凝土轴心抗压强度设计值；

f_u——栓钉极限抗拉强度设计值。

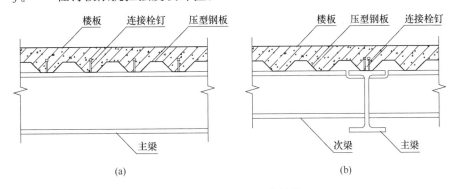

图 2-21　压型钢板组合楼盖

（a）板肋垂直于主梁；（b）板肋平行于主梁

位于梁负弯矩区的栓钉，周围混凝土对其约束的程度不如受压区，按式（2-8）算得的栓钉受剪承载力设计值应予折减，折减系数取 0.9。

式（2-8）是针对直接焊在梁翼缘上的栓钉得出的，当混凝土板和梁翼缘之间有压型钢板时，N_v^c 还需要折减。当压型钢板肋与钢梁平行时（图 2-22a），应乘以折减系数

$$\eta = 0.6b(h_s - h_p)/h_p^2 \leqslant 1.0 \tag{2-9}$$

当压型钢板肋与钢梁垂直时（图 2-22b），应乘以折减系数

$$\eta = \frac{0.85}{\sqrt{n_0}} \frac{b(h_s - h_p)}{h_p^2} \leqslant 1.0 \tag{2-10}$$

式中　b——混凝土凸肋（压型钢板波槽）的平均宽度（图 2-22c），但当肋的上部宽度小于下部宽度时（图 2-22d），改取上部宽度；

h_p——压型钢板高度（图 2-22c、d）；

h_s——栓钉焊接后的高度（图 2-22b），但不应大于 $h_p + 75\text{mm}$；

n_0——组合梁截面上一个肋板中配置的栓钉总数，当大于 3 时取 3。

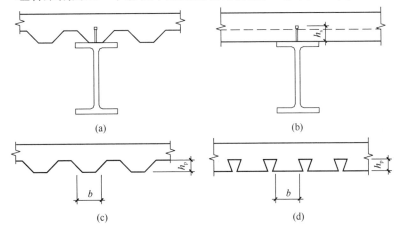

图 2-22　承载力设计值应折减的栓钉布置

（a）肋平行于支承梁；（b）肋垂直于支承梁；（c）、（d）楼板剖面

压型钢板与混凝土之间水平剪力的传递通常有四种形式，其一是依靠压型钢板的纵向波槽（图 2-23a），其二是依靠压型钢板上的压痕、小洞或冲成的不闭合的孔眼（图 2-23b），另外就是依靠压型钢板上焊接的横向钢筋（图 2-23c）以及设置于端部的锚固件（图 2-23d）。其中端部锚固件在任何情形下都应当设置。压型钢板组合楼板的设计包括组合楼板和组合梁的设计。

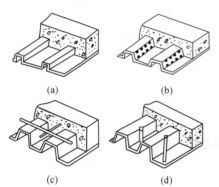

(a)　　　　　(b)

(c)　　　　　(d)

图 2-23　压型钢板与混凝土的连接

（1）组合楼板的设计

压型钢板有开口型、缩口型和闭口型之分（图 2-24）。通常依据是否考虑压型钢板对组合楼板承载力的贡献，而将其分为组合板和非组合板。组合楼板的设计不仅要考虑使用荷载，也要考虑施工阶段荷载作用。

1）施工阶段验算

应对作为浇筑混凝土底模的压型钢板进行强度和变形验算，所承受的永久荷载包括压型钢板、钢筋和混凝土的自重，可变荷载包括施工荷载和附加荷载。可变荷载取值原则上应以工地实际荷载为依据，但施工荷载不应小于 $1.0kN/m^2$。当有过量冲击、混凝土堆放、管线和泵的荷载时，应增加附加荷载。施工阶段验算时，注意湿混凝土作为可变荷载，其分项系数为 1.5。验算采用弹性方法，结构重要性系数 $\gamma_0 = 0.9$。力除了承载力应符合《冷弯薄壁型钢结构技术规范》GB 50018 规范的要求外，通常控制挠度不应大于板支承跨度的 1/180。如果验算不满足要求，可加临时支护以减小板跨加以验算。

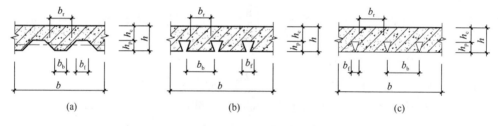

(a)　　　　　　　(b)　　　　　　　(c)

图 2-24　组合楼板凹槽类型

2）使用阶段

对于非组合板，压型钢板仅作为模板使用，不考虑其承载作用，可按常规钢筋混凝土楼板设计。这时应在压型钢板波槽内设置钢筋，并进行相应计算。目前在高层钢结构中，大多是将压型钢板作为非组合板使用，在这种情形，因无须其作为防火保护层，实践证明较经济。对于组合板应在永久荷载和使用阶段的可变荷载作用下验算其承载力和变形。变形验算的力学模型取为单向弯曲简支板。承载力验算的力学模型依压型钢板上混凝土的厚薄分别取双向弯曲板或单向弯曲板，板厚不超过 100mm 时，正弯矩计算的力学模型为承受全部荷载的单向弯曲简支板，负弯矩计算的力学模型为承受全部荷载的单向弯曲固支板。板厚超过 100mm 时，依据有效边长比 λ_e，分别处理，当 $0.5 \leqslant \lambda_e \leqslant 2.0$ 时，力学模型为正交异性双向弯曲板；当 $\lambda_e < 0.5$ 时，按强边（顺肋板）方向单向板计算；当 $\lambda_e > 2.0$

时，按弱边（垂直于肋边）方向单向板进行计算。有效边长比按下式计算：

$$\lambda_e = \mu l_x / l_y \qquad (2\text{-}11)$$

式中，l_x 和 l_y 分别是组合板强边和弱边方向的跨度；$\mu = (I_x / I_y)^{1/4}$ 为组合板的异向性系数，I_x 和 I_y 分别是组合板顺肋方向和垂直肋方向的截面惯性矩，计算 I_y 时只考虑压型钢板顶面以上的混凝土计算厚度 h_c。一般而言，强度验算包括：正截面受弯承载力、受冲剪承载力和斜截面受剪承载力。

在正弯矩 M 作用下，组合板截面应当满足一般钢筋混凝土受弯构件的正截面受弯承载力：

$$M \leqslant f_c bx(h_0 - x/2) \qquad (2\text{-}12a)$$

$$f_c bx = A_n f_n + A_s f_y \qquad (2\text{-}12b)$$

式中符号的意义如图 2-25 所示。上式的特点是：受拉部件包括钢筋和压型钢板，而非单纯钢筋。

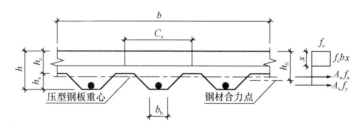

图 2-25 组合板正截面计算简图

混凝土受压区高度除了要满足通常混凝土结构的要求外，显然还应满足 $x \leqslant h_c$。组合板在负弯矩作用下的计算、斜截面受剪及局部荷载作用下的计算参见《组合结构设计规范》JGJ 138。

（2）组合梁的设计

将钢筋混凝土板与钢梁进行可靠连接，使两者作为整体来承载，即形成组合梁。这是多（高）层钢结构工程中经常运用的方法。组合梁可设置板托，如图 2-26 所示。板托可增加板在支座处的剪切承载力和刚度，但会增加构造的复杂性且施工不便，因此应当综合这些因素确定设置与否。一般宜优先采用不带板托的组合梁。组合梁中的钢梁采用单轴对称的工形截面，其上翼缘和混凝土板共同工作，宽度小于下翼缘。

混凝土板参与组合梁的工作，其宽度显然不能简单地以梁中间线为界。本质在于：板的宽厚比较大的情况下，由于剪切滞后效应，应力沿板宽度分布不均匀。为了简化计算，把应力视为均匀分布，需要采用板的有效宽度 b_e，其表达式为：

$$b_e = b_0 + b_1 + b_2 \qquad (2\text{-}13)$$

式中　b_0 ——钢梁上翼缘宽度（图 2-26a）；设置板托时为板托顶部的宽度（图 2-26b），当 $\alpha < 45°$ 时取 $\alpha = 45°$；当混凝土板与钢梁不直接接触（如之间有压型钢板分割）时，取栓钉的间距，仅有一排栓钉时取 0；

　　b_1、b_2 ——梁两侧的翼缘板计算宽度；对于塑性中和轴位于混凝土板内的情形，可取

梁等效跨径 l_e 的 1/6，且不应大于相邻钢梁上翼缘（或板托）间净距 S_0 的 1/2（图 2-26）；当然，对于边梁 b_1 还不应超过混凝土翼板实际外伸长度 S_1（图 2-26）；

l_e——等效跨径；对于简支组合梁取其跨度 l；对于连续组合梁，中间跨正弯矩区取 $0.6l$，边跨正弯矩区取 $0.8l$；支座负弯矩区取为相邻两跨跨度之和的 20%。

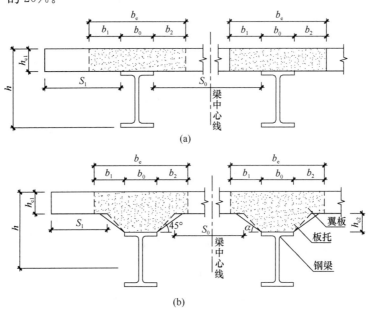

图 2-26 翼缘板的有效宽度
(a) 不设板托的组合梁；(b) 设板托的组合梁

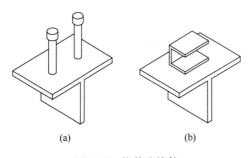

图 2-27 抗剪连接件
(a) 圆柱头焊钉连接件；(b) 槽钢连接件

为了保证钢筋混凝土板与钢梁形成整体，还必须在两者之间设置可靠的连接件，这些连接件的力学功能是承受沿梁轴向的纵向剪切力，称为抗剪连接件。组合梁的抗剪连接件宜采用圆柱头焊钉（图 2-27a），也可采用槽钢（图 2-27b），或有可靠依据的其他类型连接件。连续件的尺寸和间距按《钢结构设计标准》GB 50017—2017 的规定确定。

1) 完全抗剪连接组合梁的正截面受弯承载力验算

当连接件有充分能力传递混凝土板和钢梁之间的剪力时，称为完全抗剪连接组合梁。对于这种组合梁，可按截面形成塑性铰作为承载力极限状态来建立其抗弯承载力计算公式，针对混凝土的材性特点，可以认为：①位于塑性中和轴一侧的受拉混凝土因为开裂而不参加工作，板托部分也不予考虑，混凝土受压区假定为均匀受压，并达到轴心抗压强度设计值；②根据塑性中和轴的位置，钢梁可能全部受拉或部分受压部分受拉，但都设定为均匀受力，并达到钢材的抗拉或抗压强度设计值；③忽略钢筋混凝土翼板受压区中钢筋的作用。满足上述条件最核心的问题是保证截面要具有足够的塑性发展能力，尤其要避免由钢梁板件的局部失稳而导致过早丧失承载力。因此，构成组合梁的钢梁截面板件宽厚比的限值比较严格，《钢结构设计标准》GB 50017—2017 要求，钢梁截面板件宽厚比原则上应当符合钢结构受弯构件塑形设计的要求：①形成塑性铰并发生塑性转动的截面，其截面板件宽厚比等级应采用 S1 级；②最后形成塑性铰的截面，其截面板件宽厚比等级不低于 S3 级截面要求。

对于完全抗剪连接的梁，根据上述极限状态，按图 2-28，验算公式为：

对于正弯矩 M 作用段：

$$M \leqslant \begin{cases} b_e x f_c y & (Af \leqslant b_e f_c h_{c1}，塑性中和轴在混凝土翼板内) \\ b_e h_{c1} f_c y_1 + A_c f y_2 & (Af > b_e f_c h_{c1}，塑性中和轴在钢梁截面内) \end{cases} \tag{2-14a}$$

式中　x——混凝土翼板受压区高度（图 2-28a），$x = Af/(b_e f_c)$；

　　　y——钢梁截面应力合力至混凝土受压区应力合力之间的距离（图 2-28a）；

　　　y_1——钢梁受拉区截面形心至混凝土翼板受压区截面形心的距离（图 2-28b）；

　　　A——钢梁受压区截面面积（图 2-28b），$A_c = 0.5(A - b_e h_{c1} f_c/f)$；

　　　y_2——钢梁受拉区截面形心至钢梁受压截面形心的距离（图 2-28b）。

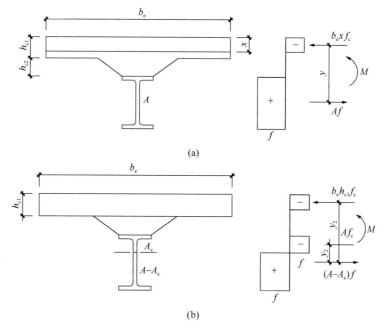

图 2-28　正弯矩时组合梁横截面抗弯承载力计算图

对于负弯矩 M 作用段：

一般情形下总有 $A_{st} < A$ 成立，故可设组合梁塑性中和轴总位于钢梁截面内，应力分布见图 2-29。引用钢梁截面的塑性弯矩 M_s，由图 2-29 可建立校核公式：

$$M \leqslant M_s + A_{st} f_{st}(y_3 + y_4/2) \tag{2-14b}$$

式中　M_s——钢梁截面的塑性弯矩，取 $M_s = (S_1 + S_2)f$；

S_1、S_2——钢梁塑性中和轴（平分钢梁截面积的轴线）两侧截面对该轴的面积矩；

　　y_3——纵向钢筋截面形心与组合梁塑性中和轴之间的距离（图 2-29），可先确定钢梁受压截面面积 $A_c = 0.5(A + A_{st}f_{st}/f)$；

　　y_4——组合梁塑性中和轴与钢梁塑性中和轴之间的距离（图 2-29）。当组合梁塑性中和轴在钢梁腹板内时，取 $y_4 = A_{st}f_{st}/(2t_wf)$，当该中和轴在钢梁翼缘内时，可取 y_4 等于钢梁塑性中和轴至腹板上边缘的距离。

当连接件不足以传递全部纵向剪力时，称为部分抗剪连接组合梁，其验算方法可参见《钢结构设计标准》GB 50017—2017。

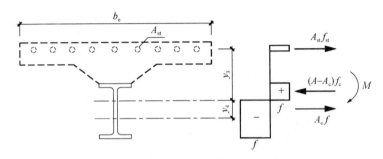

图 2-29　负弯矩时组合梁截面及应力图

2）组合梁的受剪承载力验算

认为全部剪力由钢梁腹板承受：

$$V \leqslant h_w t_w f_v \qquad (2\text{-}15)$$

式中　　h_w、t_w——分别为钢梁腹板的高度和厚度；

　　　　f_v——钢梁钢材的抗剪强度设计值。

组合梁的设计计算还包括混凝土板和板托的纵向抗剪计算，挠度及负弯矩区裂缝宽度计算的，参见《钢结构设计标准》GB 50017—2017。

2.2.4　柱和支撑设计

1. 框架柱设计

多（高）层钢结构建筑中的柱截面形式有箱形、焊接工字形、H 型钢、圆管、方管和矩形管等，其中 H 型钢应用最多。这是因为 H 型钢具有截面经济合理、规格尺寸多、加工量少以及便于连接等优点。焊接工字形截面的最大优点在于可灵活地调整截面特性，而焊接箱形截面的优点是关于两个主轴的刚度可以做得相等，缺点是加工量大。如果采用钢管混凝土的组合柱，将大幅度提高管状柱的承载力，并提高防火效能。

框架柱一般是压（拉）弯构件，拟定柱截面尺寸要参考同类已建工程，如果在初步设计中，已粗略得到柱的轴力设计值 N，则可以承受 $1.2N$ 的轴压构件初拟柱截面尺寸。一般采用变截面柱的形式，大致可按 3～4 层作一次截面变化。尽量使用较薄的钢板，其厚度不宜超过 100mm。钢框架梁柱板件宽厚比不应大于表 2-9 的规定。根据现行国家标准《建筑抗震设计规范》GB 50011 的规定，框架柱的长细比，在抗震等级为一级时不应大于 $60\varepsilon_k$，二级时不应大于 $80\varepsilon_k$，三级时不应大于 $100\varepsilon_k$，四级时不应大于 $120\varepsilon_k$。

板件名称	抗震等级				非抗震设计
	一	二	三	四	
工字形截面翼缘外伸部分	10	11	12	13	13
工字形截面腹板	43	45	48	52	52
箱形截面壁板	33	36	38	40	40
冷成型方管壁板	32	35	37	40	40
圆管（径厚比）	50	55	60	70	70

注：1. 表列数值适用于 Q235 钢，采用其他牌号应乘以 $\sqrt{235/f_y}$，圆管应乘以 $235/f_y$；
2. 冷成型方管适用于 Q235GJ 和 Q345GJ 钢。

为了满足强柱弱梁的设计要求，使塑性铰出现在梁端而不是在柱端，抗震设防的柱在任一节点处，柱截面的塑性抵抗矩和梁截面的塑性抵抗矩宜满足下列要求：

等截面梁与柱连接时：

$$\sum W_{pc}(f_{yc} - N/A_c) \geqslant \eta \sum W_{pb} f_{yb} \tag{2-16a}$$

端部翼缘变截面的梁与柱连接时：

$$\sum W_{pc}(f_{yc} - N/A_c) \geqslant \sum (\eta W_{pb1} f_{yb} + M_v) \tag{2-16b}$$

式中　W_{pc}、W_{pb}——分别为计算平面内交汇于节点的柱和梁的截面塑性模量；

$\qquad W_{pb1}$——梁塑性铰所在截面的梁塑性截面模量；

$\qquad f_{yc}$、f_{yb}——分别为柱和梁钢材的屈服强度；

$\qquad N$——按设计地震作用组合得出的柱轴力设计值；

$\qquad A_c$——框架柱的截面面积；

$\qquad \eta$——强柱系数，抗震等级为一、二、三和四级时分别取 1.15、1.1、1.05 和 1.0；

$\qquad M_v$——梁塑性铰剪力对梁端产生的附加弯矩，$M_v = V_{pb} x$；

$\qquad V_{pb}$——梁塑性铰剪力；

$\qquad x$——塑性铰至柱面的距离，塑性铰可取梁端部变截面翼缘的最小处。骨式连接取 $(0.5\sim0.75) b_f + (0.30\sim0.45) h_b$。此处，$b_f$ 和 h_b 分别为梁翼缘宽度和梁截面高度；梁端扩大型或盖板式取梁净跨的 1/10 和梁高二者中的较大值。如有试验依据时，也可按试验取值。

《混凝土结构设计规范》GB 50011—2010 规定，在下列情形则无须进行式（2-16）的校核：①柱所在楼层的受剪承载力比相邻上一层的受剪承载力高出 25%；②柱轴压比不超过 0.4；③柱轴力符合 $N_2 \leqslant \varphi A_c f$ 时（N_2 为 2 倍地震作用下的组合轴力设计值）；④与支撑斜杆相连的节点。对于框筒结构柱则应符合式（2-17）的要求：

$$N_c/(A_c f) \leqslant \beta \tag{2-17}$$

式中　N_c——框筒结构柱在地震作用组合下的最大轴向压力设计值；

$\qquad A_c$——框筒结构柱截面面积；

$\qquad f$——框筒结构柱钢材强度设计值；

$\qquad \beta$——系数，抗震等级为一、二、三级时取 0.75，四级时取 0.80。

梁柱连接处，柱腹板上应设置与梁上下翼缘相对应的水平加劲肋或隔板。在强地震作用下，为了使梁柱连接节点域腹板不致失稳，以利吸收地震能量，工字形截面柱和箱形截面柱腹板在节点域范围内的稳定性，应符合下式要求：

$$t_{wc} \geq (h_{0b} + h_{0c})/90 \tag{2-18}$$

式中，t_{wc}，h_{0b}，h_{0c} 分别为柱在节点域的腹板厚度，梁腹板高度和柱腹板高度。

在荷载效应的基本组合作用下，纯框架柱的计算长度应按有侧移情形确定。对于满足《钢结构设计标准》GB 50017—2017 规定的强支撑（或剪力墙）框架，柱的计算长度应按无侧移情形确定。

其计算长度系数 μ 也可以分别按下列近似公式确定。

有侧移情形：

$$\mu = \sqrt{\frac{1.6 + 4(K_1 + K_2) + 7.5K_1K_2}{K_1 + K_2 + 7.5K_1K_2}} \tag{2-19}$$

无侧移情形：

$$\mu = \sqrt{\frac{(1 + 0.41K_1)(1 + 0.41K_2)}{(1 + 0.82K_1)(1 + 0.82K_2)}} \tag{2-20}$$

式中　K_1、K_1——分别为交于柱上下端的横梁线刚度之和与柱线刚度之和的比值，需根据梁远端约束情形和横梁的轴力进行修正。

上述有侧移失稳柱的计算长度系数的计算，是结合一阶内力分析进行的。

2. 柱和梁的连接

梁与柱的刚性连接是钢结构的常见形式，一般有三种做法：完全焊接、完全栓接和栓焊混合，如图 2-30 所示。

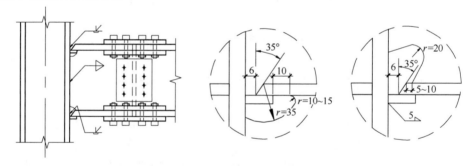

图 2-30　梁与柱的刚性连接

图 2-30 是在完全焊接情形，梁翼缘与柱翼缘间应采用全熔透坡口焊缝，并按规定设置衬板，对于抗震等级为一级和二级的建筑，应检验焊缝金属的 V 形切口冲击韧性，其夏比冲击韧性在 −20℃时不低于 27J；当框架梁端垂直于工字形柱腹板时，柱在梁翼缘对应位置设置横向加劲肋，且加劲肋厚度不应小于梁翼缘厚度；梁与柱的现场连接中，梁翼缘与柱横向加劲肋用全熔透焊缝连接，并应避免连接处板件宽度的突变。在完全栓接和栓焊混合情形，所有抗剪螺栓都采用高强度螺栓摩擦型连接；当梁翼缘提供的塑性截面模量小于梁全截面塑性截面模量的 70%时，梁腹板与柱的连接螺栓不得少于两列；即使计算结果为一列，也应布置两列，且此时螺栓总数不得小于计算值的 1.5 倍。

多层框架中可由部分梁和柱刚性连接组成抗侧力结构，而另一部分梁铰接于柱，这些柱只承受竖向荷载。设有足够支撑的非地震区多层框架原则上可全部采用柔性连接，图 2-31是一些典型的柔性连接，包括用连接角钢、端板和支托三种方式。连接角钢和图

2-31（c）的端板都只把梁的腹板和柱相连，连接角钢也可用焊于柱上的板代替。连接角钢和端板或是放在梁高度中央（图 2-31a），或是偏上放置（图 2-31b、c）。偏上的好处是梁段转动时上翼缘变形小，对梁上面的铺板影响小。当梁用承托连于柱腹板时，宜用厚板作为承托构件（图 2-31d），以免柱腹板承受较大弯矩。在需要用小牛腿时，则应如图 2-31（e）所示做成工字形截面，并把它的两块翼缘都焊于柱翼缘，使偏心力矩 $M=Re$ 以力偶的形式传给柱翼缘，而不是柱腹板。

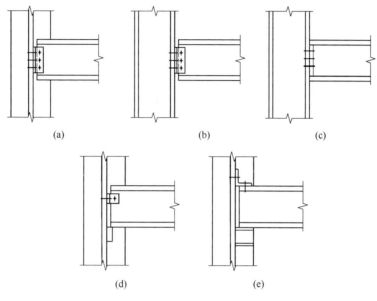

图 2-31　梁与柱的柔性连接

　　多层框架为梁柱组成的刚架体系，在层数不多或水平力不大的情况下，梁与柱可以做成半刚性连接。显然，半刚性连接必须有抵抗弯矩的能力，但无须像刚性连接那么大。图 2-32 是一些典型的半刚性连接，图 2-32（a）中表示采用端板-高强度螺栓连接方式，端板在大多数情况下伸出梁高度范围之外（或是上边伸出，下边不伸出）。梁端弯矩化作力偶，其拉力经上翼缘承压传力，压力区可设置少量螺栓，与拉力区的螺栓一起传递剪力。图 2-32（c）则是用连于翼缘的上、下角钢和高强度螺栓来连接，由上下角钢一起传递弯矩，腹板上的角钢则传递剪力。图 2-32（a）的虚线表示必要时可设加劲肋。

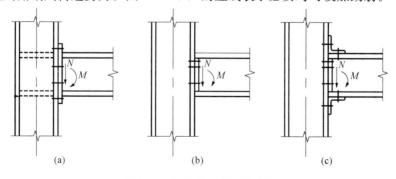

图 2-32　梁和柱的半刚性连接

3. 水平支撑布置

支撑在高层钢结构建筑中扮演重要角色，高层钢结构中的支撑可分为两大类，一类是水平支撑，另一类是竖向支撑。竖向支撑主要有竖向中心支撑和竖向偏心支撑两种形式。

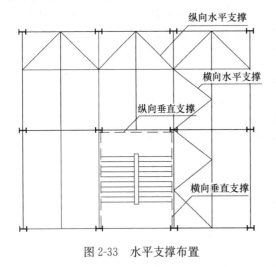

图 2-33　水平支撑布置

所谓水平支撑，是指设置于同一水平面内的支撑的总称，因此它包括通常意义下的横向水平支撑和纵向水平支撑。在高层建筑中，水平支撑分为两种，一种是为了建造和安装的安全而设置的临时水平支撑，这种水平支撑在施工完毕后拆除；另一种是永久水平支撑，通常在水平构件（如楼盖或屋盖构件）不能构成水平刚度大的隔板时设置。如图 2-33 所示，在楼盖水平刚度不足时的一种水平支撑布置方案，围绕楼梯间设置了纵向和横向垂直支撑，同时设置了纵向和横向水平支撑，它们都是平面桁架。纵向水平支撑是以楼面边梁为一弦杆的水平桁架，横向水平支撑则是以两次梁为弦杆的水平桁架。水平桁架的杆件可采用角钢。

4. 竖向支撑设计

高层钢结构中的竖向支撑通常呈贯通整个建筑物高度的平面桁架形式，它是通过在两根柱构件间设置一系列斜腹杆构成的。当这些斜腹杆都连接于梁柱节点时称为竖向中心支撑，简称中心支撑（图 2-34），否则称为竖向偏心支撑，简称偏心支撑（图 2-35）。竖向支撑既可以在建筑物纵向的一部分柱间布置，也可以在横向或纵横两向布置，其在平面上的位置也是灵活的，既可以沿外墙布置，也可沿内墙布置。

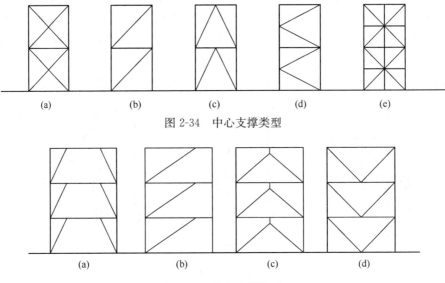

图 2-34　中心支撑类型

图 2-35　偏心支撑类型

中心支撑宜采用十字交叉斜杆（图 2-34a），单斜杆（图 2-34b），人字形斜杆，V 形斜杆（图 2-34c）或 K 形斜杆（图 2-34d）体系。K 形斜杆体系在地震作用下，斜杆的屈曲或屈服引起的较大侧向变形，可能引发柱提前丧失承载能力而倒塌，因此抗震设防的结构不得采用 K 形斜杆体系。所有形式的支撑体系都可以跨层跨柱设置（图 2-34e）。当采用只能受拉的单斜杆体系时，应同时设置不同倾斜方向的两组单斜杆，且每层中不同方向单斜杆的截面面积在水平方向的投影面积之差不得大于 10%。

在反复拉压作用下，长细比大于 $40\varepsilon_k$ 的支撑承载力将显著降低。为此对于抗震设防的结构，支撑的长细比应做更严格的要求。非抗震设防结构中的中心支撑，当按只能受拉的杆件设计时，其长细比不应大于 $300\varepsilon_k$，当按既能受拉又能受压的杆件设计时，其长细比不应大于 $150\varepsilon_k$。

按 6 度抗震设防和非抗震设防时，支撑斜杆板件宽厚比可按现行国家标准《钢结构设计标准》GB 50017—2017 的规定（表 2-10）采用，抗震设防结构中的支撑板件的宽厚比不宜大于表 2-11 的限值。

支撑截面板件宽厚比等级及限值　　　　　　　　　　表 2-10

截面板件宽厚比等级		BS1 级	BS2 级	BS3 级
H 形截面	翼缘 b/t	$8\varepsilon_k$	$9\varepsilon_k$	$10\varepsilon_k$
	腹板 h_0/t_w	$30\varepsilon_k$	$35\varepsilon_k$	$42\varepsilon_k$
箱形截面	壁板间翼缘 b_0/t	$25\varepsilon_k$	$28\varepsilon_k$	$32\varepsilon_k$
角钢	角钢肢宽厚比 w/t	$8\varepsilon_k$	$9\varepsilon_k$	$10\varepsilon_k$
圆钢管截面	径厚比 D/t	$40\varepsilon_k^2$	$56\varepsilon_k^2$	$72\varepsilon_k^2$

注：w 为角钢平直段长度。

中心支撑板件宽厚比限值表　　　　　　　　　　表 2-11

板件名称	抗震等级			
	一	二	三	四
翼缘外伸部分	$8\varepsilon_k$	$9\varepsilon_k$	$10\varepsilon_k$	$13\varepsilon_k$
工字形截面腹板	$25\varepsilon_k$	$26\varepsilon_k$	$27\varepsilon_k$	$33\varepsilon_k$
箱形截面壁板	$18\varepsilon_k$	$20\varepsilon_k$	$25\varepsilon_k$	$30\varepsilon_k$
圆管外径与壁厚比	$38\varepsilon_k^2$	$40\varepsilon_k^2$	$40\varepsilon_k^2$	$42\varepsilon_k^2$

支撑斜杆宜采用双轴对称截面。当采用单轴对称截面时（例如双角钢组合 T 形截面），应采取防止绕对称轴屈曲的构造措施。结构抗震设防烈度不小于 7 度时，不宜用双角钢组合 T 形截面。按 7 度及以上抗震设防的结构，当支撑为填板连接的双肢组合构件时，肢件在填板间的长细比不应大于构件最大长细比的 1/2，且不应大于 40。与支撑一起组成支撑系统的横梁、柱及其连接，应具有承受支撑斜杆传来内力的能力。与人字支撑、V 形支撑相交的横梁，在柱间的支撑连接处应保持连续。在计算人字形支撑体系中的横梁截面时，尚应满足在不考虑支撑的支点作用下按简支梁跨中承受竖向集中荷载时的承载力。按 8 度及以上抗震设防的结构，可以采用带有消能装置的中心支撑体系。

高层钢结构在水平荷载作用下变形较大，须考虑 $P-\Delta$ 等二阶效应。在初步设计阶段计算支撑杆件所受内力时，可按下列要求计算二阶效应导致的附加效应：

（1）在重力和水平力（风荷载或多遇地震作用）下，支撑除作为竖向桁架的斜杆承受水平荷载引起的剪力外，还承受水平位移和重力荷载产生的附加弯曲效应。楼层附加剪力可按下式计算：

$$V_i = 1.2 \frac{\Delta u_i}{h_i} \sum G_i \tag{2-21}$$

式中 h_i——计算楼层的高度；

$\sum G_i$——计算楼层以上的全部重力；

Δu_i——计算的层间位移。

人字形支撑和 V 形支撑尚应考虑支撑跨梁传来的楼面垂直荷载。

（2）对于十字交叉支撑、人字形支撑和 V 形支撑的斜杆，尚应计入柱在重力下的弹性压缩变形在斜杆中引起的附加应力。附加压应力可按下式计算：

对于十字交叉支撑的斜杆

$$\Delta \sigma_{br} = \frac{\sigma_c}{\left(\dfrac{l_{br}}{h}\right)^2 + \dfrac{hA_{br}}{l_{br}A_c} + \dfrac{2b^3 A_{br}}{l_{br}h^2 A_b}} \tag{2-22}$$

对于人字形支撑和 V 形支撑的斜杆

$$\Delta \sigma_{br} = \frac{\sigma_c}{\left(\dfrac{l_{br}}{h}\right)^2 + \dfrac{b^3 A_{br}}{24 l_{br} I_b}} \tag{2-23}$$

式中 σ_c——斜杆端部连接固定后，该楼层以上各层增加的恒荷载和活荷载产生的柱压应力；

l_{br}——支撑斜杆长度；

b、I_b、h——分别为支撑跨梁的长度、绕水平主轴的惯性矩和楼层高度；

A_{br}、A_c、A_b——分别为计算楼层的支撑斜杆、支撑跨的柱和梁的截面面积。

在重复荷载作用下，人字形支撑和 V 形支撑的斜杆在受压屈曲后，使横梁产生较大变形，并使体系的抗剪能力发生较大退化。考虑到这些因素，在多遇地震效应组合作用下，人字形支撑和 V 形支撑的斜杆内力应乘以增大系数 1.5。

支撑斜杆在多遇地震作用效应组合下，按受压杆验算：

$$N/\varphi A_{br} \leqslant \eta f / \gamma_{RE} \tag{2-24}$$

式中 η——受循环荷载时的设计强度降低系数，$\eta = 1/(1 + 0.35\lambda_n)$；

γ_{RE}——支撑承载力抗震调整系数，按《建筑抗震设计规范》GB 50011 取 0.8；

λ_n——支撑斜杆的正则化长细比，$\lambda_n = \lambda(f_y/E)^{1/2}/\pi$。

对于带有消能装置的中心支撑体系，支撑斜杆的承载力应为消能装置滑动或屈服时承载力的 1.5 倍。

图 2-36 是框架中心支撑节点的一些常见构造形式，其中带有双节点板的通常称为重型支撑，反之称为轻型支撑。地震设防区的工字形截面中心支撑宜采用轧制宽翼缘 H 型钢（图 2-36f），如果采用焊接工字形截面，则其腹板和翼缘的连接焊缝应设计成焊透的对接焊缝，以免在地震的反复作用下焊缝出现裂缝。与支撑相连接的柱通常加工成带悬臂梁段的形式，以避免梁柱节点处的现场焊缝。

偏心支撑框架的形式如图 2-35 所示。在偏心支撑框架中，除了支撑斜杆不交于梁柱节点的几何特征外，还有一个重要的力学特征，那就是精心设计的消能梁段，这些位于支撑斜杆与梁柱节点（或支撑斜杆）之间的消能梁段，一般比支撑斜杆的承载力低，同时具有在重

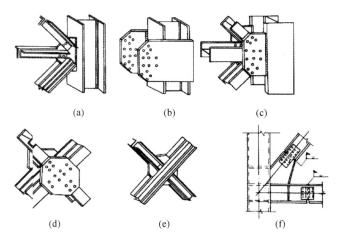

(a)   (b)   (c)

(d)   (e)   (f)

图 2-36　中心支撑节点构造

复荷载作用下良好的塑性变形能力。在正常的荷载状态下，偏心支撑框架处于弹性状态并具有足够的水平刚度；在遇到强烈地震作用时，消能梁段首先屈服吸收能量，有效地控制了作用于支撑斜杆上的荷载份额，使其不丧失承载力，从而保证整个结构不会坍塌。

偏心支撑斜杆的长细比不应大于 $120\varepsilon_k$，板件宽厚比不应超过《钢结构设计标准》GB 50017 规定的轴心受压构件在弹性设计时的宽厚比限值。偏心支撑斜杆，在一端与消能梁段连接（不在柱节点处），另一端可连接在梁与柱相交处，或与另一支撑一起与梁连接，并在支撑与柱之间或在支撑与支撑之间形成消能梁段。消能梁段的局部稳定性要求严于一般框架梁，以利于塑性发展。具体要求是：

（1）翼缘板自由外伸宽度 b_1 与其厚度 t_f 之比，应符合下式要求：

$$b_1/t_f \leqslant 8\varepsilon_k \tag{2-25}$$

（2）腹板计算高度 h_0 与其厚度 t_w 之比，应符合下式要求：

$$h_0/t_w \leqslant \begin{cases} 90(1-0.65\rho)\varepsilon_k & (\rho \leqslant 0.14) \\ 33(2.3-\rho)\varepsilon_k & (\rho > 0.14) \end{cases} \tag{2-26}$$

式中　　ρ——梁轴压比，$\rho = N_{lb}/(A_{lb}f)$；

N_{lb}——消能梁段的轴力设计值；

A_{lb}——消能梁段的截面面积。

由于高层钢结构顶层的地震作用较小，满足强度要求时一般不会屈曲，因此顶层可不设消能梁段。

消能梁段无轴力作用的塑性受剪承载力 V_p 和塑性受弯承载力 M_p，以及梁段承受轴向力时的全塑性受弯承载力 M_{pc}，应分别按下式计算：

$$V_p = 0.58f_y h_0 t_w \tag{2-27}$$

$$M_p = W_{np}f_y \tag{2-28}$$

$$M_{pc} = W_{np}(f_y - \sigma_N) \tag{2-29}$$

式中　　W_{np}——消能梁段净截面的塑性截面模量；

σ_N——轴力产生的梁段翼缘平均正应力。当 $\sigma_N < 0.15f_y$ 时，取 $\sigma_N = 0$。

消能梁段的长度是偏心支撑框架的关键性问题。净长 $a \leqslant 1.6M_p/V_p$ 的消能梁段为短梁段，其非弹性变形主要为剪切变形，属剪切屈服型；净长 $a>1.6M_p/V_p$ 的消能梁为长梁段，其非弹性变形主要为弯曲变形。试验研究表明，剪切屈服型消能梁段对偏心支撑框架抵抗大震特别有利。一方面，能使其弹性刚度与中心支撑框架接近；另一方面，其耗能能力和滞回性能优于弯曲屈服型。消能梁段净长最好不超过 $1.3M_p/V_p$，不过梁段也不宜过短，否则塑性变形过大，有可能导致过早的塑性破坏。对于目前典型的连接节点，弯曲屈服型消能梁段在非弹性变形还没有充分发展时，即在翼缘连接处出现裂缝。因此，目前消能梁段宜设计成 $a\leqslant1.6M_p/V_p$ 的剪切屈服型，当其与柱连接时，不应设计成弯曲屈服型。

支撑斜杆轴力的水平分量称为消能梁段的轴向力 N，当此轴向力较大时，除降低此梁段的受剪承载力外，也降低受弯承载力，因而需要减小该梁段的长度，以保证它具有良好的滞回性能。因此，消能梁段的轴向力 $N>0.16Af$ 时，其净长度 a 应符合下列规定：

当 $\zeta(A_w/A)<0.3$ 时，$a\leqslant1.6M_p/V_l$ （2-30a）

当 $\zeta(A_w/A)\geqslant0.3$ 时，$a\leqslant[1.15-0.5\zeta(A_w/A)]1.6M_p/V_l$ （2-30b）

式中　A、A_w——分别为消能梁段的截面面积和腹板截面面积；

　　　　V_l——$V_l=\min(V_p,M_p/a)$；

　　　　ζ——消能梁段轴向力设计值与剪力设计值之比，$\zeta=N/V$。

消能梁段的截面宜与同一跨内框架梁相同。消能梁段腹板承担的剪力不宜超过其承载力的 90%，以使其在多遇地震下保持弹性。剪切屈服型消能梁段腹板完全用来抗剪，轴力和弯矩只能由翼缘承担。考虑前述诸多因素和梁的轴压比 ρ 之后，《高层民用建筑钢结构技术规程》JGJ 99—2015 对消能梁段的强度校核要求如下：

（1）剪切承载力校核

当 $\rho\leqslant0.15$ 时

$$V\leqslant\phi V_l/\gamma_{RE},\ V_l=\min(V_p,M_p/a)\qquad(2-31)$$

当 $\rho>0.15$ 时

$$V\leqslant\phi V_{lc}/\gamma_{RE},\ V_{lc}=\min[V_p\sqrt{1-\rho^2},2.4M_p(1-\rho)/a]\qquad(2-32)$$

（2）弯曲承载力校核

$$\left.\begin{aligned}\frac{M}{W}+\frac{N}{A}&\leqslant f &(\rho\leqslant0.15)\\\left(\frac{M}{h}+\frac{N}{2}\right)\frac{1}{b_f t_f}&\leqslant f &(\rho>0.15)\end{aligned}\right\}\qquad(2-33)$$

式中　V、N、M——分别为消能梁段的剪力、轴力和弯矩设计值；

　　　　ϕ——系数，可取 0.9；

　　　A、W——分别为消能梁段的截面积和截面模量；

　　　　f——消能梁段钢材的抗压强度设计值，地震作用参与组合时，取 $f/0.75$；

　　　　h——消能梁段截面高度；

　　　b_f、t_f——分别为消能梁段翼缘的宽度和厚度。

如前所述，偏心支撑的设计意图是：当地震作用足够大时，消能梁段屈服，而支撑不屈曲，能否实现这一意图，取决于支撑的承载力。设置适当加劲肋后，消能梁段的极限受剪承载力可超过 $0.9f_y h_0 t_w$，为设计受剪承载力 $0.58f_y h_0 t_w$ 的 1.55 倍。因此，支撑的轴压设计抗力，至少应为耗能梁段达到屈服强度时支撑轴力的 1.6 倍，材料保证耗能梁段进入非弹性变形而支撑不屈曲。建议具体设计时，支撑截面适当取大一些。偏心支撑斜杆的承载力计算公式为：

$$\frac{N_{br}}{\varphi A_{br}} \leqslant \frac{f}{\gamma_{RE}} \qquad (2\text{-}34)$$

式中　A_{br}——支撑截面面积；

　　　φ——由支撑长细比确定的轴心受压构件稳定系数；

　　　γ_{RE}——支撑承载力抗震调整系数，按《建筑抗震设计规范》GB 50011 取 0.8；

　　　N_{br}——支撑轴力设计值，应取与其相连接的消能梁段达到受剪承载力时该支撑轴力与增大系数之乘积，抗震等级为一级时增大系数不应小于 1.4，二级时不应小于 1.3，三级时不应小于 1.2。

耗能梁段所用钢材的屈服强度不应大于 345MPa，以便有良好的延性和消能能力。除此之外，还必须采取一系列构造措施，以使耗能梁段在反复荷载作用下具有良好的滞回性能，从而发挥作用。这些措施包括：

（1）由于腹板上贴焊的补强板不能进入弹塑性状态，腹板上开洞也会影响其弹塑性变形能力，因此耗能梁段的腹板不得贴焊补强板，也不得开洞。

（2）为了传递梁段的剪力并防止连梁腹板屈曲，消能梁段与支撑连接处，应在其腹板两侧配置加劲肋，加劲肋的高度应为梁腹板高度，一侧的加劲肋宽度不应小于 $(b_f/2 - t_w)$，厚度不应小于 $0.75t_w$ 和 10mm 的较大值。这里 b_f 和 t_w 分别是梁段的翼缘宽度和腹板厚度。

（3）消能梁段腹板的中间加劲肋，需按梁段的长度区别对待，较短时为剪切屈服型，加劲肋间距不大于 $(30t_w - h/s)$，较长时为弯曲屈服型，中间加劲肋间距可适当放宽，具体规定见《建筑抗震设计规范》GB 50011。

中间加劲肋应与消能梁段的腹板等高，当消能梁段截面高度不大于 640mm 时，可配置单侧加劲肋，消能梁段截面高度大于 640mm 时，应在两侧配置加劲肋。一侧加劲肋的宽度不应小于 $(b_f/2 - t_w)$，厚度不应小于 t_w 和 10mm。

偏心支撑的斜杆中心线与梁中心线的交点，一般在消能梁段的端部，也允许在消能梁段内，此时将产生与消能梁段端部弯矩方向相反的附加弯矩，从而减少消能梁段和支撑杆的弯矩，对抗震有利；但交点不应在消能梁段以外，否则将增大支撑和消能梁段的弯矩，对抗震不利。

（4）消能梁段与柱的连接应符合下列要求：

消能梁段翼缘与柱翼缘之间应采用坡口全熔透对接焊缝连接，消能梁段腹板与柱翼缘之间应采用角焊缝连接；角焊缝的承载力不得小于消能梁段腹板的轴向承载力、受剪承载力和受弯承载力。

消能梁段与柱腹板连接时，其翼缘与连接板间应采用坡口全熔透焊缝，消能梁段腹板与柱间应采用角焊缝；角焊缝的承载力不得小于消能梁段腹板的轴向承载力、受剪承载力和受弯承载力。

消能梁段两端上下翼缘应设置侧向支撑，以保持其稳定。支撑的轴力设计值不得小于消能梁段翼缘轴向承载力设计值（翼缘宽度、厚度和钢材受压强度设计值三者的乘积）的 6%，即 $0.06b_f t_f f$。偏心支撑框架梁的非耗能梁段上下翼缘，也应设置侧向支撑，支撑的轴力设计值不得小于梁翼缘轴向承载力的 2%，即 $0.02b_f t_f f$。

5. 钢板剪力墙

钢板剪力墙可以是纯钢板或带肋的钢板，前者只能用于非抗震设防、四级民用高层或风荷载不大的建筑。加劲肋通常设置在横竖两个方向，板区格的高宽比 b/a 保持在 2/3～1½范围内。区格的尺寸宜限制在以下范围内：

$$(a+b)/t \leqslant 220\varepsilon_k \tag{2-35}$$

如果采用闭口加劲肋（如扣在墙板上的槽钢），则上式右端可放大到 $250\varepsilon_k$。

钢板剪力墙的加劲肋一般采用型钢，使之具有较大的刚度，在极限荷载作用下不屈曲。具体的刚度要求是：

对横向加劲肋

$$EI_{sx} \geqslant 33Db \tag{2-36a}$$

对竖向加劲肋

$$EI_{sy} \geqslant 50Da \tag{2-36b}$$

式中，$D = Et^3/[12(1-v^2)]$；Da 和 Db 分别为板格绕（水平）x 轴和（竖向）y 轴的弯曲刚度；t 为墙板厚度；v 为泊松比。当四边加劲肋的弯曲刚度达到板格刚度的 33 倍时，板屈曲时板加劲肋保持挺直。板格作为四边简支板处理。

钢板墙的任务是提供抗侧力刚度，因而不宜使之承受重力荷载。不过，由于墙板和柱及梁都有连接，竖向加劲肋总是会承受一部分重力荷载。因此它的弯曲刚度由板刚度的 33 倍提高到 50 倍。与此同时竖向加劲肋的位置最好与梁腹板的加劲肋错开，如图 2-37 所示。

当加劲肋设置满足式（2-36）要求时，墙板的稳定计算只需针对各个区格进行。图 2-38（a）给出整个板幅的受力情况，图 2-38（b）则是应力较大的右侧区格的应力图。由重力荷载产生的压应力 σ_N 和水平荷载产生的弯曲应力 σ_M 相叠加，区格承受线性变化的压应力，左侧为 σ_1，右侧为 σ_2。在计算区格板的稳定时，把线性变化的压应力图分解为均匀压应力 $\sigma_c = (\sigma_2+\sigma_1)/2$ 和弯曲压应力 $\sigma_b = (\sigma_2-\sigma_1)/2$。稳定计算的公式是：

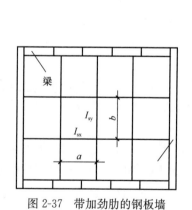

图 2-37 带加劲肋的钢板墙

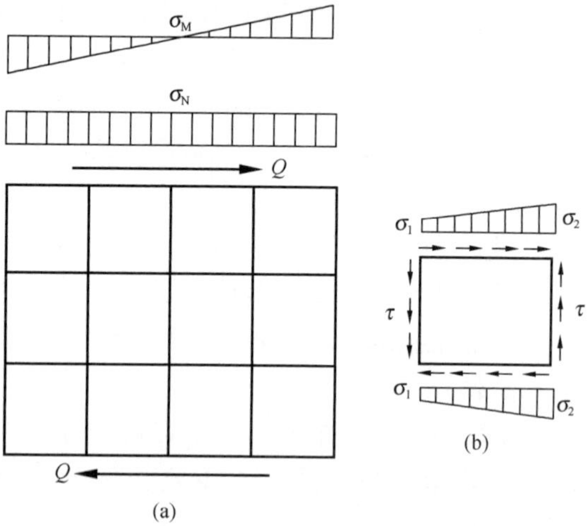

图 2-38 区格应力分布

$$\left(\frac{\tau}{\tau_{cr}}\right)^2 + \left(\frac{\sigma_b}{\sigma_{b,cr}}\right)^2 + \left(\frac{\sigma_c}{\sigma_{c,cr}}\right) \leqslant 1 \tag{2-37}$$

上式的各单项弹塑性临界应力为：

$$\tau_{cr} = \frac{f_v}{\sqrt[3]{0.738 + \lambda_s^6}} \leqslant f_v$$

$$\left. \lambda_s = \begin{cases} \dfrac{b/t}{37\varepsilon_k\sqrt{6.5 + 5\xi^2}} & (\xi \leqslant 1.0) \\[3mm] \dfrac{b/t}{37\varepsilon_k\sqrt{5 + 6.5\xi^2}} & (\xi > 1.0) \end{cases} \right\} \tag{2-38a}$$

$$\sigma_{c,cr} = \frac{f}{(1 + \lambda_c^{2.4})^{5/6}} \leqslant f, \quad \lambda_c = \frac{b/t}{31\varepsilon_k(1 + \xi^2)} \tag{2-38b}$$

$$\sigma_{b,cr} = \frac{f}{\sqrt[3]{0.378 + \lambda_b^6}} \leqslant f, \quad \lambda_b = \frac{b/t}{28\varepsilon_k\sqrt{2.2 + 14\xi^2 + 11\xi^4}} \tag{2-38c}$$

其中参数 $\xi = b/a$。此外，还应满足 $\sigma_N \leqslant 0.3\sigma_{c,cr}$，其中 σ_N 为重力荷载产生的压应力。

当加劲肋刚度不满足式（2-36）的要求时，需要计算整块板幅的稳定。此时把板肋组合体近似地化为各向异性板来对待。不设加劲肋的钢板剪力墙在水平荷载作用下容易屈曲，设计时可以考虑利用屈曲后强度。

2.3 建 筑 设 备 设 计

2.3.1 设备系统与管线总体要求

设备系统与管线应在符合国家和地方现行相关标准规范规定的基础上进行设计，也应符合装配式建筑各项技术规程的规定。建筑设备（水、暖、电）专业有一部分通用技术，无论在钢结构还是装配式混凝土建筑中均能应用。

1. 建筑设备管线综合

在进行装配式钢结构建筑内部设备管线设计时，应特别注意管线综合。设备管线应进行综合设计，减少平面交叉；竖向管线宜集中布置，并满足维修更换的要求。力求集中、布置紧凑，合理占用空间。应满足建筑给水、排水、燃气供应、供暖、通风和空气调节设施、照明供电等建筑受载各系统功能使用、运行安全、维修管理方便等要求。住宅建筑设备管线的综合设计应特别注意套内管线的综合设计，每套的管线应户界分明。居住建筑内的给水立管、雨水立管、消防立管、电气和电信干线（管）、公共功能的阀门和电气设备以及用于总体调节和检修的部件，均应统一集中设置在居住建筑的公共部位。公共建筑内竖向管线宜集中布置在独立的管道井内，且布置在现浇楼板处。当条件受限管线必须暗埋时，宜结合叠合楼板、压型钢板现浇层以及建筑垫层进行设计。当管线综合条件受限，管线必须穿越时，钢结构构件内应预留孔洞，其预留位置不应影响结构安全。建筑设备及其管线需要与结构构件连接时宜采用预留埋件的安装方式。当采用其他安装固定方法时，不得影响结构构件完整性与结构的安全性。建筑部件与设备之间的连接宜采用标准化接口。

2. 钢结构构件上孔洞、沟槽预留

从安全和经济两方面考虑，钢结构构件上的孔洞和沟槽应做好预留。管道与管线穿过钢梁、钢柱时，应与钢梁、钢柱上的预留孔留有空隙，或空隙处采用柔性材料填充；当穿越防火墙或楼板时，应设置不燃型的套管，管道与套管之间的空隙应采用不燃、柔性材料填封。管道不得敷设在剪力墙内。

当条件受限，钢结构预制构件中需预埋管线或预留沟、槽、孔、洞的位置，预留、预埋应遵守结构设计模数网络，不应在结构构件安装后凿剔沟、槽、孔、洞；设备及其管线必须暗埋时，应结合结构楼板及建筑垫层进行设计，集中敷设在现浇区域内；预制构件上为设备及其管线敷设预留的孔洞、套管、坑槽不得影响构件完整性与结构安全。

2.3.2 给水排水系统及管线设计

1. 给水排水管道的设计、布置和敷设

公共管道、设备和部件如设置在住宅套内，不仅占用套内空间的面积，还影响套内空间的使用，住户在装修时往往会将管道加以隐蔽，给维修和管理带来不便。在其他住户发生事故需要关闭检修阀门时，因设置阀门的住户无法进入，不能正常维修，这样的事故经常发生。公共建筑给水排水系统虽然不受套内外限制，但考虑到存在套内出售或出租性质，仍建议公共功能的给水排水、消防总立管、阀门、部件等设于公共部品内。

下列设施不应设置在住宅套内，应设置在共用空间内：①公共的管道，包括给水总立管、消防立管、雨水立管、供暖（空调）供回水总立管和配电、弱电干线（管）等，设置在开敞式阳台的雨水立管除外；其中雨水立管指建筑物屋面等公共部位的雨水排水管，不包括为住宅各户敞开式阳台服务的各层共用雨水立管及设于住宅敞开式阳台的屋面雨水共用雨水立管。对于分区供水的横干管，也应布置在其服务的套内，而不应布置在与其无关的套内；当采用远传水表或IC水表而将供水立管设在套内时，为便于维修和管理，供检修用的阀门应设在公共部位的横管上，而不应设在套内的立管顶部。应将共用给水、排水立管集中设在独立的管道井内，并布置在现浇楼板区域。②公共的管理阀门、电气设备和用于总体调节和检修的部件，户内排水立管检修口除外；③供暖管沟和电缆沟的检查孔。住宅单元的给水系统和消防系统总阀门，应设置在住户套外公用部位。

装配式建筑的给水排水设计应结合预制构件预留洞和预留套管进行。

穿越墙板和钢柱的管道应有支架固定。给水管道暗设时，应符合下列要求：①不得直接敷设在建筑物结构层内；②干管和立管应敷设在顶棚、管井、管窿内，支管宜敷设在楼（地）面的垫层内或沿墙敷设在管槽内；③敷设在垫层或墙体管槽内的给水支管的外径不宜大于25mm；④敷设在垫层或墙体管槽内的给水管管材宜采用塑料，金属与塑料复合管材或耐腐蚀的金属管材；⑤敷设在垫层或墙体管槽内的管材，不得有卡套式或卡环式接口，柔性管材宜采用分水器向各卫生器具配水，中途不得有连接配件，两端接口应明露。

卫生间排水宜采用同层排水方式。给水、供暖水平管线宜暗敷于本层地面下的垫层中；空调水平管线宜布置在本层顶板顶棚下；电气水平管线宜暗敷于结构楼板叠合层中，也可布置在本层顶板顶棚下。

给水横管按其在楼层所处位置可分为楼层底部设置及楼顶部设置两大类。其中楼层底部设置可采用建筑垫层（回填层）暗埋或架空地板设置，给水管道不论管材是金属还是塑料管（含复合管），均不得直接埋设在建筑结构层内。如一定要埋设时，必须在管外设置套管，以解决在套管内敷设和更换管道的技术问题，且要经结构工种的同意，确认埋在结构层内的套管不会降低建筑结构的安全可靠性。楼层顶部设置可采用穿梁设置或梁下设置，管线穿越钢结构构件处需预设孔洞，孔洞管径及定位应经结构专业确认，且管线设置高度应满足建筑净高要求。给水立管应设置于管井、管窿内或沿墙敷设在管槽内。埋设在楼板建筑垫层内或沿墙敷设在管槽内的管道，因受垫层厚度或轻质砌块墙体保护层厚度限制，一般外径不宜大于25mm。

沿墙接至用水器具的小管径给水立管，如遇轻质砌块墙体时，需在墙体近用水器具侧预留竖向管槽，管槽定位及槽宽应考虑结构设计模数并避让钢筋。一般管槽宽30～40mm，深15～20mm，管道外侧表面的砂浆保护层不得小于10mm，当给水支管无法完全嵌入管槽，管槽尺寸又不能扩大时，需增加饰面厚度。图2-39为给水干管设于顶棚内的卫生间管槽做法。

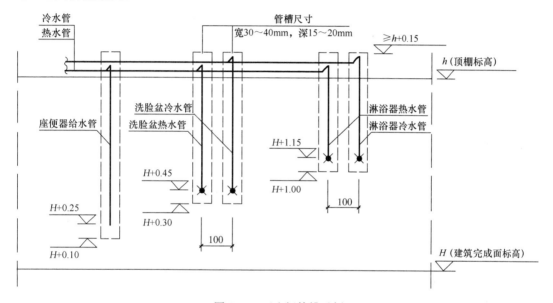

图2-39 卫生间管槽示例

穿梁管道应在梁内预留孔洞，孔洞尺寸一般大于所穿管道1～2档，遇带保温管道，则预留孔洞尺寸应考虑管道保温层厚度；敷设于架空层内的管道，应采取可靠的隔声减噪措施；给水管明装时管道需做防结露保温；给水管与排水管共设于架空层或回填层时，给水管应敷设在排水管上方。

住宅的污废水排水横管宜设于本层套内：应结合房间净高、楼板跨度、设备管线等因素确定降板方案。当敷设于下一层的套内空间时，其清扫口应设于本层，并应进行夏季管道外壁结露验算，采取相应的防止结露的措施。污废水排水立管的检查口宜每层设置。同层排水的卫生间地坪应有可靠的防渗漏水措施。高层住宅室内采用硬聚氯乙烯排水管道，当管径大于或等于110mm时，在以下管道部位，必须设置防止火势蔓延的阻火圈：设管道井或管窿的立管穿越楼层的贯穿部位；横管穿越防火分区隔墙和防火墙的两侧；横管与管道井或管窿内立管相连接的墙体的贯穿部位。阻火圈的耐火极限不应小于现行国家标准的有关规定。

整体卫浴、整体厨房的同层排水管道和给水管道，均应在设计预留的安装空间内敷设。同时预留和明示与外部管道接口的位置。

住宅卫生间采用同层排水，即排水横支管布置在排水层、器具排水管不穿越楼层的排水方式，这种排水管设置方式有效地避免了上层住户卫生间管道故障检修、卫生间地面渗漏及排水器具楼面排水接管处渗漏对下层住户的影响。同层排水的卫生间建筑完成面应做好防水处理，避免降板的回填（架空）层积蓄污水或污水渗漏至下层住户室内。

同层排水形式可采用排水横支管沿装饰墙敷设、排水横支管降板回填（架空）敷设及整体卫浴（横排）等形式，给水排水专业应向土建专业提供相应区域地坪荷载及降板（垫层）高度要求，应确保满足卫生间设备及回填层等的荷载要求，降板（垫层）高度应确保排水管管径、坡度满足相关规范要求。当同层排水采用排水横支管降板回填（架空）敷设，排水管路采用普通排水管材及管配件时，卫生间区域降板或垫层高度不宜小于300mm，并应满足排水管设置最小坡度要求；当采用同层排水特殊排水管配件时，卫生间区域降板或垫层高度不宜小于150mm，并应满足排水管道及管配件安装要求。当同层排水采用整体卫浴横排形式时，降板高度 $H=$ 下沉高度－地面装饰层厚度（图 2-40），装饰层厚度根据土建不同工艺要求取值。

同层排水卫生间的楼板面及建筑地坪皆应做好防水工程（图 2-41）。

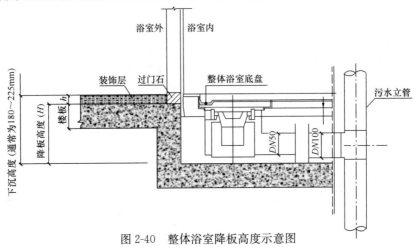

图 2-40　整体浴室降板高度示意图

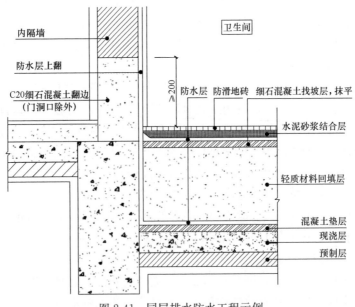

图 2-41　同层排水防水工程示例

考虑到日后管道维修拆卸要求，给水系统的给水立管与部品水平管道的接口宜设置内螺纹活接头。实际施工中，如果未采用活接头，在遇到有拆卸管路要求的检修时只能采取断管措施，将会增加不必要的施工难度。

2. 预留洞和预埋套管

管道穿过墙壁和楼板，应设置金属或塑料套管。安装在楼板内的套管，其顶部应高出装饰地面20mm；安装在卫生间及厨房内的套管，其顶部应高出装饰地面50mm，底部应与楼板地面相平；安装在墙壁内的套管其两端与饰面相平。穿过楼板的套管与套管之间缝隙应用阻燃密实材料和防水油膏填实，端面光滑。穿墙套管与管道之间缝隙宜用阻燃密实材料填实，且端面应光滑。管道的接口不得设在套管内。装配式钢结构建筑的梁、柱等预制构件是由工程预制的，不允许现场凿洞、剔槽。因此设备及其管线和预留孔洞（管道井）设计应做到构配件规格化和模数化，符合装配整体式混凝土公共建筑的整体要求。预制构件上预留的孔洞、套管、坑槽应选择在对构件受力影响最小的部位。穿越预制墙体的管道应预留套管；穿越预制楼板的管道应预留洞；穿越预制梁的管道应预留钢套管。

阳台地漏、采用非同层排水方式的厨卫排水器具及附件预留孔洞尺寸参见表2-12。

排水器具及附件预留孔洞尺寸表（mm） 表2-12

排水器具及附件种类	大便器	浴缸、洗脸盆、洗涤盆、小便器	地漏、清扫口			
所接排水管管径 DN	100	50	50	75	100	150
预留圆洞直径	200	150	200	230	250	300
预留方洞 B×B	200×200	150×150	200×200	230×230	250×250	300×300

给水、消防管穿预制梁、柱预留普通钢套管尺寸参见表2-13。

给水、消防预留普通钢套管尺寸表（mm） 表2-13

管道公称直径 DN	15	20	25	32	40	50	65	80	100	125	150
钢套管公称直径 DN1（适用无保温）	32	40	50	50	65	80	100	125	150	150	200
钢套管公称直径 DN2（适用带保温）	80	80	100	100	125	125	150	200	200	250	250

排水管穿越预制梁预留普通钢套管尺寸参见表2-13中的DN1尺寸，排水管穿预制楼板预留孔洞尺寸参见表2-14。

排水管穿楼板预留洞尺寸表（mm） 表2-14

管道公称直径 DN	50	75	100	150	200	250	300
圆洞直径（适用塑料排水管）	80	125	150	200	250	300	350
管套管公称直径 DN（适用金属排水管）	80	125	150	200	250	300	350

管道穿越屋面楼板时，应预埋刚性防水套管，具体套管尺寸及做法参见国标图集《防水套管》02S404。

当建筑塑料排水管穿越楼层、防火墙、管道井井壁时，应根据建筑物性质、管径和设置条件以及穿越部位防火等级等要求设置阻火装置。可燃气体管道严禁穿越防火墙，其他管道不宜穿过防火墙，确需穿过时，应采用防火封堵材料将墙与管道之间的空隙紧密填实，穿过防火墙处的管道保温材料，应采用不燃材料；当管道为难燃及可燃材料时，应在防火墙两侧的管道上采取防火措施。

为了保证防火分隔的可靠性，避免高温烟气和火势穿过防火墙及楼板的开口和空隙等蔓延扩散，预留的套管与套管之间、套管与管道之间、孔洞与管道之间的缝隙需采用阻燃密实材料填塞。对于采用塑料管等遇高温易收缩变形或烧蚀的材质管道，要采取措施使该类管道在受火后能被封闭。对于穿越楼板的管道，除应考虑防火、隔声措施外，还应在套管与套管之间、孔洞与管道之间采取防水措施以避免上层对下层的渗漏影响。上述规范及其条文说明虽然对管道及其预留套管孔洞的防火等措施皆有相关阐述，但各有偏重和局限，譬如《建筑给水排水设计标准》GB 50015 对给水塑料立管穿越楼板的防火措施无相应说明，那么都应执行《建筑设计防火规范》GB 50016 第 6.3.6 条的规定。所有预留的套管与套管之间、套管与管道之间、孔洞与管道之间的缝隙需采用阻燃密实材料填塞。除以上防火、隔声措施要求外，还应注意穿过楼板的套管与套管之间需采取防水措施。横管穿越防火隔墙及立管贯穿楼板时，不论高层建筑还是多层建筑，不论管径大小，无论明设还是暗设（一般暗设不具备防火功能），都应设置阻火装置。建筑排水塑料管阻火装置应采用热膨胀型阻火圈（给水塑料管参考此执行），阻火圈设置部位如下：立管穿越楼板处的下方；管道井内各层防火封隔时，横管接入立管穿越管道井井壁或管窿围护墙体的贯穿部位外侧；横管穿越防火分区的隔墙和防火墙的两侧。

3. 管道支吊架

敷设管道应有牢固的支、吊架和防晃动措施。固定设备、管道及其附件的支吊架安装应牢固可靠，并具有耐久性，支吊架应安装在实体结构上，支架间距应符合相关工艺标准的要求，同一部品内的管道支架应设置在同一高度上。任何设备、管道及器具都不得作为其他管线和器具的支吊架。

固定设备、管道及其附件的支吊架应安装于承重结构上，尤其应注意安装于轻质隔墙上的设备、管线支架。当轻质隔墙采用轻钢龙骨石膏板时，支架受力点应设于龙骨位置；当轻质隔墙采用不满足支架承重要求的材料时，需与土建专业协商，支架受力区域应局部以满足荷载要求的实心块材替换。

4. 预埋附件

设备管线宜与预制构件上的预埋件可靠连接。成排管道或设备应在预制构件上预埋用于支吊架安装的埋件。太阳能热水系统集热器、储水器等的安装应考虑与建筑一体化，做好预留预埋。实际工程中，太阳能集热系统或储水罐都是在建筑结构主体完成后再由太阳能设备厂家安装施工，就不能保证不剔凿预制构件，尤其是安装在阳台墙板上的集热器和储水罐，因此规定需做好预埋件。这就要求在太阳能系统施工中一定要考虑与建筑一体化建设。一般情况各方都认为后期用膨胀螺栓可以安装集热器和储水罐，但膨胀螺栓有老化失效的年限，因此必须考虑在建筑使用寿命期保证安装牢固可靠，不允许后期使用膨胀螺栓。

5. 消防给水与灭火设施

下列建筑或场所应设置室内消火栓系统：①建筑占地面积大于 $300m^2$ 的厂房和仓库；

②高层公共建筑和建筑高度大于 21m 的住宅建筑，建筑高度不大于 27m 的住宅建筑，设置室内消火栓系统确有困难时，可只设置干式消防竖管和不带消火栓箱的 *DN*65 的室内消火栓；③体积大于 5000m³ 的车站、码头、机场的候车（船、机）建筑、展览建筑、商店建筑、旅馆建筑、医疗建筑和图书馆单、多层建筑；④特等、甲等剧场，超过 800 个座位的其他等级的剧场和电影院等以及超过 1200 个座位的礼堂、体育馆等单、多层建筑；⑤建筑高度大于 15m 或体积大于 10000m³ 的办公建筑、教学建筑和其他单、多层民用建筑。

下列高层民用建筑或场所应设置自动灭火系统，并宜采用自动喷水灭火系统：①一类高层公共建筑（除游泳池、溜冰场外）及其地下、半地下室；②二类高层公共建筑及其地下、半地下室的公共活动用房、走道、办公室和旅馆的客房、可燃物品库房、自动扶梯底部；③高层民用建筑内的歌舞娱乐放映、游艺场所；④建筑高度大于 100m 的住宅建筑。

下列单、多层民用建筑或场所应设置自动灭火系统，并宜采用自动喷水灭火系统：①特等、甲等剧场，超过 1500 个座位的其他等级的剧场，超过 2000 个座位的会堂或礼堂，超过 3000 个座位的体育馆，超过 5000 人的体育场的室内人员休息室与器材间等；②任一层建筑面积大于 1500m² 或总建筑面积大于 3000m² 的展览、商店、餐饮和旅馆建筑以及医院中同样建筑规模的病房楼、门诊楼和手术部；③设置送回风道（管）的集中空气调节系统且总建筑面积大于 3000m² 的办公建筑等；④藏书量超过 50 万册的图书馆；⑤大、中型幼儿园，总建筑面积大于 500m² 的老年人建筑；⑥总建筑面积大于 500m² 的地下或半地下商店；⑦设置在地下或半地下或地上四层及以上楼层的歌舞娱乐放映游艺场所（除游泳场所外），设置在首层、二层和三层且任一层建筑面积大于 300m² 的地上歌舞娱乐放映、游艺场所（除游泳场所外）。

为了保证建筑满足防火要求，装配式建筑应按规范要求设置相应的防火设置，并需要整体考虑消防泵房、消防值班室等附属建筑物的配置。上述规范及其条文说明虽然对消防标准皆有相关阐述，但各有偏重与局限，均应以《建筑设计防火规范》GB 50016 的相关规定为准。

2.3.3 供暖通风空调系统及管线设计

1. 管道的设计、布置和敷设

在布置供暖系统时，若管道必须穿过建筑物变形缝，供暖管道以及埋设在建筑结构里的立管，应采取措施预防由于建筑物下沉而损坏管道。在管道穿过基础或墙体处，可采取埋设大口径套管内填以弹性材料等措施。当供暖管道必须穿越防火墙时，应预埋钢套管，并在穿墙处设置固定支架，管道与管套之间的空隙应采用耐火材料严密封堵。这是为了保持防火墙墙体的完整性，以防止发生火灾时，烟气或火焰通过管道穿墙处波及其他房间；另外，要求对穿墙或楼板处的管道与管套之间的空隙进行封堵，除了能防止烟气或火灾的蔓延外，还能起到防止房间之间串声音的作用。

可燃气体管道和可燃液体管道，不应穿过通风机房。可燃气体（燃气等）、可燃液体（甲、乙、丙类液体）和电线等，易引起火灾事故。为防止火势通过风管蔓延，可燃气体管道、可燃液体管道和电线等，不得穿过风管的内腔，也不得沿风管的外壁敷设。即穿过风管（通风、空调机房）内的可燃气体、可燃液体管道一旦泄漏会很容易发生和传播火灾，火势也容易通过风管蔓延；电线由于使用时间长、绝缘老化，会发生短路起火，并通过风管蔓延，因此不得在风管内腔敷设或穿过。配电线路与风管的间距不应小于 0.1m，若采用金属套管保护的配电线路，可贴风管外壁敷设。

供暖系统应符合下列要求：①供暖系统宜采用热水作热媒；②集中供暖系统中需要专业人员操作的阀门、仪表灯装置不应设置在套内的住宅单元空间内；③供暖系统中的散热器、管道及其连接管配件等应满足系统承压的要求；④供暖管道应按相关规范要求作保温处理，当管道固定于钢梁柱等钢构件上时，应采用绝热支架；⑤钢梁柱的预留孔与穿越管道之间的空隙应充分考虑管道热膨胀的变形量。

通风与空调系统设计应符合下列要求：①通风与空调系统风管的材料应采用不燃材料制作；②空调冷热水、冷凝水管道、室外进风管道及经过冷热处理的空气管道应遵照相关规范的要求采用防结露和绝热措施，空调冷热水管应采用绝热支架固定；③室内外空调机组之间的冷媒管道应按产品的安装技术要求采取绝热措施；④空调室内机组的冷凝水和室外机组的融霜水应有组织地排放；⑤通风机安装时应设置减振、隔振装置；⑥空调室外机组直接或间接地固定于钢结构上时，应设置减振、隔振装置。采暖空调冷热水管的固定支座设置于钢结构上时，应考虑管道热膨胀推力对钢结构的影响。空调冷热水、冷凝水管道、室外进风管道及经过冷热处理的空气管道应遵照相关规范的要求采用防结露和绝热措施，应遵照现行国家标准《设备与管道保温设计导则》GB 8175、《公共建筑节能设计标准》GB 50189 中的有关规定。当空调室外机组直接或间接地固定于钢结构上时，由于空调室外机组的机械运行功率工大，容易通过钢结构构件传递噪声，所以应根据具体条件设置减振、隔振装置。

装配整体式居住建筑供暖系统的供、回水主立管和热计量表及分户控制阀门等部件应设置在户外公共区域的管道井内；户内供暖系统宜设置独立环路。公共建筑供暖系统可根据其出售或出租方式，计量收费方式等确定，不做统一规定。装配式建筑的供暖设计中最重要的是应结合预制构件的特点，尽量将构件的生产与受载安装分开。这样规定，对于方便维护和管理、减少预制构件中管道穿楼板预留洞和预留套管的数量、减少构件规格及降低造价具有非常重要的意义。在套外公共部分设置公共管井，将供暖总立管及公共功能的控制阀门、户用热计量表等设置在其中，各户通过总阀表后进入户内的横管可以敷设在公共空间地面垫层内。对于分区供水的横干管，属于公共管道，也应设置在套外，而不应设置在与其无关的套内。装配整体式居住建筑室内供暖系统优先采用低温热水地面辐射供暖系统，也可采用散热器供暖系统。地面辐射供暖系统的加热管不应安装在地板架空层下面，应安装在地板架空层上面；地面加热管上面不应设置与该系统无关的其他管道与管线，地面加热管铺设应预留其他管线的检修位置。地面辐射供暖系统的加热管上面不宜采用湿式填充料，宜采用干式施工。低温热水地面辐射供暖系统和章鱼式供暖系统的分、集水器宜设置在架空地板上面或其他便于维修管理的位置。装配整体式居住建筑有外窗卫生间的，当采用整体式卫浴或同层排水架空地板时，宜采用散热器供暖。

装配式钢结构住宅的外墙一般采用预制外墙板，采用散热器供暖时，要与土建密切配合，需要在实体墙上准确预理安装散热器使用的支架或挂件，并且散热器安装应在外墙的内表面装饰完毕后进行，施工难度较大，周期长；而采用地板敷设供暖，其安装施工可以在土建施工完毕后进行，不受装饰装修的制约，减少了预理工作量。此外，地板敷设供暖的舒适度优于散热器供暖。基于以上考虑，建议优先采用地板敷设供暖系统。整体式卫浴和同层排水的架空地板下面有很多给水和排水管道，为了方便维修，不建议采用地面辐射供暖方式。而有外窗的卫生间又有一定热负荷，采用电热风之类的供暖方式是不尽合理的，应当采用散热器供暖方式，一般采用卫浴散热器。做装配整体式居住建筑的目的之一是要节约材料、提高效率、降低现场扬尘、保持现场干净。因此需要尽量减少湿作业，不宜采用湿式施工，因此规定低温热水地面辐射供暖系统加热管的上面宜采用干式施工。分、集水器一般宜设置在各户入口处，可与入口装修结合，这样可以减少户内埋地管的交叉。目前大量住宅要求分、集水器设置在厨房洗涤盆下面，而厨房洗涤盆一般都在比较靠里的靠外窗区域，地暖总管需要先进入厨房到洗涤盆处再从厨房到各房间，管道局部排布很密或交叉较多，不便于施工和维修。干式热水地面辐射供暖典型地面做法如图 2-42 所示。湿式热水地面辐射供暖典型地面做法如图 2-43 所示。

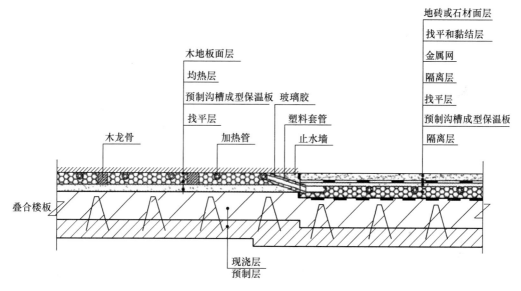

图 2-42　干式热水地面辐射供暖地面做法

　　装配整体式建筑采用散热器供暖时应符合下列规定：装配式居住建筑室内供暖系统的制式，户外宜采用双立管系统，户内宜采用单管跨越系统、双管下供下回同程式系统，也可采用章鱼式供暖系统。装配式公共建筑供暖系统的划分和布置应能实现分区热量计量，在保证能分室（区）进行室温调节的前提下，宜采用区域双立管水平跨越式单管系统，系统主立管应设置在统一管井内。

　　采用地面辐射供暖供冷时，生活给水管、电气系统管线不得与地面加热供冷部件敷设在同一构造层内。装配整体式居住建筑户内供暖系统的供回水管道应敷设在架空地板内，并且管道应做保温处理。当无架空地板时，供暖管道应做保温处理后敷设在装配整体式建筑的地板沟槽内。一般电气系统埋在叠合楼板的现浇层内。供暖管道包括接散热器的管道、地板供暖系统接分集水器的管道以及地暖盘管，不允许埋在叠合楼板现浇层内，应敷设在建筑地面垫层内，或结合建筑架空层统一考虑。

　　位于寒冷（B区）、夏热冬冷地区的住宅，当不采用集中空调系统时，主要房间应设置空调设施或预留安装空调设施的位置和条件。装配整体式居住建筑的卧室、起居室应预

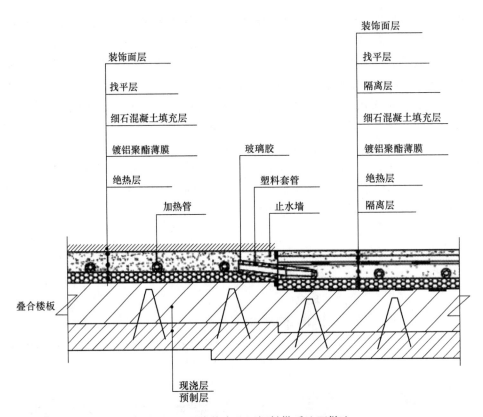

图 2-43　湿式热水地面辐射供暖地面做法

留空调设施位置和条件。装配整体式居住建筑的卧室、起居室的外墙应预埋空调器凝水管的套管。一般的居住建筑多设置分体空调器或户式中央空调，其室外机可安装在空调板或设备阳台上，同时需在外墙上预留室外机冷媒管穿墙孔洞。装配整体式居住建筑中空调板多是预制墙板，不允许在施工现场剔凿。因此设计时应在预制外墙体时预埋分体空调冷凝水管排出的套管。装配整体式居住建筑中空调板多采用叠合构件或预制构件。叠合构件的负弯矩钢筋应在相邻叠合板的后浇混凝土中可靠锚固。预制构件应与主体结构可靠连接。如采用空调支架方式安装，应在预制外墙时预留安装支架的孔洞。采用分体空调的装配式住宅卧室、起居室的预制外墙上预留的空调冷媒管及冷凝水管的孔洞位置应考虑模数，躲开钢筋。其高度、位置应根据室内空调机（立式或挂壁式）的形式确定。孔洞直径宜为 D75，挂墙安装的孔洞高度宜根据层高及室内机高度确定，一般距地 2200mm，落地安装的孔洞距地高 150mm。

　　当采用竖向通风道时，应采取防止支管回流和竖井泄漏的措施。排油烟机的排气管道可通过竖向排气道或外墙排向室外。当通过外墙直接排至室外时，应在室外排气口设置避风、防雨和防止污染墙面的构件。装配整体式居住建筑卫生间、厨房通风道宜就近设置防止倒流的主次风道。目前南方有很多地区将卫生间和厨房的排风管直接排至外墙，但严寒和寒冷地区多采用竖向风道。为了节省能源，卫生间、厨房通风道不宜设置在距卫生间、厨房较远的公共区；同时为了防止各楼层厨房或卫生间之间串味，应采取防止支管回流的措施，例如设置防止倒流的主次风道。卫生间的竖向通风道是通风换气用的风道。目前卫

66

生间、厨房的竖向风道基本都采用成品的土建风道，包括变压式风道，但实际上其不是为厨房排油烟设计的。当卫生间、厨房采用竖向排风道时，应采用能够防止各层回流的定型产品，可参照相关图集，并应符合国家相关标准。竖向风道断面尺寸应根据层数经计算确定。采用机械通风设施时，应预留孔洞及安装位置。对于排油烟机的排气管道建议采用竖向排风道。尤其严寒、寒冷地区设置在北向的厨房，如果直接从外墙排放，由于冬季风向及风压作用，容易倒灌。对于其他气候区，设在南向凹槽处的厨房也建议采用竖向风道，因为南向凹槽处空气不易流通，油烟不易扩散，易形成滞留。目前居住建筑设计中多利用厨房通风用的竖向风道作为排油烟的风道，由于没有按照排油烟的风量和风压要求详细计算，风道断面尺寸严重不足，且目前的定型产品防回流构造不过关，造成串味严重。因此需要改变设计思路和方法，例如按照各层排油烟机的风量风压要求设计厨房竖向风道，并在屋顶设置集中机械排油烟风机，可以较好解决此问题，但会带来风道占用更多的室内面积、增加少量初投资等弊端。

装配整体式建筑的土建风道在各层或分支风管连接处在设计时应预留孔洞或预埋管件。装配整体式建筑的通风、空调系统设计中，当采用土建风道作为通风、空调系统的送风道时，应采取严格的防漏风和绝热措施；当采用土建风道作为新风进风道时，应采取防结露、绝热措施。由于混凝土等墙体的蓄热量大，没有绝热层的土建送风道会浪费大量的送风能量，而严重影响空调效果，因此要求土建送风道应进行严格的防漏风和绝热处理。同样，没有绝热层的土建风道作为新风进风道时，冬季风道内温度犹如室外，与土建进风道相邻房间的墙壁上容易结露，因此要求土建新风进风道应进行防结露、绝热处理。此要求对所有类型建筑的空调土建风道都适用。

装配式居住建筑如设置机械通风或户式中央空调系统，宜在结构梁上预留穿越风管水管（或冷媒管）的孔洞。居住建筑为保证顶棚高度，管道多采用穿梁，而装配整体式居住建筑的梁是工厂预制的，设计时应与土建专业密切配合，向结构专业提供准确的孔洞尺寸或预埋管件位置。如采用建筑自然通风器，在预制外墙上预留相应孔洞，预埋 UPVC 塑料套管，其位置应避开结构钢筋，避免断筋。

2. 预留洞和预埋套管

管道穿过墙壁和楼板，应设置金属或塑料套管。对于采用塑料管等易收缩变形或烧蚀的材质管道，要采取措施使该类管道在受火后能被封闭。对于穿越楼板的管道，除应考虑防火、隔声措施外，还应在套管与套管之间、孔洞与管道之间采取防水措施以避免上层对下侧的渗漏影响。

3. 预埋附件

吊装形式安装的暖通空调设备应在预制构件上预埋用于支吊架安装的埋件，暖通空调设备、管道及其附件的支吊架应固定牢靠，应固定在实体结构的预留预埋螺栓或钢板上。

4. 隔声降噪

锅炉房、水泵房、变压器室、制冷机房宜单独设置在噪声敏感建筑外。住宅、学校、医院、旅馆、办公楼所在区域内有噪声源的建筑附属设施，其设置位置应避免对噪声敏感建筑产生干扰，必要时应做防噪处理，区内不得设置未经有效处理的强噪声源。确需在噪声敏感建筑物内设置锅炉房、水泵房、变压器室、制冷机房时，若条件允许，宜将噪声源设置在地下，但不宜毗邻主体建筑或设在主体建筑下，并应采取有效的隔振、隔声措施。

冷却塔、热泵机房应采取有效的隔声措施，水泵、风机应采取减振措施。对不带有隔振装置的设备，当其转速小于等于 1500r/min 时，宜选用弹簧隔振器；当其转速大于 1500r/min 时，根据环境需求和设备的振动大小，也可选择橡胶等弹性材料的隔振垫块或橡胶减振器。水、暖、电、气管线穿过楼板和墙体时，孔洞周边应采取密封隔声措施。管道井、水泵房、风机房应采取有效的隔声措施，水泵、风机应采取减振措施。

2.3.4 电气系统及管线设计

1. 电气和智能化

装配式钢结构住宅建筑电气和智能化系统设计应符合国家现行标准《住宅设计规范》GB 50096、《住宅建筑规范》GB 50368、《住宅区和住宅建筑内光纤到户通信设施工程设计规范》GB 50846、《住宅区和住宅建筑内通信设施工程设计规范》GB/T 50605、《住宅建筑电气设计规范》JGJ 242 的规定。

电气和智能化系统设计应符合下列规定：①电气和智能化设备与管线宜与主体结构分离；②电气和智能化系统的主干线应在公共区域设置；③套内应设置家居配电箱和智能化家居配线箱；④楼梯间、走道等公共部位应设置人工照明，并应采用高效节能的照明装置和节能控制措施；⑤套内应设置电能表，共用设施宜设置分项独立计量装置；⑥电气和智能化设备应采用模数化设计，并应满足准确定位要求；⑦隔墙两侧的电气和智能化设备不应直接连通设置，管线连接处宜采用可弯曲的电气导管。

防雷及接地设计应符合下列规定：①防雷分类应符合现行国家标准《建筑物防雷设计规范》GB 50057 的规定，并应按防雷分类设置防雷设施。电子信息系统应符合现行国家标准《建筑物电子信息系统防雷技术规范》GB 50343 的规定。②防雷引下线和共用接地装置应利用建筑及钢结构自身作为防雷接地装置。部（构）件连接部位应有永久性明显标记，预留防雷装置的端头应可靠连接。③外围护系统的金属围护部（构）件、金属遮阳部（构）件、金属门窗等应有防雷措施。④配电间、弱电间、监控室、各设备机房、竖井和设洗浴设施的卫生间等应设等电位连接，接地端子应与建筑物本身的钢结构金属物连接。

2. 管线设计

出于维修、管理、安全等因素考虑，配电干线、弱电干线应集中设在共用部位。工程中通常将配电干线、弱电干线集中设置在电气管井中。装配整体式建筑的电气管井，要避免设置于采用预制楼板（如楼梯半平台等）的区域内，尽可能减少在预制构件中预埋大量导管的现象。弱电管线埋设宜与装配式结构主体分离，必须穿越装配式结构主体时，应预留孔洞或保护管。

户内的电气线路宜穿可挠金属电气导管或壁厚不小于 1.4mm 的镀锌钢管，在架空地板下、内隔墙及吊顶内敷设。当户内电气线路采用 B1-1 级难燃电缆时可不穿管敷设。当室内弱电线路采用 B1-1 级难燃电缆时，可不穿管敷设；阻燃级别在 B1-2 级及以下的弱电线缆均应在保护管或线槽内敷设，且线缆敷设中间不应有接头。弱电分支线路宜穿可挠金属电气导管或壁厚不小于 1.4mm 的薄壁镀锌钢管，在吊顶、内隔墙及地面架空层内敷设。

敷设在钢筋混凝土现浇楼板内的线缆保护导管最大外径不应大于楼板厚度的 1/3，敷设在垫层的线缆保护层导管最大外径不应大于垫层厚度的 1/2。线缆保护导管暗敷时，外护层厚度不应小于 15mm；消防设备线缆保护导管暗敷时，外护层厚度不应小于 30mm。

2.4 内装部品与部件设计

建筑工业化应贯穿于建筑的全寿命期，并符合建筑可持续原则，这就要求在建筑体系化、设计标准化、生产工业化、施工装配化、装修部品化和管理信息化等环节，积极推进建筑工业化的实施进程。建筑工业化按照建筑的具体实施阶段又分为建筑结构体的工业化和建筑内装饰的工业化，为实现建筑在适用性能、安全性能、耐久性能、环境性能和经济性能等方面的要求，建筑内装工业化的特点和作用尤为突出。

建筑在建造过程中，应从建筑方案设计阶段进行整体规划，以统筹规划设计、构件部品生产和施工建造。建筑结构体和建筑内装体的有效分离、设备管线的装配化布置，能大大提高建筑体的实际使用寿命。内装部品与部件应具有通用性和互换性，满足易维护的原则要求，这就要求我们应遵循模数协调原则，满足构件部品标准化和通用化的要求，同时还应综合考虑使用功能、生产加工、安装施工、运输存放和成本造价的因素。

总体上，内装部品与部件应满足构造简单、施工便捷、适应可变等特性，采用标准化设计方法，选用标准化、系列化的参数尺寸，以少规格多组合的原则进行设计和选用，并积极采用节能环保的新技术、新工艺、新材料和新设备。

2.4.1 部品与部件工业化要求

1. 建筑内装工业化要求

积极推广并有效实施装配式建筑，是我国建筑发展的必然趋势。从广义上讲，建筑工业化应包括工业建筑的工业化和民用建筑的工业化，民用建筑的工业化又可以细分为公共建筑的工业化和居住建筑的工业化。住宅属于居住建筑的一种，从目前我国建筑工业化发展的现状来说，在建筑室内装修和部品运输领域，住宅的建筑工业化可操作性更强，标准化设计、工业化建造、模数化应用的可控性更高，推广力度更大。所以首先积极推广住宅室内装修和部品的建筑工业化，符合我国目前的发展现状，有利于提高住宅的整体水平，使用者更能感受到建筑工业化给生活质量带来的好处。

工业化建造的建筑，在设计初期就应坚持长寿命化的可持续发展建造基本理念，并应以系统的方法来统筹考虑住宅全寿命期的规划设计、施工建造、维护使用和再生改建的全过程。在设计过程中，应确保建筑物的维护管理和检修更换的方便性，且考虑长期的住宅维修管理计划；应考虑建筑中不同的材料、设备设施和管线等的使用年限，使主体结构与建筑内装部品相分离，确保建筑主体结构具有优良的耐久性，并保证建筑内装部品具有优良的可变性和适应性。在施工过程中，应结合建筑内装部品的特点，采用装配式干法施工的方式；减少施工现场的手工制作情况，运用标准化的施工工艺；不应破坏建筑主体结构，杜绝现场临时开动、剔凿等对建筑主体结构耐久性有影响的情况，有效保证建筑主体结构的设计使用年限；合理利用施工机具，避免施工过程中的质量通病，提高施工效率。

住宅设计应推行标准化、模数化及多样化，并应积极采用新技术、新材料、新产品，积极推广工业化设计、建造技术和模数应用技术。我国住宅建筑量大面广，工业化和产业化是住宅发展的趋势，只有推行建筑主体、建筑设备和建筑构配件的标准化、模数化，才能适应工业化生产。目前建筑新技术、新产品、新材料层出不穷，国家正在实行住宅产业现代化的政策，提高住宅产品质量。因此，住宅设计人员有责任在设计中积极采用新技术、新材料、新产品。在住宅设计中，多样化的设计能满足使用者不同的居住要求，但应严格遵守标准化、模数化的相关要求，不能为了多样化而超越模数化应用的基本原则。积极推行在设计、生产、施工安装过程中的标准化，积极采用新技术、新材料、新产品，不仅能有效加快住宅的建造速度和提高住宅的建造质量，而且在后期的运行维护中，可做到快速反馈和修复。工程设计人员在建筑设计的初期就应遵循建筑工业化的思路，在初步方案设计、扩初设计、施工图设计中，将建筑工业化的设计方法融入每一个设计环节中，这样才有利于建筑工业化中内装部品与部件的落地实施。同时在工程设计多样化角度上，严格遵循套内空间和公用部分标准化、模数化的相关规定，不能为了多样化而派生出不符合标准化、模数化要求的空间尺寸和构件尺寸。积极采用新技术、新材料、新产品，也要求建筑材料生产企业在研发、生产过程中，严格遵守标准化生产和模数化应用的基本原则，积极践行模数化设计、标准化生产，设计研发多样化的内装部品与部件，为工程设计提供多样化的设计思路与解决方案。

钢结构住宅设计宜发挥下列优势：①套型结构可适应套型改变；②非承重构件可更换；③材料可回收利用。建筑内装工业化的特点之一就是在套内使用空间的布置上可做到灵活可变。采用钢框架作为钢结构住宅的结构支撑体系，在套内空间上很少设置剪力墙，给建筑内装工业化的实施提供了条件。

在钢结构住宅的设计初期，尽可能多采用大空间的结构布置，方便使用功能的改变。建筑设计应以人为核心，在满足和方便近期使用要求的同时，兼顾使用的灵活性及今后改造的可能。人性化的设计，这在量大面广的住宅设计中已经是一条基本原则，而钢结构的特点是室内空间分隔的灵活性，不受户内分隔墙布置的影响，特别有利于近期不同使用和远期发展扩建的需求。

钢结构住宅结构一般以钢框架为主，大部分墙体不承重，有利于套型改变，满足使用要求的变化。钢结构住宅的一些部件可以设计为装配式，必要时可更换，如外墙板、装配式卫生间等。钢结构住宅可以回收利用的材料比例高，特别是钢铁材料可以再利用，减少建筑垃圾。作为建筑内装工业化中采用的部品，具有非承重可更换的特性，使用中应多采用如整体卫浴、整体厨房、装配式轻质隔墙、架空地板、吊顶系统的装配式部品。部品体系宜实现以集成化为特征的成套供应，部品安装应满足干法施工要求。提倡部品体系集成化成套供应，主要是为减少不同部品系列接口的非兼容性。

全装修工程施工以干法施工为主，并应在交接验收后进行全装修工程施工。建筑工业化的主要特征之一是内装部品与部件的干法施工，这就要求部品体系宜以集成化成套供应为主，避免出现接口非兼容性的情况；或者采用标准化接口方式，提高部品之间的兼容性。设计人员和工程采购人员应选择符合干法施工的相关内装部品。建筑材料生产企业也应以干法施工为前提进行部品的研发与生产，并满足接口兼容性的相关要求。施工人员应按照干法施工的工艺要求进行施工。全装修设计应根据部品不同使用年限和权属的不同进行分类，部品之间的连接设计应遵循以下原则：①共用部品不宜设置在专用空间内；②设计使用年限较短部品的维修和更换不宜破坏设计使用年限较长的部品；③专用部品的维修和更换不影响共用部品和其他部品的使用。按照建筑工业化的基本要求，部品的设置应根据施工部位、运行维护年限的不同，进行布置连接设置。需要经常维修更换的部品配件，如开关、灯具等，应合理设置，不应影响使用年限较长的部品正常使用，如隔墙部品、管材管件等。

2. 模数协调

内装部品与部件的基本模数和导出模数的准则，适用于所有的内装部品的设计、生产和施工安装。内装部品在设计的初期，就应遵循模数原则，目前建筑上常见的内装部品种类繁多，尺寸复杂。规定基本模数和导出模数后，有利于内装部品在建筑中的应用，并且在施工安装、维修更换上，可方便选用和采购。按照现有的设计习惯，多数内装部品采用的是 3M 系列，但考虑到建筑风格的多样化，建筑内部使用空间的个性化，应按照 M 的标准进行设计与生产。尺寸小于 100mm 的内装部品，应以分模数的规定执行。分模数基数应为 M/10、M/5、M/2。装修网格宜采用基本模数网格或分模数网格。隔墙、固定橱柜、设备、管井等部件宜采用基本模数网格，构造做法、接口、填充件等分部件应采用分模数网格。分模数的优先尺寸应为 M/2、M/5。装修网格由装修部件的重复量和规格决定。装修模数网格的设置，是在隔墙部品、收纳柜部品、设备部品等室内装修部品基本尺寸上建立的。在装修模数网格的选择上，应充分考虑到所有室内装修和部品的安装施工，并保证建筑后期运行维护的有效实施。

部件的尺寸对部件的安装有着重要的意义。在指定领域中，部件基准面之间的距离，可采用标志尺寸、制作尺寸和实际尺寸来表示，对应着部件的基准面、制作面和实际面。部件预先假定的制作完毕后的面，称为制作面，部件实际制作完成的面称为实际面。部件的尺寸在设计、加工和安装过程中的关系应符合下列规定：部件的标志尺寸应根据部件安装的互换性确定，并应采用优先尺寸系列；部件的制作尺寸应由标志尺寸和安装公差决定；部件的实际尺寸与制作尺寸之间应满足制作公差的要求。图 2-44 为部件各尺寸关系示意。

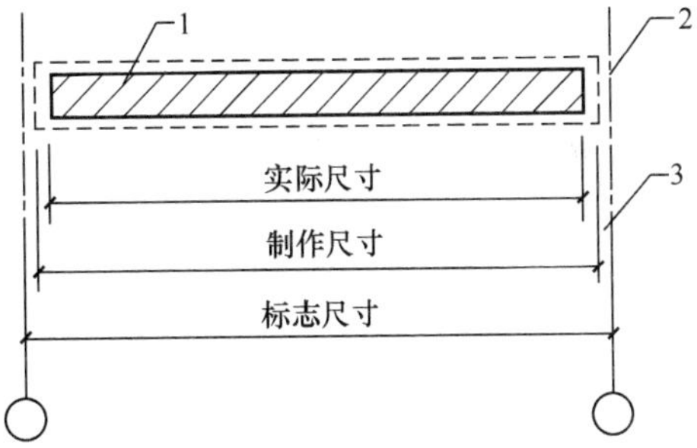

图 2-44 部件的尺寸
1—部件；2—基准面；3—装配空间

对于设计人员而言，更关心部件的标志尺寸，设计师根据部件的基准面来确定部件的标志尺寸。对制造业者来说则关心部件的制作尺寸，必须保证制作尺寸基本符合公差的要求。对承建商而言，则需要关注部件的实际尺寸，以保证部件之间的安装协调。优先尺寸是从基本模数、导出模数和模数列中事先挑选出来的模数尺寸。它与地区的经济水平和制造能力密切相关。优先尺寸越多，则设计的灵活性越大，部件的可选择性越强，但制造成本、安装成本和更换成本也会增加；优先尺寸越少，则部件的标准化程度越高，但实际应用受到的限制越多，部件的可选择性越低。

2.4.2 室内部品

1. 概述

建筑工业化的室内装修用建筑部品体系，主要包括卫生间、厨房、收纳、吊顶、隔墙、地面、室内门窗。其中，可作为装配式整体部品选用的主要包括：整体卫浴、整体厨房、整体收纳。

内装工业化应兼顾功能、效果系统统筹，合理选用装修材料和装修程度，避免过度装修，不应使用高能耗、施工繁琐、维修难度大、寿命短、易变色等的装修材料。室内装修材料、制品燃烧性能及应用应符合现行国家标准《建筑材料及制品燃烧性能分级》GB 8624和《建筑设计防火规范》GB 50016的要求。室内装修材料及制品的环保性能应符合现行国家标准《民用建筑工程室内环境污染控制标准》GB 50325的要求，可以采用《建筑装饰装修材料挥发性有机物释放率测试方法—测试舱法》JG/T 528、《木制品甲醛和挥发性有机物释放率测试方法—大型测试舱法》JG/T 527、《建筑室内空气污染简便取样仪器检测方法》JG/T 498等规范的方法进行环境质量的监测。室内部品宜采用干式工法施工，部品接口应符合部品与管网连接、部品之间连接的要求，其接口应标准化。室内部品应实现集成化为特征的成套供应，产品形式为装配式。室内部品采用标准化、通用化、模数化的工艺设计，工业化的生产方式，规模生产，在工厂预制，在施工现场进行装配，提高工作效率，最终提高住宅的整体质量，降低成本，降低物耗和能耗。部品集成是一个由多个小部件集成为单个大部品的过程，大部品可以通过小部品不同的排列组合增加自身的自由度和多样性。

室内部品性能应满足国家相应的规范要求，并注重提高以下性能：①安全性，包括部品的物理性能强度、刚度、使用安全、防火耐火等；②耐久性，部品应能够循环利用，且具有抗老化、可更换性等；③节能环保，尽量减少部品在制造、流通、安装、使用、拆改、回收的全生命过程中对环境的持续影响；④经济性，通过标准化、工业化、规模化的生产方式，降低成本；⑤高品质，用科技密集型的规模化工业生产取代劳动密集型的粗放的手工业生产，确保部品的高品质。

室内部品的接口应符合以下规定：①接口应做到位置固定，连接合理，拆装方便，使用可靠；②接口尺寸应符合模数协调要求，与系统配套、协调；③各类接口应按照统一、协调的标准进行设计；④套内水电管材和管件、隔墙系统、收纳系统之间的连接应采用标准化接口。

2. 卫生间

卫生间的使用与使用者的日常生活关系密切，无论从功能方面还是性能方面，都决定着建筑的品质。在卫生间的选择与配置上，宜采用标准化的整体卫浴内装部品，选型和安装应与建筑结构体一体化设计施工。整体卫浴设计宜采用干湿分离方式，同层给水排水、通风和电气等管道、管线连接应在设计预留的空间内完成，并在与给水排水、电气等系统预留的接口连接处设置检修口；整体卫浴的地面不应高于套内地面完成面。

3. 厨房

厨房的设置宜采用整体厨房的形式，整体厨房应采用标准化内装部品，选型和安装应与建筑结构体一体化设计施工；整体厨房的给水排水、燃气管线等应集中设置、合理定位，并设置管道检修口。厨房的使用面积应符合下列规定：由卧室、起居室（厅）、厨房和卫生间组成的住宅套型的厨房使用面积，不应小于4.0m²；由兼起居的卧室、厨房和卫生间等组成的住宅最小套型的厨房使用面积，不应小于3.5m²。厨房应设洗涤池、案台、炉灶及排油烟机、热水器等设施或为其预留位置。现行国家标准《城镇燃气设计规范》

GB 50028 规定，设有直排式燃具的室内容积热负荷指标超过 0.207kW/m³ 时，必须设置有效的排气装置，一个双眼灶的热负荷约为 8～9kW，厨房体积小于 39m³ 时，体积热负荷就超过 0.207kW/m³。一般住宅厨房的体积均达不到 39m³（大约 16m³），因此均必须设置排油烟机等机械排气装置。厨房应按炊事操作流程布置。排油烟机的位置应与炉灶位置对应，并应与排气道直接连通。厨房设计若不按操作流程合理布置，住户实际使用时或改造时都将极不方便。排油烟机只有与炉灶对应放置并与排气道直接连通，才能最有效地发挥排气效能。

厨房部件的尺寸应是基本模数的倍数或是分模数的倍数，并应符合人体工程学的要求。

单排布置设备的厨房，考虑操作人下蹲打开柜门、抽屉所需的空间或另一人从操作人身后通过的极限距离，要求最小净宽 1.50m。双排布置设备的厨房，两排设备之间的距离按人体活动尺度要求，其两排设备之间的净距不应小于 0.90m。整体厨房是住宅建筑中工业化程度比较高的部品，基本上都是工厂化生产、现场组装。整体厨房部品采用标准化、模块化的设计方式，设计制造标准单元，通过标准单元的不同组合，适应不同空间大小，达到标准化、系列化、通用化的目标。厨房部件高度尺寸应符合下列规定：地柜（操作台、洗涤池、灶柜）高度应为 750～900mm，地柜底座高度应为 100mm。当采用非嵌入式灶具时，灶台台面的高度应减去灶具的高度。在操作台面上的吊柜底面距室内装修地面的高度宜为 1600mm。

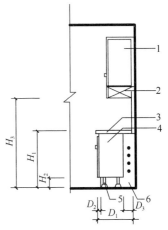

图 2-45 厨房家具、
设备名称及尺寸

1—吊柜；2—照明设备空间；
3—操作台面；4—地柜；
5—底座；6—水平管道空间；
H_1—地柜高度；H_2—地柜底座高度；H_3—吊柜底面距室内装修地面的高度；D_1—地柜的深度；D_2—地柜前缘踢脚板凹口深度；D_3—水平管道空间距墙面的深度

厨房部件深度尺寸应符合下列规定：地柜的深度可为 600mm、650mm、700mm，推荐尺寸宜为 600mm。地柜前缘踢脚板凹口深度不应小于 50mm。吊柜的深度应为 300～400mm，推荐尺寸宜为 350mm。厨房家具深度尺寸应包括台面板、灶具、烤箱等，只有手柄和开关可以突出在外。图 2-45 为厨房家具、设备名称及尺寸。

厨房部件宽度尺寸应符合表 2-15 的规定。

厨房部件宽度（mm）   表 2-15

厨房部件	宽度尺寸
操作柜	600，900，1200
洗涤池	600，800，900
灶柜	600，750，800，900

4. 收纳

在建筑工业化的角度上，收纳部件宜选用整体收纳，整体收纳应采用标准化内装部品，选型和安装与建筑结构体一体化设计施工。物品的尺寸是收纳系统功能模块参数设计的基础，收纳系统对不同物品的归类收放既要合理存放，又要不浪费空间。在收纳系统的设计中，应充分考虑人的尺寸、人的收取物品的习惯、人的视线、人群特征等各方面的因素，使收纳具有更好的舒适性、便捷性和高效性。

储藏收纳系统包括独立玄关收纳、入墙式柜体收纳、步入式衣帽间收纳、台盆柜收纳、镜柜收纳等。储藏收纳系统设计应布局合理、方便使用，宜采用步入式设计，墙面材料宜采用防霉、防潮材料，收纳柜门宜设置通风百叶。

5. 吊顶

吊顶内宜设置可敷设管线的吊顶空间，厨房、卫生间的吊顶宜设有检修口。

当采用整体面层及金属板吊顶时，质量不大于1kg的筒灯、石英射灯、烟感器、扬声器等设施可直接安装在面板上，总质量不大于3kg的灯具等设施可安装在U型或C型龙骨上，并应有可靠的固定措施。压型钢板现浇钢筋混凝土楼盖、密肋钢梁薄板楼盖、钢筋混凝土槽形或肋形板楼盖下方的居住空间应设置吊顶。

除了楼盖板底为钢筋混凝土平整面以外的所有情况均应设置吊顶，当楼盖为压型钢板现浇混凝土楼板时，可在现浇混凝土之前在压型钢板上钻孔并设置吊件，龙骨可采用层次较少的龙骨系统，如卡式龙骨，这样在70~80mm的技术空间内就可以容纳吊顶板、龙骨、照明电气管线、灯具接口和水暖管线。吊顶空间内应能设置电气管线、灯具支座、水暖管线。卫生间、厨房的吊顶宜采用活动式吊顶，以便检修。压型钢板现浇楼盖宜在现浇前预置吊挂连接件，其设置精度应符合吊顶系统的要求；后装连接件（膨胀螺栓、射钉及其连接件）的承载力应满足吊顶系统的设计要求。

吊顶系统设计设计时，顶棚宜采用全吊顶设计，通风管道、消防管道、强弱电管线等宜与结构楼板分离，敷设在吊顶内，并采用专用吊件固定在结构楼板（梁）上。宜在楼板（梁）内预先设置管线、吊杆安装所需预埋件，不宜在楼板（梁）上钻孔、打眼和射钉。吊杆、龙骨材料和截面尺寸应根据荷载条件计算确定。吊顶龙骨可采用轻钢龙骨、铝合金龙骨、木龙骨等。吊顶板面宜采用石膏板、矿棉板、木质人造板、纤维增强硅酸钙板、纤维增强水泥板等符合环保、消防要求的板材。

隔墙、龙骨吊杆、机电设备和管线等的连接件、预埋件应在结构板预制时事先埋设，一般不宜在楼板上射钉、打眼、钻孔。吊顶架空层内主要的设备和管线有风机、空调管道、消防管道、电缆桥架，给水管也可设置在顶棚内。龙骨吊杆、机电设备和管线应固定在结构梁或者楼板上，连接件、预埋件应在结构板预制时事先埋设，较轻管线可以采用后粘接措施固定。

轻钢龙骨石膏板吊顶设计时，石膏板应与副龙骨垂直安装。承载龙骨（主龙骨）间距宜为900mm，并不应超过1200mm；覆面龙骨（副龙骨）间距宜为400mm，横撑龙骨间距宜为600mm。墙面与第一根承载龙骨间距不应大于400mm，承载龙骨自由末端距最近一根吊杆间距不应大于300mm。覆面龙骨自由末端距最近一根承载龙骨间距不应大于300mm。吊杆间距不应大于1200mm，墙面与第一根覆面龙骨间距不应大于400mm。上人吊顶承载龙骨应根据设计要求采用上人龙骨，采用双层构造。轻钢龙骨接头应错开布置，不应位于同一直线上，相邻接头错开距离不宜小于300mm，吊点与承载龙骨接头距离宜为300mm。龙骨骨架的吊杆应固定在结构层上，可直接在钢结构或现浇钢筋混凝土结构上固定，也可以预埋吊杆，吊杆应采用$\phi 8 \sim \phi 12$内膨胀镀锌专用吊杆。轻型灯具可固定在附加覆面龙骨上，重型灯具及风扇、风管、喷淋管道等均应直接吊挂在结构层上，不得与吊顶的吊杆及龙骨连接。

洞口位置应避开承载龙骨，若无法避开则应采取相应加固措施，吊顶检修孔、风口等开洞位置应另行安装附加龙骨、附加吊杆，并在洞口处用边龙骨收口。对于边缘构件，沿墙面安装边龙骨时，固定点间距不应大于 600mm，且距端头距离不大于 50mm，小管径的管道四周应附加覆面龙骨，管道与吊顶相接处应用硅橡胶接缝密封。石膏板板端与墙面裂缝处理，可采用成品铝嵌条、成品线脚等装饰。用于防潮要求的石膏板吊顶，应采用耐水石膏板，覆面龙骨间距在潮湿环境下宜为 300mm。当吊顶有较高隔声要求时，内置填充物可选用岩棉、玻璃棉，其重量作为外加荷载计算。当采用吸声吊顶设计时，应采用穿孔吸声石膏板，覆面龙骨间距和横撑龙骨间距宜为 600mm，周边可用纸面石膏板相拼。当吊顶跨度大于 10m 时，跨中部龙骨应适当起拱，起拱高度不应小于房间短向跨度的 5‰。当承载龙骨长不小于 18m、吊顶夹层高度不小于 1.5m 时，应在两端及中间设反支撑。当吊顶长度大于 12m 时，或建筑物结构本身接缝处，或与不同材质连接处，应与吊顶设置一道伸缩缝，如图 2-46 所示。

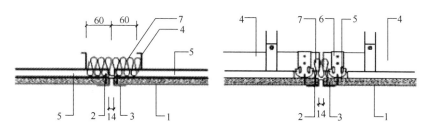

图 2-46　吊顶伸缩缝构造示意图

1—纸面石膏板；2—盖缝条（螺栓固定）；3—接缝石膏；4—承载龙骨；
5—覆面龙骨；6—覆面龙骨挂件；7—通长岩棉或玻璃棉填缝

6. 地面

地面部品应从建筑工业化角度出发，其做法宜采用可敷设管线的架空地板系统等集成化部品。架空地板系统，在地板下面采用树脂或金属地脚螺栓支承，架空空间内铺设给水排水管线，在安装分水器的地板处设置地面检修口，以方便管道检查和修理。

架空地板系统设计时，在住宅的厨房、卫生间等因采用同层排水工艺而进行结构降板的区域，宜采用架空地板系统，在架空地板内敷设给水排水管线等。架空地板高度应根据排水管线的长度、坡度进行计算。架空地板系统由边龙骨、支撑脚、衬板、地暖系统、蓄热板和装饰面板组成。衬板可采用经过阻燃处理的刨花板、细木工板等，厚度应根据荷载条件计算确定。蓄热板宜采用热惰性好的板材。地暖系统宜采用干式低温热水地面辐射供暖系统。

架空地板系统可以在居住建筑套内空间全部采用也可部分采用，如果房间地面内无给水排水管线，地面构造做法满足建筑隔声要求，该房间可不做架空地板系统。架空地板系统主要是为实现管线与结构体分离，管线维修与更换不破坏主体结构，实现百年建筑；同时架空地板也有隔声性好的优点，可提高室内声环境质量，但是设置架空地板会使得建筑层高增加。架空地板的高度主要是根据弯头尺寸、排水长度和坡度来计算，一般为 250～300mm；如果房间地面内不敷设排水管线，房间内也可以采用局部架空地板构造做法，以降低工程成本，局部架空层沿房间周边布置，空腔内敷设给水、供暖、电力管线等。支撑脚是指架空地板与结构板连接的支托。衬板是指铺设在支撑脚上的板材，在使用过程中承担地热系统、装饰面板的重量和使用活荷载。蓄热板是指铺设在供暖系统上面的板材。衬板一般采用刨花板，厚度一般为25mm，且不宜小于20mm。

蓄热板可采用硅酸钙板、纤维水泥板或者其他板材。地暖系统应设置在架空地板衬板上，干式低温热水地面辐射供暖系统一般由绝热层、传热板、地热管、承压板组成。地暖系统上饰面宜采用木地板，如果饰面材料选用瓷砖或者石材，一般在承压板上增加铺设2层胶合板，以增强瓷砖和石材的基层刚度，瓷砖和石材与胶合板采用粘接固定。新型地暖系统的构造做法宜按照相关产品技术标准执行。

木质地板的基本构造分为基层、垫层和面层。当基本构造层不能满足使用要求时，可增设隔离层、覆盖层、填充层、找平层、保温层、隔声层等构造层。木质地板铺装可采用龙骨铺装法、悬浮铺装法、高架铺装法和胶粘直铺法等。图2-47为龙骨铺装法构造，图2-48为悬浮铺装法构造，图2-49为高架铺装法构造。

木质地板的防潮层必须形成全封闭的整体。图2-50为采用排气式防潮隔离层的铺装构造。

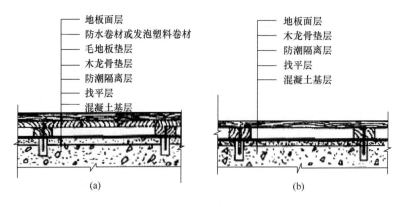

图2-47 龙骨铺装法构造示意

（a）双层铺装；（b）单层铺装

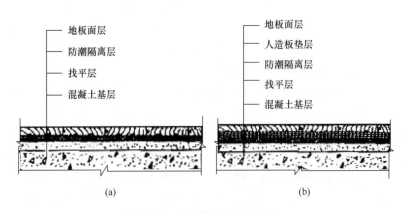

图2-48 悬浮铺装法构造示意

（a）软垫层铺装；（b）人造板垫层铺装

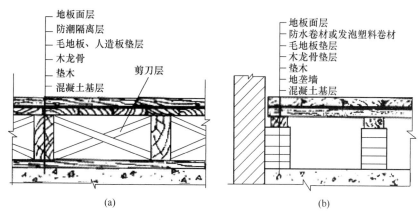

图 2-49　高架铺装法构造示意

（a）高架空铺铺装；（b）高架地垄墙铺装

地板和木龙骨、毛地板、人造板等木质辅材的含水率应满足设计含水率要求，设计含水率为使用地的木材平衡含水率与地板吸湿滞后率的差值，按下式计算：

$$M = M_c - \Delta W \qquad (2-39)$$

式中　M——木材设计含水率（%）；

　　　M_c——木材平衡含水率（%）；

　　　ΔW——地板吸湿滞后率（%）。

木质地板的平衡含水率可按使用地的平均空气温度和相对湿度查得。当使用地的 1 月份

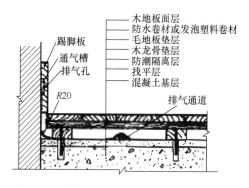

图 2-50　排气式防潮隔离层铺装构造示意

和 7 月份平衡含水率相差大于 4% 时，其设计含水率值可放宽 0.5%～2%。平衡含水率高于 13% 的地区，设计含水率可放宽 1%～2%。吸湿滞后率可以测量获得，从相对湿度 85% 时干燥到相对湿度 35%，即含水率从 18% 到 7% 时的所需时间，与从相对湿度 35% 时吸湿至相对湿度 85%，即含水率从 7% 到 18% 时所需时间之比（图 2-51）。

木质地板铺装设计应以实木地板的横向湿胀和其他地板的纵向、横向湿胀不致引起地板起拱为原则。当实木复合地板、浸渍纸层压木质地板、竹地板的纵向湿胀总量大于地板构造伸缝宽度总和，或纵向长度大于 8m 时，应设置分段缝。地板伸缝和分段缝计算时，可按 7 月份平衡含水率与年平均平衡含水率的差值作为计算依据。分段缝的宽度应大于 20mm。如设置一条分段缝尚不能满足设计要求时，应增加分段缝的数量，直至满足设计要求。为简化计算，可取湿胀量近似等于干缩量。

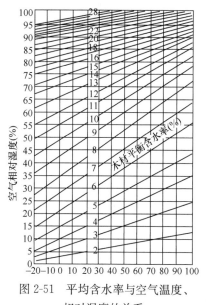

图 2-51　平均含水率与空气温度、
相对湿度的关系

地板的湿胀量应通过测量，取得地板块试件在含水率 12%～18%的湿胀过程和 12%～7%的干缩过程中不同含水率区段的湿胀率和干缩率，以及在不同吸湿速度下的吸湿滞后率。

地板块试件含水率变化 1%时的湿胀系数 k_1，应按下式计算：

$$k_1 = \Delta l_{65,85}/6 \tag{2-40}$$

式中　k_1——地板块湿胀系数；

$\Delta l_{65,85}$——地板块湿胀率（%），按《木质地板铺装工程技术规程》CECS 191：2005 附录 B 确定；

　6——温度为 20℃，相对湿度分别为 65%和 85%时的含水率差值。

注：温度为 20℃，相对湿度为 65%时，含水率为 12%；温度为 20℃，相对湿度为 85%时，含水率为 18%。

地板块试件湿胀量应按下式计算：

$$C = bk_1 \tag{2-41}$$

式中　C——地板块试件湿胀量（mm）；

　b——地板块试件宽度（mm）。

7 月份平衡含水率与年平衡含水率的差值，应按下式计算：

$$\Delta M = M_1 - M_2 \tag{2-42}$$

式中　ΔM——7 月份平衡含水率与年平衡含水率的差值（mm）；

　M_1——7 月份平衡含水率（%）；

　M_2——年平衡含水率（%）。

地板块试件的最大湿胀量应按下式计算：

$$C_{max} = 100C\Delta M \tag{2-43}$$

式中　C_{max}——测量地板块试件 7 月份含水率与年平衡含水率差值的湿胀量（mm）。

房间内地板的湿胀总量应按下式计算：

$$\sum C_{max} = C_{max}(B/b) \tag{2-44}$$

式中　$\sum C_{max}$——地板的湿胀总量（mm）；

　B——房间宽度（mm）。

相邻地板块之间预留伸缩缝宽度应按下式计算：

$$S_n = (\sum C_{max} - 2S)/(n-1) \tag{2-45}$$

式中　S_n——相邻地板块之间预留伸缩缝宽度（mm）；

　S——构造缝宽度（mm）；

　n——地板排列块数。

7. 隔墙

隔墙作为分隔室内空间的建筑部品，应发挥隔墙内空腔的特性，利用隔墙空腔敷设管线；当隔墙需要固定或吊挂物件时，其固定的位置和承载力应符合安全要求。工业化钢结构住宅建筑体系中采用预制装配式轻质内隔墙板时，应采用模数设计网格法，经过模数协调确定隔墙板中基本板、洞口板、转角板和调整板等类型板的规格、截面尺寸和公差。

为满足采用标准化的系列内隔墙板组成多样化户型的要求，工业化钢结构住宅建筑体系应采用模数设计网格法，以适应不同户型的需要。一般按需求分为基本板、洞口板、洞口上方板、阴角板、终端板和调整板等；按板与梁柱关系分为梁下（柱中）板、偏梁（偏柱）板；按电气需要分为过线板和接线板；按不同表面装修要求分为表面对称板和表面非对称板等。需要合理选择、逐一设计、系统协调。图2-52为隔墙与主体结构连接做法。

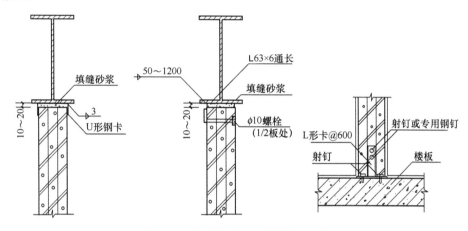

图 2-52　轻质隔墙与主体结构的连接

隔墙板采用石膏板时，普通纸面石膏板适用于室内隔墙和贴面墙系统。耐火纸面石膏板适用于防火要求高的室内隔墙和贴面墙系统。耐水纸面石膏板适用于卫生间、厨房及其他湿度变化多的场合，也可用水泥压力板代替。纤维增强水泥板/硅酸钙板防水防潮，强度高，不易变形，适用于卫生间、厨房等潮湿环境。

轻钢龙骨隔墙作为一种非承重隔墙系统，由于其具备隔声性能优越、易于安装、轻质高强、环保节能、占用空间小、全程干作业等特点，在各类建筑物中广泛应用。轻质内隔墙设计应符合下列规定：内隔墙宜采用轻质隔墙并设置架空层，架空层内敷设电气管线、开关、插座、面板等电气元件；建筑外墙的室内墙板宜设置架空层；分户隔墙、楼电梯间墙宜采用轻质混凝土空心墙板、蒸压加气混凝土墙板、复合空腔墙板或其他满足安全、隔声、防火要求的墙板；住宅套内空间和公共建筑功能空间内隔墙可采用骨架隔墙板，面板可采用石膏板、木质人造板、纤维增强硅酸钙板、纤维增强水泥板等；不应采用含有石棉纤维、未经防腐和防蛀处理的植物纤维装饰材料；以轻钢、木质和其他金属材料为龙骨的架空隔墙板宜选用不燃型岩棉、矿棉或玻璃丝绵等作为隔声和保温填充材料；内隔墙上需要固定电器、橱柜、洁具、配电盘、消火栓等较重设备或者其他物品时，应预先将连接件与龙骨连接牢固，或在龙骨上设置加强板。安装重型设备时，应采用钢结构代替轻钢龙骨承重。在楼板和地板上固定沿顶水平龙骨、沿地水平龙骨可采用射钉或膨胀螺栓，两个相邻固定点间距不应大于600mm，距端头距离不大于50mm。当隔墙有隔声或防火要求时，石膏板宜封到楼板底或梁底，顶部和底部宜铺设柔性密封材料、密封胶等。楼电梯间隔墙和分户隔墙考虑隔声功能，不宜采用轻钢龙骨石膏板，可采用复合空腔墙板。竖向龙骨间

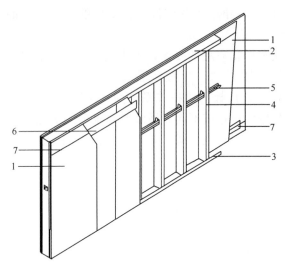

图 2-53　双面双层石膏板隔墙示意图
1—纸面石膏板；2—沿顶水平龙骨；3—沿地水平龙骨；
4—竖龙骨；5—贯龙骨；6—钢带；7—石膏板拼缝

距宜为 400mm 或 600mm，不应大于 600mm。图 2-53～图 2-55 为轻钢龙骨隔墙的具体做法。

门、窗洞口处应沿洞口增加附加龙骨，开口背向门、窗洞。沿地水平龙骨在门洞位置断开。门、窗洞上槛用水平龙骨制作，在上樘与上水平龙骨间插入竖龙骨，其间距应比隔墙的其他竖龙骨小，门、窗宽度大于 1800mm 时应采取加固措施。电线槽等直径不大于 160mm 的小型管道架设时，可在石膏板表面切割，管道与石膏板之间应填充岩棉，洞口表面应留有 5mm 的空隙，以建筑密封膏接缝，管线应在隔墙龙骨内穿管架设并有效固定，电源插孔线盒应固定在龙骨之上。直径大于 160mm 的大型管道架设时，应在洞口周围附加竖龙骨加以固定，空调风管架设时，应用弹性套管将管道固定于轻钢龙骨上，洞口表面应留有 5mm 空隙，以建筑密封膏接缝，表面覆以耐火纸面石膏板。

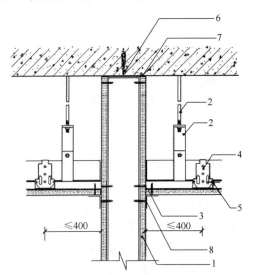

图 2-54　石膏板隔墙封到顶示意图
1—纸面石膏板；2—吊杆；3—边龙骨；
4—覆面龙骨挂件；5—覆面龙骨；
6—固定件；7—密封胶；
8—接缝纸带加接缝石膏

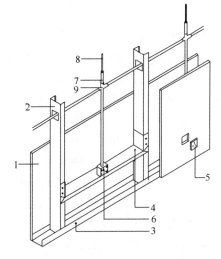

图 2-55　石膏板隔墙开孔示意图
1—纸面石膏板；2—竖龙骨；3—沿地龙骨；
4—水平龙骨作横撑；5—电源插孔线盒面板；
6—电源插孔线盒；7—PVC 电线管；
8—电线；9—管卡

对潮湿房间的内隔墙，应采用耐水石膏板，有防潮要求的石膏板隔墙应在底部设 C20 细石混凝土导墙，高度宜为 150～200mm，导墙宽度同隔墙，石膏板的下端嵌密封膏，缝宽宜为 5mm，并宜在导墙两侧加设防水材料，沿基座上返，同时踢脚板应采取防腐处理，石膏板面可以贴瓷砖或涂刷防水涂料（图 2-56）。地面防水与墙面防水应连续，卫生间的墙面防水高度宜为 1.5m 高，喷淋部位防水高度宜为 1.8m，或者全高做防水。

有隔声要求的隔墙应采用密度较大的石膏板、隔声龙骨、减振条龙骨等构件，如图 2-57、图 2-58 所示，龙骨与主体结构间宜采用隔声橡胶条。当隔墙需要提高隔声效果时，可增加石膏板层数，并在空腔内填隔声材料。填充材料应采用玻璃棉钉固定，应上下满铺，厚度经过计算，隔声要求较高时可采取双排错位龙骨隔墙，如图 2-59 所示，隔声材料应连续填于空腔，并应经过隔声计算。

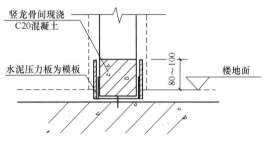

图 2-56　混凝土导墙构造

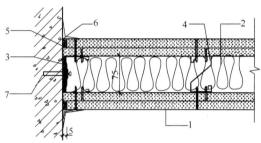

图 2-57　隔声龙骨隔墙构造

1—纸面石膏板；2—隔声填充材料；

3—隔声胶条；4—隔声龙骨；5—密封胶；

6—接缝纸带加接缝石膏；7—固定件

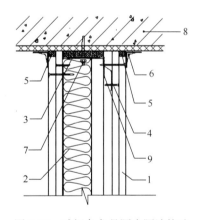

图 2-58　减振条龙骨隔声隔墙构造

1—纸面石膏板；2—隔声填充材料；

3—隔声胶条；4—减振龙骨与竖龙骨用

抽芯铆钉连接；5—密封胶；6—接缝纸带

加接缝石膏；7—固定件；8—钢筋混凝土

楼板或梁；9—沿顶水平龙骨

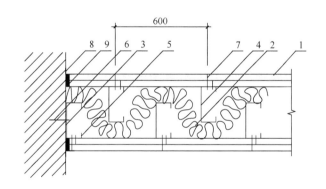

图 2-59　隔声隔墙双排错位龙骨构造

1—纸面石膏板；2—隔声填充材料；

3—隔声胶条；4—竖龙骨；5—边龙骨；

6—固定件；7—石膏板自攻螺栓；

8—接缝纸带加接缝石膏；9—密封胶

有附载物荷载要求的隔墙，应对龙骨进行受力计算，并采取局部补强加固措施，应在隔墙内根据荷载位置、大小附设水平龙骨及加强竖龙骨。卫生间、厨房采用装配式内隔墙时，应为管线、固定物件、固定装饰材料等设置预埋件，其位置和承载力应符合被装产品的要求；当被固定物体较重（如电热水器、烘干机、洗盆台面等）时，应在墙体空腔内设置型钢支架并与钢构件（或钢筋混凝土楼板）可靠连接；卫生间、厨房装配式内隔墙的龙骨间距不宜大于300mm。沿轻钢龙骨石膏板隔墙长度方向每12m或遇到建筑结构的伸缩缝时，应设置石膏板墙的变形缝。当轻钢龙骨石膏板隔墙的高度超过一张石膏板板长时，应在两张板的横向接缝处增设横撑龙骨或钢带等。

8. 室内门窗

进行室内门的装饰装修设计时，厨房、餐厅、阳台的推拉门宜采用透明的安全玻璃门；厨房、餐厅、阳台的推拉门采用透明的安全玻璃既可以避免相邻空间行人的碰撞，又能保证玻璃破碎时不伤害人。推拉门、折叠门应采用吊挂式门轨或吊挂式门轨与地埋式门轨组合的形式，并应采取安装牢固的构造措施；地面限位器不应安装在通行位置上；推拉门、折叠门所占空间小，安装推拉门或折叠门采用吊挂式门轨或吊挂式门轨与地埋式门轨组合的方法，其工艺成熟。为了方便通行避免将限位器安装于走道通行位置。非成品门应采取安装牢固、密封性能良好的构造设计，推拉门应采取防脱轨的构造措施。门把手中心距楼地面的高度宜为 0.95～1.10m。

对于室内窗，当紧邻窗户的位置设有地台或其他可踩踏的固定物体时，应重新设计防护设施，且防护高度应符合现行国家标准《住宅设计规范》GB 50096 的规定；紧邻窗户的地台或可踩踏的装饰装修物为活动者提供可攀爬的条件，故应重新设计防护设施，并符合《住宅设计规范》GB 50096 中对于栏杆的要求，否则将带来安全隐患。窗扇的开启把手距装修地面高度不宜低于 1.10m 或高于 1.50m；模拟试验结果表明，窗扇的开启把手设置在距装修地面高度 1.10～1.50m 便于多数成年人开启。窗台板、窗宜采用环保、硬质、光洁、不易变形、防水、防火的材料；窗台板用材除符合《建筑内部装修设计防火规范》GB 50222 的要求外，还因其接触水、污染物，使用频率较高等，对耐晒、防水、抗变形的要求较高，因此，要求窗台板采用环保、硬质、耐久、光洁、不易变形、防水、防火的装修材料。非成品窗应采取安装牢固、密封性能良好的构造设计。对非成品的窗做安装构造设计，是提高窗户安装施工质量的重要措施。

2.5 围护结构设计

2.5.1 围护结构的性能

目前国家标准、行业标准中对建筑外围护墙板（自承重型）没有统一的性能指标要求，建筑外围护系统的材料种类以及施工工艺相差较大，节点构造也不尽相同。所以对建筑外围护墙板的性能指标，只能从原则上去分析、归纳，对具体的材料种类还有特殊的要求。因幕墙体系造价高，不能广泛使用。

1. 安全性能要求

安全性能要求是指关系到人身安全的关键性能指标，钢结构建筑外围护体系应该符合基本的承载力要求及防火性能要求，具体可以分为抗风性能要求、抗震性能要求、耐撞击性能要求以及防火性能要求四个方面。

外围护结构抗风设计主要应遵循《建筑结构荷载规范》GB 50009 中有关围护结构风荷载的规定，作用于墙体或附属结构构件表面上的风荷载标准值应按下式计算：

$$w_k = \beta_{gz}\mu_z\mu_s w_0 \tag{2-46}$$

式中，w_k 为作用于非结构构件表面上的风荷载标准值（kN/m²）；β_{gz} 为阵风系数；μ_s 为风荷载体型系数；μ_z 为风压高度变化系数；w_0 为基本风压（kN/m²）。式中各系数和基本风压应按现行国家标准《建筑结构荷载规范》GB 50009 的规定采用。另外，按照《建筑幕墙》GB/T 21086 的规定，w_0 不应小于 1kN/m²。

外墙板的抗震性能应满足《非结构构件抗震设计规范》JGJ 339 第 3.2 条的规定，当计算平面外的荷载作用时，可采用等效侧力法，集中力等效作用于外墙板的质心处，墙体或附属构件自重产生的水平地震作用标准值应按下式计算：

$$F = \gamma \eta \zeta_1 \zeta_2 \alpha_{\max} G \qquad (2\text{-}47)$$

式中，F 为沿最不利方向施加于非结构构件重心处的水平地震作用标准值（kN）；γ、η、ξ_1、ξ_2 为系数，按照《非结构构件抗震设计规范》JGJ 339 取值；$\alpha_{\max}$ 为水平地震影响系数最大值，按照《建筑抗震设计规范》GB 50011 取值；G 为非结构构件的重力荷载代表值。

非结构构件因支承点相对水平位移产生的内力，可按下式计算：

$$F_d = K \cdot \Delta u \qquad (2\text{-}48)$$

式中，F_d 为非结构构件因支承点相对水平位移产生的内力；K 为非结构构件在位移方向的刚度；Δu 为相邻楼层的相对水平位移，按现行国家标准《建筑抗震设计规范》GB 50011 规定的限值采用，一般多（高）层钢结构建筑可取 1/250。

外墙的耐撞击性能应符合《建筑幕墙》GB/T 21086 中 5.1.7 条的规定，耐撞击的试验方法应按照《建筑幕墙》中附录 F 中的方法操作。

外墙防火构造应符合现行《建筑设计防火规范》GB 50016—2014 中第 6.7 条的规定。墙体应具备一定的防火性能，遇火在一定时间内能够保持结构稳定性，防止火势穿透和沿墙蔓延。墙的防火性能主要由材料的防火性能决定，但也会受结构构造做法的影响。我国在已有主要材料类型墙体的燃烧性能和耐火极限方面已积累了大量经验，对新材料和新构造作法的外墙特别是各类复合墙体系统防火性能，仍应继续做深入研究。

2. 功能性要求

功能性要求是指作为外围护体系，应该满足居住使用功能的基本要求。具体包括水密性能要求、气密性能要求、隔声性能要求、热工性能要求四个方面。

幕墙水密性能指标应按如下方法确定：《建筑气候区划标准》GB 50178 中，Ⅲ$_A$ 和Ⅳ$_A$ 地区，即热带风暴和台风多发地区按下式计算，且固定部分不宜小于 1000Pa，可开启部分与固定部分同级。

$$P = 1000\mu_c\mu_z w_0 \qquad (2\text{-}49)$$

式中，P 为水密性能指标（N/m²）；μ_c 为风力系数，可取 1.2；μ_z 为风压高度变化系数，应按《建筑结构荷载规范》GB 50009 的有关规定采用；w_0 为基本风压（kN/m²），应按《建筑结构荷载规范》GB 50009 的有关规定采用。

其他地区可按计算值的 75% 进行设计，且固定部分取值不宜低于 700Pa，可开启部分与固定部分同级。

外墙的水密性能要求主要是防止水蒸气渗透。目前我国建筑外墙体以单一构造为主，缺少防水隔汽层的构造保护，如果墙体产生裂缝则密闭性能就很难满足要求。而复合墙体则可以通过保温隔热层、隔汽层等，防止水分通过裂缝渗透进墙体内部。由于没有专门的钢结构建筑外墙体系的规范，对于水密性能的要求可参考《建筑幕墙》GB/T 21086 的相关规定。

气密性能指标应符合《民用建筑热工设计规范》GB 50176、《公共建筑节能设计标准》GB 50189、《居住建筑节能检测标准》JGJ/T 132、《夏热冬冷地区居住建筑节能设计标准》JGJ 134、《严寒和寒冷地区居住建筑节能设计标准》JGJ 26 的有关规定，并满足相关节能标准的要求，见表 2-16。

建筑幕墙气密性能设计指标一般规定   表 2-16

地区分类	建筑层数、高度	气密性能分级	气密性能指标小于	
			开启部分 q_L	幕墙整体 q_A
夏热冬暖地区	10 层以下	2	2.5	2.0
	10 层以上	3	1.5	1.2
其他地区	7 层以下	2	2.5	2.0
	7 层以上	3	1.5	1.2

注：q_L 为开启部分气密性能分级指标，单位为 "m³/(m·h)"；q_A 为幕墙整体（含开启部分）气密性能分级指标，单位为 "m³/(m²·h)"。

外墙的气密性能要求主要是防止空气渗透。目前我国建筑外墙体以单一构造为主，缺少空气屏障的构造保护，如果产生裂缝，墙体的密闭性能就很难满足。而复合墙体则可通过保温隔热层、空气屏障等，防止空气通过裂缝渗透进墙体内部。

隔声性能要求。为了防止室外机相邻房间噪声的影响，获得安静的工作和休息环境，住宅的墙体应该具备一定的隔声性能。对于外墙以及分户墙的隔声性能要求，应该符合现行规范《民用建筑隔声设计规范》GB 50118 的规定。

热工性能要求。为防止室内温度受到大气温度变化的过度影响，保证建筑室内热环境的舒适，建筑外墙应做好节能和保温隔热构造处理。对于单一材料墙体，热工性能较简单，而新型复合墙体的热工性能则要复杂很多，需要进一步深入研究，同时在一些细节上应注意防止内部冷凝和热桥现象的出现，应符合现行标准《民用建筑热工设计规范》GB 50176、《居住建筑节能检测标准》JGJ/T 132、《严寒和寒冷地区居住建筑节能设计标准》JGJ 26、《夏热冬冷地区居住建筑节能设计标准》JGJ 134、《夏热冬暖地区居住建筑节能设计标准》JGJ 75 等的规定。

外墙体的热阻可按实际的构造叠加计算，并应考虑内外表面换热阻，总传热阻应按下式计算：

$$R_0 = R_i + \sum_j \frac{\delta_j}{\lambda_j} + R_e \qquad (2-50)$$

式中，R_0 为总传热阻（m²·K/W）；R_i 为内表面换热阻（m²·K/W）；R_e 为外表面换热阻（m²·K/W）；δ_j 为第 j 层材料的厚度（m）；λ_j 为第 j 层材料的导热系数 [W/(m·K)]。

3. 耐久性能要求

建筑外围护墙板的耐久性，直接影响到其使用寿命和维护保养时限。不同的材料，对耐久性的性能指标要求也不尽相同。经耐久性试验后，还需对相关力学性能进行复测，以保证使用的稳定性。一般来讲，外墙的耐久性能要求可参照《外墙用非承重纤维增强水泥板》JG/T 396—2012 附录 C 中的规定，应满足抗冻性、耐热雨性能、耐热水性能以及耐干湿性能的要求。

2.5.2 装配式轻质外墙板

装配式轻质外墙板是指墙板在工厂预制、现场安装的轻质墙板。此类墙板构造简单、价格低廉，在钢结构建筑尤其是住宅中广泛使用。目前常用的有蒸压加气混凝土板（ALC 板），玻璃纤维增强无机材料复合保温墙板（DK 板）等。

ALC 板是由经过防腐处理的钢筋网片增强，以硅、钙为原材料，以铝粉为发气剂，经过高温、高压、蒸汽养护而成的一种新型轻质建筑材料。按强度可分为 A2.5、A3.5、A5.0、A7.5 四个强度级别，按干密度可分为 B04、B05、B06、B07 四个级别。外墙板至少为 A3.5。在具有保温隔热和节能要求的围护结构中，应根据建筑物性质、地区气候条件、围护结构构造形式合理进行热工设计。

单一加气混凝土围护结构的隔热低限厚度可按表 2-17 采用。

加气混凝土围护结构隔热低限厚度　　　　　　　　　表 2-17

围护结构类别	隔热低限厚度（mm）
外墙	175～200
屋面板	250～300

为满足节能要求，外墙可采用蒸压加气混凝土板外敷保温材料的复合墙体，也可采用单独的蒸压加气混凝土板外墙。对于夏热冬暖地区，宜采用 150～200mm 的 ALC 外墙板，对于寒冷地区，宜采用 250～275mm 的 ALC 外墙板，对于严寒地区，宜采用 300～350mm 厚的 ALC 外墙板。

ALC 外挂墙板应设构造缝，外墙板的室外侧缝隙应采用密封胶密封，室内侧板缝应采用嵌缝剂嵌缝。采用内嵌方式时，在严寒、寒冷和夏热冬冷地区，外墙中的梁、柱等热桥部位应做保温处理。板材与其他墙、梁、柱、顶板接触时，端部需留出 10～20mm 缝隙，用聚合物或发泡剂填充，有防火要求时应用岩棉填塞。门窗洞口应满足建筑构造、结构设计及节能设计要求，门窗安装应满足气密性要求及防水、保温的要求，外门、窗框或附框与墙体之间应采取保温及防水措施。门窗口上端可采用聚合物砂浆抹滴水线或鹰嘴，也可采用成品滴水槽、窗台外侧聚合物砂浆抹面做坡度。

ALC 外墙板强度偏低，应由各层分别承托本层墙板的重量，其与钢结构的连接有三种方式，分别是插入钢筋法、钩头螺栓法以及 NDR 摇摆工法，分别如图 2-60 所示。

其中前两种刚度较大，而 NDR 摇摆工法变形能力强，抗震性能好。

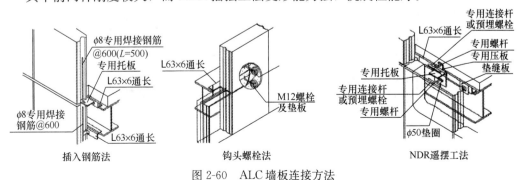

图 2-60　ALC 墙板连接方法

2.5.3　轻型砌体外墙

可采用多孔砖、加气混凝土砌块或其他轻型砌块砌体制作外墙，图 2-61 为构造做法。

2.5.4　混凝土小型空心砌块墙

混凝土小型空心砌块墙是一种常用的围护墙体形式，混凝土小型空心砌块低碳环保，是黏土砖的替代品之一，其在现场进行组砌，取材方便，施工简单，成本较低，但是以手工操作为主，劳动强度相对较大（图 2-62）。

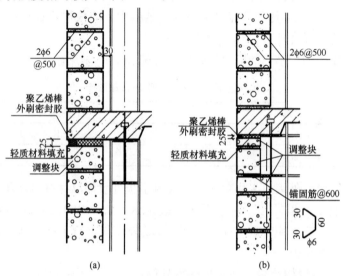

图 2-61　轻型砌体外墙做法

（a）外包式；（b）内嵌式

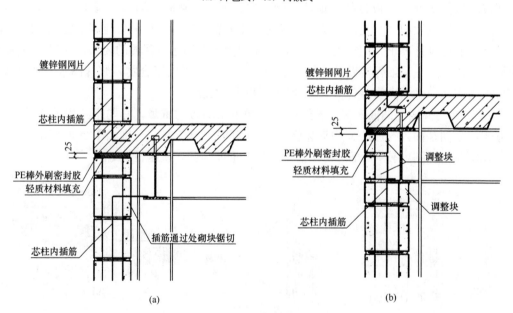

图 2-62　混凝土小型空心砌块外墙做法

（a）外包式；（b）内嵌式

2.6 整体厨卫设计

2.6.1 整体式卫生间设计

整体卫浴是以防水底盘、墙板、顶盖构成整体框架，结构独立，配上各种功能洁具形成的独立卫生单元，具有洗浴、洗漱、如厕三项基本功能或其他功能之间的任意组合。整体卫浴是工厂化产品，是系统配套与组合技术的集成，整体卫浴在工厂预制，采用模具将复合材料一次性压制成型，现场直接整体安装在住宅上，适应建筑工业化与建筑长寿命化的需求，可方便重组、维修、更换。另外，工厂的生产条件、质量管理等都要比传统卫浴装修施工好，有效提高了住宅质量，提高了施工效率，降低了建安成本。同时也实现了部品部件化，将质量责任划清，便于工程质量管理以及保险制度的实施。整体卫浴应符合《整体浴室》GB/T 13095、《住宅整体卫浴间》JG/T 183等标准的规定，内部配件应符合相关产品标准的规定。整体卫浴内空间尺寸偏差允许为±5mm，壁板、顶板、防水底盘材质的氧指数不应低于32，整体卫浴间应有在应急时可从外开启的门，坐便器及洗面器产品应自带存水弯或配有专用存水弯，水封深度至少为50mm。

在整体卫浴、卫生间部品的选择上，每套住宅应设卫生间，应至少配置便器、洗浴器、洗面器三件卫生设备或为其预留设置位置及条件。三件卫生设备集中配置的卫生间的使用面积不应小于2.5m²。卫生间可根据使用功能要求组合不同设备。不同组合的空间使用面积应符合下列规定：当设便器、洗面器时不应小于1.80m²，当设便器、洗浴器时不应小于2.00m²，当设洗面器、洗浴器时不应小于2.00m²，当设洗面器、洗衣机时不应小于1.80m²，当单设便器时不应小于1.10m²。为适应卫生间成套技术和卫生设备组合多样化的要求，规定了最小使用面积。由于不同设备组合而成的卫生间，其最小面积规定依据是：以卫生设备低限尺度以及卫生活动空间计算最小面积；对淋浴空间和盆浴空间做综合考虑，不考虑便器使用和淋浴活动的空间借用；卫生间面积要适当考虑无障碍设计要求和为照顾儿童使用时留有余地。

卫生间的设计，尤其是符合建筑工业化的整体卫生间，在卫生设备的设置和卫生间使用面积上的要求是一致的。我国现阶段小户型的住宅越来越多，为了缩小每套住宅的整体面积，尽可能不要在卫生间的设置上打折扣。设置卫生间是使用者基本的生活需求，同时照顾到老人以及儿童，应合理安排卫生设备的布置，增加相应的设施，并考虑无障碍的使用要求。

整体卫生间推荐采用干湿分区的方式，有条件的建筑也可将干区和湿区做空间分离，更有利于功能划分。建筑材料生产企业可按照整体卫生间内部设备种类的不同，设计相应标准化的产品，并对卫生设备布局进行多样化设计，达到建筑设计多样化的目的。

每套住宅应设置洗衣机的位置及条件。洗衣为基本生活需求，洗衣机是普遍使用的家用设备，属于卫生设备，通常设置在卫生间内。但是在实际使用中有时设置在阳台、厨房、过道等位置。在住宅设计时，应明确设计出洗衣机的位置及专用给水排水接口和电插座等条件。洗衣机的位置和条件，可采用设置洗衣机托盘的方式解决。洗衣机托盘采用模数化设计和生产，可解决洗衣水溅出、渗漏等问题，也可降低洗衣噪声对邻近住宅的影响。设置洗衣机托盘的位置，并配置相应的给水排水接口和插座；还应注意洗衣机托盘尺寸的选择，应与室内装修模数相协调。

1. 建筑设计

整体卫生间建筑设计应协调结构、内装、设备等专业共同确定整体卫生间的布局方案、结构方案、设备管线敷设方式和路径、主体结构孔洞尺寸预留以及管道井位置等。

整体卫生间宜采用同层排水方式；当采取结构局部降板方式实现同层排水时，应结合排水方案及检修要求等因素确定降板区域；降板高度应根据防水盘厚度、卫生器具布置方案、管道尺寸及敷设路径等因素确定。由于国内建筑市场普遍对于建筑层高的增加比较敏感，所以整体卫生间在结合同层排水技术应用时，经常采用局部降板的方式，其降板高度应根据卫生器具的布置、降板区域、管径大小、管道长度等因素确定。

整体卫生间的尺寸选型应与建筑空间尺寸协调，整体卫生间的尺寸型号说明宜为内部净尺寸；整体卫生间的内部净尺寸宜为基本模数 100mm 的整数倍；整体卫生间的尺寸选型和预留安装空间应在建筑设计阶段与厂家共同协商确定，典型平面布局可按《整体浴室》GB/T 13095 选用。

目前市场上整体卫生间的型号多数是以内部净尺寸来确定的。如"1216"代表整体卫生间的内部净尺寸为 1200mm×1600mm，而建筑设计在进行空间预留时更关注的是整体卫生间的安装尺寸。因目前整体卫生间的类型很多，各厂家之间的产品除了规格型号存在差异，安装预留空间也存在差异，所以应在建筑设计阶段时与厂家共同协商确定预留的安装尺寸。

整体卫生间壁板与其外围合墙体之间应预留安装尺寸（图 2-63），当无管线时，不宜小于 50mm；当敷设给水或电气管线时，不宜小于 70mm；当敷设洗面器排水管线时，不宜小于 90mm。

当采用降板方式时，整体卫生间防水盘与其安装结构面之间应预留安装尺寸（图 2-64），

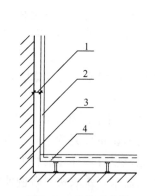

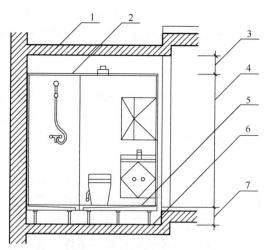

图 2-63　整体卫生间
壁板预留安装尺寸
1—预留安装尺寸；2—整体卫生间
壁板内侧；3—外围合墙体；
4—整体卫生间防水盘

图 2-64　整体卫生间降板时壁板预留安装尺寸
1—卫生间顶部结构楼板下表面；2—整体卫生间顶板内表面；
3—结构最低点与卫生间顶板间距；4—卫生间净高；
5—防水盘面层；6—卫生间安装的结构楼板上表面；
7—防水盘预留安装高度

当采用异层排水方式时，不宜小于110mm；当采用同层排水后排式坐便器时，不宜小于200mm；当采用同层排水下排式坐便器时，不宜小于300mm。整体卫生间顶板与卫生间顶部结构最低点的间距不宜小于250mm。

目前我国市场上整体卫生间的类型较多，各厂家也在不断研发和改进原有技术及产品以适应市场和工程的需求。如和传统卫生间效果相似的瓷砖饰面、石材饰面的整体卫生间产品，微降板或不降板的整体卫生间同层排水技术等。虽然不同类型整体卫生间产品的预留安装尺寸存在差异，很难给出适应所有厂家的统一的预留安装尺寸要求，但为了给相关技术人员做出参考，本书依据目前工程应用中量大面广的产品的预留安装要求给出建议值。

当整体卫生间设置外窗时，应与外围护墙体协同设计，窗洞口的开设位置应满足卫生间内部空间布局的要求，窗垛尺寸不宜小于150mm（图2-65）；外围护墙体开窗洞口应开设在整体卫生间壁板范围内，窗洞口上沿高度宜低于整体卫生间顶下沿不小于50mm（图2-66）。

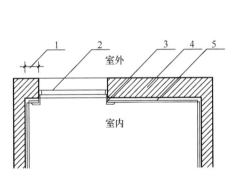

图 2-65　整体卫生间外窗开设尺寸
1—窗垛尺寸；2—外窗；3—窗套收口；
4—外围护墙体；5—整体卫生间壁板

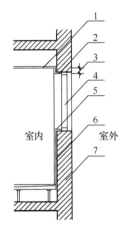

图 2-66　整体卫生间外窗开设高度
1—整体卫生间顶板下沿；2—窗洞口上沿；
3—窗洞上沿与整体卫生间顶板下沿高差；
4—外窗；5—窗套收口；6—整体卫生间
壁板；7—外围护墙体

整体卫生间的壁板和外围护墙体窗洞口衔接应通过窗套进行收口处理，并应做好防水措施。整体卫生间本身是工业化程度很高的内装部品，但其与建筑连接部位的处理对其应用质量和效果有很大影响，尤其是与窗洞口的收边处理。整体卫生间开设外窗时，应考虑整体卫生间壁板与外围护墙体窗洞口衔接处窗套收口的安装距离及整体卫生间壁板与建筑墙体间的预留尺寸等要求，外围护墙体的窗垛应满足最小尺寸的要求。考虑外围护墙体窗上口与整体卫生间壁板的收口处理构造，要求外围护墙体窗洞口上沿高度低于整体卫生间壁板上沿。当整体卫生间的设备管线穿越主体结构时，应与内装、结构、设备专业协调，孔洞预留定位应准确。

整体卫生间门的设计选型应与内装设计协调，其尺寸与定位应与其外围护墙体协调，应根据整体卫生间门及门套的选型尺寸要求，结合整体卫生间安装空间尺寸要求，确定外

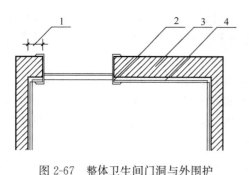

图 2-67　整体卫生间门洞与外围护
墙体门洞位置关系

1—门垛尺寸；2—整体卫生间门套；
3—外围护墙体；4—整体卫生间壁板

围护墙体的门洞尺寸和门垛尺寸；整体卫生间门洞口中心线应与其外围护墙体门洞口中心线重合（图 2-67）；整体卫生间门的尺寸和开启方式，应满足卫生间内部空间布局的要求；整体卫生间的门框与门套应与防水盘、壁板、外围护墙体做好收口处理和防水措施。整体卫生间的外围护墙体，除外围护墙、分户墙外，宜采用轻质隔墙。

2. 给水排水设计

整体卫生间的给水排水设计应符合现行国家标准《建筑给水排水设计规范》GB 50015 的相关规定。建筑设计时应根据所采用整体卫生间的管道连接要求进行给水、排水管道预留；整体卫生间选用的管道材质、品牌和连接方式应与建筑预留管道相匹配。当采用不同材质的管道连接时，应有可靠连接措施。

目前可供选择的给水排水管材种类及连接方式较多，在安装时经常出现已预留安装的管道与所选用的装配式整体卫生间管道在材质和连接方式上不一致，所以为避免管道漏损，应有可靠的过渡连接措施。敷设管道和设置阀门的部位应留有便于安装和检修的空间。与电热水器连接的塑料给水管道应有金属管段过渡，金属管长度不应小于 400mm。当使用非饮用水源时，供水管应采取严格的防止误接、误用、误饮的安全措施。使用中水和回用雨水等非传统水源冲洗便器时，为了防止误接、误用、误饮引发安全事故而造成人身伤害，管道外壁应有区别于生活饮用水的涂色或"中水""雨水"等明显标识。

整体卫生间的排水设计，采用同层排水方式时，应按所采用整体卫生间的管道连接要求确定降板区域和降板深度，并应有可靠的管道防渗漏措施；从排水立管或主干管接出的预留管道，应靠近整体卫生间的主要排水部位。

3. 供暖通风设计

整体卫生间的供暖通风设计应符合现行国家标准《民用建筑供暖通风与空气调节设计规范》GB 50736 的相关规定。整体卫生间内供暖通风设备应预留孔洞，安装设备的壁板和顶板处应采取加强措施。当有供暖要求时，整体卫生间内可设置供暖设施，但不宜采用低温地板辐射供暖系统。无外窗的整体卫生间应有防回流构造的排气通风道，并预留安装排气设备的位置和条件，全面通风换气次数应符合国家现行标准的规定，且应设置相应进风口。

4. 电气设计

整体卫生间的电气设计应符合现行国家标准《民用建筑电气设计标准》GB 51348 和《住宅建筑电气设计规范》JGJ 242 的相关规定。整体卫生间的配电线路应穿导管保护，并应敷设在整体卫生间的壁板和顶板外侧，且宜选用加强绝缘的铜芯电线或电缆；导管宜采用管壁厚不小于 2.0mm 的耐腐蚀金属导管或塑料导管。

浴室卫生间可根据尺寸划分为三个区域。（1）0 区的限界：浴盆、淋浴盆的内部或无盆淋浴 1 区限界内距地面 0.10m 的区域；（2）1 区的限界：围绕浴盆或淋浴盆的垂直平面；或对于无盆淋浴，距离淋浴喷头 1.20m 的垂直平面和地面以上 0.10～2.25m 的水平面；（3）2 区的限界：1 区外界的垂直平面和与其相距 0.60m 的垂直平面，地面和地面以上 2.25m 的水平面。

整体卫生间宜采用防潮易清洁的灯具，且不应安装在 0、1 区内及上方。照度应符合现行国家标准《建筑照明设计标准》GB 50034 的相关规定。整体卫生间的电热水器插座底边距地不宜低于 2.3m，排风机及其他电源插座宜安装在 3 区。除集成安装在整体卫生间内的电气设备自带控制器外，其他控制器、开关宜设置在整体卫生间门外，并应增加漏电保护装置。具有洗浴功能的整体卫生间应设置局部等电位联结。从使用安全性角度要求设置等电位联结，目的是消除电位差，防止电击危险。

5. 整体卫浴构配件

玻璃纤维增强塑料浴缸应符合《玻璃纤维增强塑料浴缸》JC/T 779 的规定，FRP 浴缸、丙烯酸浴缸应符合《住宅浴缸和淋浴底盘用浇铸丙烯酸板材》JC/T 858 的规定，搪瓷浴缸应符合《搪瓷浴缸》QB/T 2664 的规定。洗面器、淋浴器、坐便器及低水箱等陶瓷制品应符合《卫生陶瓷》GB/T 6952 的规定，采用人造石或玻璃纤维增强塑料等材料时，应符合《人造玛瑙及人造大理石卫生洁具》JC/T 644 和相关标准的规定。浴缸水嘴应符合《浴盆及淋浴水嘴》JC/T 760 的规定，洗面盘水嘴应符合《面盆水嘴》JC/T 758 的规定，坐便器配件应符合《坐便器坐圈和盖》JC/T 764 的规定。排水配件也可以采用耐腐蚀的塑料制品、铝制品等，但应符合相应的标准。照明灯具、排风扇、电插座及烘干器等电器应符合《家用和类似用途电器的安全　第 1 部分：通用部分》GB 4706.1 及其他相关标准。插座接线应符合《建筑电气工程施工质量验收规范》GB 50303 的要求。除电器设备自带开关外，外设开关不应置于整体卫浴间内。

2.6.2 整体式厨房设计

厨房的设计应遵循人体工程学的要求，合理布局，进行标准化、系列化和精细化设计，并应与结构系统、外围护系统、设备与管线系统、内装系统进行一体化设计，且宜满足适老化的需求。厨房设计应遵循模数协调的原则，模数是装配式整体厨房标准化、产业化的基础，是厨房与建筑一体化的核心，使建筑空间与整体厨房的装配相吻合，使橱柜单元及电器单元具有配套性、通用性、互换性，是橱柜单元及电器单元装入、重组、更换最基本保证。厨房设计应符合国家现行标准《住宅厨房及相关设备基本参数》GB/T 11228、《住宅厨房模数协调标准》JGJ/T 262 的有关规定。厨房的设计应选用通用的标准化部品，标准化部品应具有统一的接口位置和便于组合的形状、尺寸，并应满足通用性和互换性对边界条件的参数要求。采用标准化参数来协调部品、设备与管线之间的尺寸关系时，可保证部品设计、生产和安装等尺寸相互协调，减少和优化各部品的种类和尺寸。

厨房设计时应积极采用新技术、新材料和新产品，积极推广工业化设计和建造技术，宜采用可循环使用和可再生利用的材料，推广新技术下的工业化建造模式，可减少人力的投入，节约成本。在满足厨房材料使用安全性能的前提下，尽可能采用可循环使用、可再生利用的材料，减少资源的浪费。

1. 建筑设计

厨房部品选型宜在建筑方案阶段进行，并应在设计各个阶段进行完善。厨房部品应为标准化部品，工厂化生产，批量化供应。厨房内各种管线接口应为标准化设计，并应准确定位。厨房设计应符合干式工法施工的要求，便于检修更换，且不得影响建筑结构的安全。厨房部品应提供可追溯和可查询的信息化资料。可在厨房部品上印制二维码或条形码，用户通过扫描获取属性、功能、材质、类别等特征信息。对于生产企业来说，可实现从厨房部品设计、生产、经营管理、服务等整个产品生命周期的信息集成，并建立完整的数据库系统。厨房的建筑设计应满足储存、洗涤、加工和烹饪的基本使用需求，厨房的门、窗、管井位置应合理，并应保证厨房的有效使用面积。

厨房按功能分区设计和功能区的标准模块设计，可以根据厨房的面积大小和人口使用情况匹配出合理的功能区配置。储存区：为原料、烹调器具与碗碟储存区域。洗涤区：洗涤槽部分，提供原料的洗涤以及烹调器具与碗碟的洗涤。加工区：对食物进行加工的区域。烹调区：灶台部分，配有各种厨具、炊具和调味品，烹调延伸区还有微波炉和烤箱等。图 2-68 为几种整体式厨房布置。

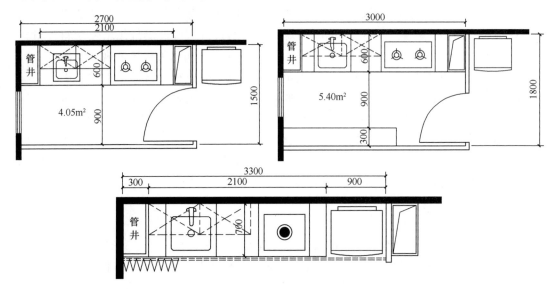

图 2-68　几种整体式厨房

厨房的建筑设计应协调结构、内装修、设备等专业合理确定厨房的布局方案、结构方案、设备管线敷设方式和路径、主体结构孔洞预留尺寸以及管道井位置等，并应符合现行行业标准《工业化住宅尺寸协调标准》JGJ/T 445 的有关规定。厨房非承重围护隔墙宜选用工业化生产的成品隔板，现场组装；厨房成品隔断墙板的承载力应满足厨房设备固定的荷载需求；当安装吊柜和厨房电器的墙体为非承重墙体时，其吊装部位应采取加强措施，满足安全要求。厨房应选用耐热和易清洗的吊顶材料，并应符合现行行业标准《建筑用集成吊顶》JG/T 413 的有关规定。厨房吊顶不仅要面对潮湿水汽的侵袭，而且炒菜时产生的油烟和异味也会黏附在其表面，时间一长便难以清理。因此耐锈、耐脏、易清洁是选择厨房吊顶材料的准则。

2. 厨房部品设计

厨房部品所用的材料、外观、尺寸公差、形状和位置公差、燃烧性能、理化性能、力学性能等应符合现行行业标准《住宅整体厨房》JG/T 184 的有关规定。厨房部品宜成套供应。

厨房家具尺寸应符合现行行业标准《住宅厨房模数协调标准》JGJ/T 262 的有关规定。家具设计应符合下列规定：①家具宽度应符合模数协调要求；②家具应符合现行国家标准《家用厨房设备 第2部分：通用技术要求》GB/T 18884.2的相关规定；③在横向管线布置高度的家具背板应可拆卸或设置检修口；④应在柜体的靠墙或转角位置预置调节板安装口；⑤吊柜及排油烟机底面距地面高度宜为1400～1600mm；⑥工作台面高度应为800～850mm；工作台面与吊柜底面的距离宜为500～700mm；⑦灶具柜设计应考虑燃气管道及排油烟机排气口位置，灶具柜外缘与燃气主管道水平距离应不小于300mm，左右外缘至墙面之间距离应不小于150mm，灶具柜两侧宜有存放调料的空间及放置锅具等容器的台位。

厨房设备的设置应符合下列规定：①排油烟机平面尺寸应大于灶具平面尺寸100mm以上；②燃气热水器左右两侧应留有200mm以上净空，正面应留有600mm以上净空；③燃气热水器与燃气灶具的水平净距不得小于300mm；燃气热水器上部不应有明敷的电线、电器设备及易燃物，下部不应设置灶具等燃具；④嵌入式厨房电器最大深度，地柜应小于500mm，吊柜应小于300mm；⑤电器不应安装在热源附近；电磁灶下方不应安装其他电器；⑥厨房设备应有漏电防护措施。

厨房部品的设置间距和误差应符合下列规定：①台面及前角拼缝误差应不大于0.5mm；②吊柜与地柜的相对应侧面直线度允许误差应不大于2.0mm；③在墙面平直条件下，后挡水板与墙面之间距离应不大于2.0mm；④橱柜左右两侧面与墙面之间距离应不大于10mm；⑤地柜台面距地面高度误差应在±10mm内；⑥嵌式灶具与排油烟机中心线偏移允许误差应在±20mm内；⑦台面拼接时的错位不得超过0.5mm，接缝不应靠近洗涤槽和嵌式灶具；⑧相邻吊柜、地柜和高柜之间应采用柜体连接件固定，柜与柜之间的层错位、面错位不得超过1.0mm；⑨洗涤槽外缘至墙面距离应不小于70mm，洗涤槽外缘至给水主管距离不宜小于50mm。

3. 厨房设施设计

厨房的管道、管线应与厨房结构、厨房部品进行协同设计。竖向管线应相对集中布置、定位合理，横向管线位置应避免交叉。集中管道井的设置及空间尺寸应满足管道检修更换的空间要求，并应在合适的位置设置管道检修口。当厨房设备管线穿越主体结构时，应与内装、结构、设备专业协调，孔洞定位预留应准确。

当采用架空地板时，横向支管布置应符合下列规定：①排水管应同层敷设，在本层内接入排水立管和排水系统，不应穿越楼板进入其他楼层空间；②排水管道宜敷设在架空地板内，并应采取可靠的隔声、减噪措施；③供暖热水管道宜敷设在架空地板内。

给水管线设计应符合下列规定：①进入住户的给水管道，在通向厨房的给水管道上宜增设控制阀门；②厨房内给水管道可沿地面敷设，也可采用隐蔽式的管道明装方式，且管中心与地面和墙面的间距不应大于80mm；③热水器水管应预留至热水器正下方且高出地面1200～1400mm处，左边为热水管，右边为冷水管，冷热水管间距宜不少于150mm；④冷热水给水管接口处应安装角阀，高度宜为500mm。

排水管线设计应符合下列规定：①厨房的排水立管应单独设置；排水量最大的排水点宜靠近排水立管；②排水口及连接的排水管道应具备承受90℃热水的能力；③热水器泄压阀排水应导流至排水口；④横支管转弯时应采用45°弯头组合完成，隐蔽工程内的管道与管件之间，不得采用橡胶密封连接，且横支管上不得设置存水弯；⑤立管的三通接口中心距地面完成面的高度，不应大于300mm；⑥厨房洗涤槽的排水管接口，距地面完成面宜为 400～500mm，伸出墙面完成面不小于 150mm，且高于主横支管中心不小于 100mm；⑦对采用 PVC 管材、管件的排水管道进行加长处理时不应出现 S 形，且端部应留有不小于 60mm 长的直管。

厨房管线宜靠墙角集中设置。当靠近共用排气道设置管井或明装管道时，给水排水管线不应设置在烟道朝向排油烟机的一侧。

厨房电气系统设计应符合下列规定：①厨房的电气线路宜沿吊顶敷设；②线缆沿架空地板敷设时，应采用套管或线槽保护，严禁直接敷设；线缆在架空地板敷设时，不应与热水、燃气管道交叉；③导线应采用截面不小于 5mm² 的铜芯绝缘线，保护地线线径不得小于 N 线和 PE 线的线径；④厨房插座应由独立回路供电；⑤安装在 1.8m 及以下的插座均应采用安全型插座；⑥厨房内应按相应用电设备布置专用单相三孔插座；⑦嵌入式厨房电器的专用电源插座，应预留方便拔插的电源插头空间；⑧靠近水、火的电源插座及接线，其管线应加保护层，插座及接线应符合现行国家标准《建筑电气工程施工质量验收规范》GB 50303 中的相关规定。

弱电系统设计应符合现行行业标准《住宅建筑电气设计规范》JGJ 242 的规定，应预埋穿线管及出线底盒；弱电线路应采用独立的布线系统。

燃气设计应符合现行国家标准《城镇燃气设计规范》GB 50028 和行业标准《城镇燃气室内工程施工与质量验收规范》CJJ 94 的规定。

厨房共用排气道应符合现行国家标准《住宅设计规范》GB 50096 的规定，并应符合下列规定：①厨房内各类用气设备排出的烟气必须排至室外；②严禁任何管线穿越共用排气道；③排气道应独立设置，其井壁应为耐火极限不低于 1.0h 的不燃烧体，井壁上的检查门应采用丙级防火门；④竖井排气道的防火阀应安装在水平风管上。

厨房竖向排气道与水平排气管的接驳口应符合下列规定：①接驳口开口直径宜为 180mm；②接驳口中心净空高度宜为 2300mm；③接驳口中心与上层楼板垂直间距应不小于 200mm；④排油烟机接驳口的操作侧应有最小净距 350mm 的检修空间。

4. 适老及无障碍

厨房设计除应满足一般居住使用要求外，尚应根据需要满足老年人、残疾人等特殊群体的使用要求。满足乘坐轮椅的特殊人群要求的厨房设计除应符合现行国家标准《无障碍设计规范》GB 50763 的规定外，尚应符合下列规定：①厨房的净宽应不小于 2000mm，且轮椅回转直径应不小于 1500mm；②地柜高度宜不大于 750mm，深度宜为 600mm，地柜台面下方净高和净宽应不小于 650mm，净深应不小于 350mm；③吊柜底面到地面高度应不大于 1200mm，深度应不大于 250mm。

布置双排地柜的厨房通道净宽应不小于 1500mm，通道应能满足轮椅的回转活动。燃气热水器的阀门及观察孔高度应不大于 1100mm。排油烟机的开关应为低位式开关。

习　　题

1. 试述在装配式钢结构建筑中建筑设计与传统设计的异同。

2. 什么是部品和部件，室内部品都有哪些？

3. 对外围护结构的技术要求有哪些？

第3章　装配式钢结构建筑构件生产和运输

3.1　施 工 详 图 设 计

钢结构施工图的设计分为钢结构设计图设计和钢结构施工详图两个阶段。设计图由设计单位编制，施工详图以设计图和有关技术文件为依据进行编制，由钢结构制造厂家编制，并应经原设计单位确认；当需要进行节点设计时，节点设计文件也应经原设计单位确认，验证施工详图与结构设计施工图的符合性，并直接作为加工和安装的依据。施工详图设计应满足钢结构施工构造、施工工艺、构件运输等有关技术要求。施工详图设计时应综合考虑安装要求，如吊装构件的单元划分、吊点和临时连接件设置、对位和测量控制基准线或基准点、安装焊接的坡口方向和形式等。

钢结构施工详图应包括图纸目录、设计总说明、构件布置图、构件详图和安装节点详图等内容；图纸表达应清晰、完整，空间复杂构件和节点的施工详图，宜增加三维图形表示。

钢结构施工详图作为制作、安装和质量验收的主要技术文件，其设计工作主要包括节点构造设计和施工详图绘制两项内容。节点构造设计是以便于钢结构加工制作和安装为原则，对节点构造进行完善，根据结构设计施工图提供的内力进行焊接或螺栓连接节点设计，以确定连接板规格、焊缝尺寸和螺栓数量等内容；施工详图绘制主要包括图纸目录、施工详图设计总说明、构件布置图、构件详图和安装节点详图等内容。

钢结构施工详图的深度可参考国家建筑标准设计图集《钢结构设计制图深度和表示方法》03G102 的相关规定，施工详图总说明包括钢结构加工制作和现场安装需强调的技术条件和施工中的相关要求；构件布置图为构件在结构布置图的编号，包括构件编号原则、构件编号和构件表；构件详图为构件及零部件的大样图以及材料表；安装节点详图主要表明构件与外部构件的连接形式、连接方法、控制尺寸和有关标高等。

钢结构施工详图设计除符合结构设计施工图外，还要满足其他相关技术文件的要求，主要包括钢结构制作和安装工艺技术要求，以及钢筋混凝土工程、幕墙工程、机电工程等与钢结构施工交叉施工的技术要求。

3.2　零 部 件 加 工

3.2.1　放样、号料和切割

放样是根据施工详图用 1∶1 的比例在样板台上弹出实样，求取实长，根据实长制成样板。号料是以样板为依据，在原材料上画出实样，并打上各种加工记号，采用数控加工设备，可省略放样和号料，但有时仍需要这些工序。放样和号料要着眼于产品的结构特点和整个制造工艺，充分考虑设计要求和工艺要求，以达到合理用料的目的。钢材切割下料有多种方法，如气割、机械切割、等离子切割等，具体采用哪一种应根据切割对象、切割设备能力、切割精度、切割表面质量要求以及经济性等因素综合考虑。

零部件加工（切割）前，应有合理、完善的工艺文件，工艺文件应在能解决加工难题的同时，提醒避免低级错误，并提供自检和总检的允许偏差。因此，应熟悉设计文件和施工详图，应做好各道工序的工艺准备，结合加工的实际情况，编制加工工艺文件。工艺文件应由有经验的工艺人员编制，切割工艺内容包括放样号料、切割方法、技术要求、允许偏差以及检验方法等。

放样和号料应预留收缩量（包括现场焊接收缩量）及切割、铣端等需要的加工余量，钢框架柱尚应设计要求预留弹性压缩量。

钢网架（桁架）采用钢管杆件时宜用管子车床或数控相贯线切割机下料，下料时应预放加工余量和焊接收缩量，焊接收缩量可由工艺试验确定。钢管杆件加工的允许偏差应符合表 3-1 的规定。

钢管杆件加工的允许偏差（mm）　　　　　　表 3-1

项目	允许偏差	项目	允许偏差
长度	±1.0	管口曲线	1.0
墙片对管轴的垂直度	0.005r		

注：r 为管半径。

钢结构板类零部件切割可采用气割、机械剪切（板厚 12mm 以下）和等离子切割等方法，气割包括手工/半自动火焰切割、直条火焰切割和数控火焰切割等方式，各种方式的参数应合理设置。钢材切割面或剪切面应无裂纹、夹渣、分层和大于 1mm 的缺棱，用观察或用放大镜及百分尺检查，有疑义时做渗透、磁粉或超声波探伤检查。气割的允许偏差应符合表 3-2 的规定，观察检查或用钢尺、塞尺检查，按切割面数抽查 10%，且不应少于 3 个。

气割的允许偏差（mm）　　　　　　表 3-2

项目	允许偏差	项目	允许偏差
零件长度、宽度	±3.0	割纹深度	0.3
切割面平面度	0.05t 且不大于 2.0	局部缺口深度	1.0

注：t 为切割面厚度。

除平口无坡口钢管外，钢管切割应由专用切割机切割，切割时要设置坡口尺寸、角度和加工余量等参数。钢材切割边缘的外观应满足后续加工和工程构件的外观要求。零部件切割应根据板厚调整切割机的割嘴型号、氧气/燃气的压力和切割速度等工艺参数。

相贯线切割可由钢管五维数控相贯线切割机切割，网架类平口带坡口钢管可由管子机切割，切割余量应根据设备切割头预留，一般钢管下料留负偏差。切割质量不满足外观和尺寸要求时，应修补合格，超差过大时，应重新下料。下料余量和偏差应在满足规范要求的基础上，综合考虑后续组装、焊接、端铣等加工工序，以及安装和设计要求。

3.2.2 矫正和成型

成型加工可分为热加工和冷加工；矫正可分为热矫正和冷矫正。碳素结构钢在环境温度低于−16℃、低合金结构钢在环境温度低于−12℃时，不应进行冷矫正和冷弯曲。碳素结构钢和低合金结构钢在热矫正时，加热温度不应超过900℃。低合金结构钢在加热矫正后应自然冷却。当零件采用热加工成型时，加热温度应控制在900～1000℃；碳素结构钢和低合金结构钢在温度分别下降到700℃和800℃之前，应结束加工；低合金结构钢应自然冷却。

热加工成型温度应均匀，同一构件不应反复进行热加工；温度冷却到200～400℃时，严禁捶打、弯曲和成型。

3.2.3 边缘加工

在建筑钢结构构件加工中，下列部位一般需要进行边缘加工：（1）吊车梁翼缘板；（2）支座支承面；（3）焊接坡口；（4）尺寸要求严格的加劲板、隔板、腹板和有孔眼的节点板等；（5）有配合要求的部位；（6）设计有要求的部位。常用的边缘加工方法主要有气割和机械加工法，对边缘有特殊要求时宜采用精密切割。机械加工包括机械铲边、刨边机刨边、铣边机或端面铣床铣边、坡口机切割坡口等；气割法边缘加工主要包括碳弧气刨和气割机切割坡口等。边缘加工的允许偏差应符合表3-3的规定。

边缘加工允许偏差 表3-3

项目	允许偏差	项目	允许偏差
零件宽度、长度	±1.0mm	加工面垂直度	$0.025t$，且不应大于0.5mm
加工边直线度	$L/3000$，且不应大于2.0mm	加工面表面粗糙度	$Ra \leqslant 50\mu m$
相邻两边夹角	±6′		

注：L为构件长度；t为构件厚度；Ra为表面粗糙度。

焊缝坡口加工可采用气割、铲削、刨边机加工等方法，焊缝坡口的允许偏差应符合表3-4的规定。

焊缝坡口允许偏差 表3-4

项目	允许偏差
坡口角度	±5.0°
钝边	±1.0mm

零部件采用铣床进行铣削加工边缘时，加工后的允许偏差应符合表3-5的规定。

铣削加工边缘坡口允许偏差 表3-5

项目	允许偏差	项目	允许偏差
两端铣平时零件长度、宽度	±1.0mm	铣平面的垂直度	1/1500
铣平面的平面度	0.3mm		

气割或机械剪切的零件，需要进行边缘加工时，其刨削量不应小于2.0mm。

3.2.4 制孔

孔加工在钢结构制造中占有一定的比例，尤其是高强度螺栓的采用，使孔加工不仅在数量上而且在精度要求上都有了很大提高。

可采用钻孔、冲孔、铣孔、铰孔、镗孔和锪孔等方法制孔，对直径较大或长形孔也可采用气割制孔。钻孔可分为画线钻孔、钻模钻孔和数控钻孔。画线钻孔先用画针和钢直尺在构件上画出孔的中心和直径，在孔的圆周上打 4 只冲眼作钻孔后检查用。钻模钻孔使用钻模引导机械进行钻孔，适用批量大、孔距精度要求较高的钻孔。数控钻孔采用先进的数控设备，高速数控走位，钻头行程数字控制，具有钻孔效率高、精度高等优点。冲孔一般只用于冲制非圆孔及薄板（应不大于 12mm，过厚在冲孔时内壁回出现分层），孔径必须大于板厚，以防止损伤钻头。铣孔是采用铣削的方法加工工件孔。铰孔是用铰刀对已经粗加工的孔进行精加工，可提高孔的光洁度和精度。铰孔时必须选择好铰削用量和冷却润滑液。铰削用量包括铰孔余量、切削速度和进给量等。钢材切削速度不应超过 8m/min，进给量在 0.4mm/r 左右，一般选用水、肥皂水、机油作为冷却润滑液。镗孔可扩大孔径，提高精度，减小表面粗糙度，还可以较好地纠正原来孔轴线的偏斜。镗孔又可分为粗镗、半精镗和精镗。精镗孔的尺寸精度可达 IT8～IT7，表面粗糙度 Ra 值 1.6～0.8μm。

A、B 级螺栓孔（Ⅰ类孔）应具有 H12 的精度，孔壁表面粗糙度 Ra 不应大于 12.5μm，其孔径的允许偏差应符合表 3-6 的规定。C 级螺栓孔（Ⅱ类孔），孔壁表面粗糙度 Ra 不应大于 25μm，其允许偏差应符合表 3-7 的规定。

A、B 级螺栓孔径的允许偏差（mm） 表 3-6

螺栓公称直径、螺栓孔直径	螺栓公称直径允许偏差	螺栓孔直径允许偏差
10～18	0.00 −0.18	+0.18 0.00
18～30	0.00 −0.21	+0.21 0.00
30～50	0.00 −0.25	+0.25 0.00

C 级螺栓孔径的允许偏差（mm） 表 3-7

项目	允许偏差	项目	允许偏差
直径	+1.0 0.0	圆度	2.0
		垂直度	0.03t 且不应大于 2.0

注：t 为板的厚度。

螺栓孔孔距的允许偏差超过上述规定的允许偏差时，应采用与母材材质相匹配的焊条补焊后重新制孔。

3.2.5 摩擦面处理

对于高强度螺栓连接，连接板接触摩擦面的处理是影响连接承载力的重要因素。摩擦面的抗滑移系数是实现高强螺栓摩擦型连接的基础，抗滑移系数的大小对接头的承载力有直接影响，摩擦面的状态、钢材的强度、表面浮锈、表面涂层、表面油污等都对抗滑移系数有影响。而飞边等缺陷则会导致摩擦面之间贴合不紧密，降低两者之间的摩擦力。经表面处理后的高强度螺栓连接摩擦面，应符合下列规定：①连接摩擦面应保持干燥、清洁，不应有飞边、毛刺、焊接飞溅物、焊疤、氧化铁皮、污垢等；②经处理后的摩擦面应采取保护措施，不得在摩擦面上作标记；③摩擦面采用生锈处理方法时，安装前应以细钢丝刷垂直于构件受力方向除去摩擦面上的浮锈。

高强度螺栓连接处的摩擦面可根据设计抗滑移系数的要求选择处理工艺，抗滑移系数应符合设计要求。摩擦面的加工宜采用带有棱角的矿砂或配有一定比例钢丝头的钢丸进行喷砂或抛丸方法加工。采用手工砂轮打磨时，打磨方向应与受力方向垂直，且打磨范围不应小于螺栓直径的 4 倍。经处理的摩擦面应采取防油污和防损伤的保护措施。

高强度螺栓摩擦面对因板厚公差、制造偏差或安装偏差等产生的接触面间隙，应根据间隙大小做不同的处理。小于 1mm 的间隙不需处理，1～3mm 之间的间隙可将厚板一侧磨成 1∶10 的缓坡，大于 3mm 的间隙应加垫板，垫板材质和摩擦面处理方法应与构件相同。

3.3 组　　装

3.3.1　基本要求

组装是把加工完成的半成品和零件按图纸规定的运输单元装配成构件或者部件，是钢结构制作中最重要的工序之一。

钢构件尤其是复杂钢构件组装时应先分成几个小部件进行组装、焊接，矫正变形并经检验合格后，再进行构件整体组装，这种组装程序可减少构件的内应力和整体变形量，确保质量。部件的划分应有一个较规则的、完整的轮廓形状，如划分为主骨架、支腿、标准件支座等部件，部件与部件连接处不宜太复杂，使总装配时方便操作和尺寸校验，并能有效地保证总组装的质量，使制成的总体结构符合设计要求。

对于采用焊接作业的组装工作而言，焊接连接接触面的表面质量是保证组装焊接质量的重要条件，如果接触面及附近表面不干净，焊接时带入各种杂质及碳、氢，将会导致焊接热裂纹和冷裂纹产生。接触面上存在铁锈、污垢等，其中含有较多的结晶水分子，在焊接完成的焊缝中可能还会产生管状气孔，影响焊缝质量。因此焊接处的连接接触面及沿边缘 30～50mm 范围内的铁锈、毛刺、污垢等，应在组装前清除干净。

应根据设计要求、构件形式、连接方法、焊接方法和焊接顺序等确定合理的构件组装顺序。确定组装顺序时，应按组装工艺进行。编制组装工艺时，应考虑设计要求、构件形式、连接方式、焊接方法和焊接顺序等因素。复杂部位和不易施焊部位需制定工艺装配措施，规定先后组装和施焊顺序。对桁架结构应考虑腹杆与弦杆、腹杆与腹杆之间多次相贯的焊接要求，特别是对隐蔽焊缝的焊接要求。

3.3.2 部件拼接

实际工程中，钢材的长度总是有限的，大多数情况下需要拼接。

焊接 H 型钢的翼缘板拼接缝和腹板拼接缝的间距不宜小于 200mm。翼缘板拼接长度不应小于 2 倍板宽；腹板拼接宽度不应小于 300mm，长度不应小于 600mm。焊接 H 型钢允许偏差包括截面高度、截面宽度、腹板中心偏移、翼缘板垂直度、弯曲矢高、扭曲、腹板局部平面度等项目，具体规定见现行国家标准《钢结构工程施工质量验收标准》GB 50205。

对单节钢柱、多节钢柱、复杂截面钢柱、焊接实腹钢梁、钢管构件、钢桁架构件、钢平台、钢梯以及钢栏杆等的拼接，现行国家标准《钢结构工程施工质量验收标准》GB 50205 均有明确的规定。

钢管接长时每个节间宜为一个接头，最短拼接长度应符合下列要求：当钢管直径 $d \leqslant 500mm$ 时，不应小于 500mm；当 $500mm < d \leqslant 1000mm$ 时，不应小于直径 d；当钢管直径 $d \geqslant 1000mm$ 时，不应小于 1000mm；当钢管采用卷制方式加工成型时，可有若干个接头，但最短拼接长度应符合上述要求。钢管接长时，相邻管节或管段的纵向焊缝应错开，错开的最小距离（沿弧长方向）不应小于钢管壁厚的 5 倍，且不小于 200mm。

3.3.3 构件组装

构件组装前，组装人员应熟悉施工详图、组装工艺及有关技术文件的要求，对于组装的零件，要在组装之前确认零件符号、材质、数量等，要检查有无超限的缺陷、偏差，必要时对构件进行更换或维修。用于组装构件的零部件必须是焊接完成、矫正结束并经检验合格后的零部件。组装焊接处的连接接触面及沿边缘 30～50mm 范围内的除锈、毛刺、油污等影响焊接质量的杂质应在组装前打磨消除干净。部件组装工作应在基础牢固的水平工作平台或专用工装设备上进行。部件组装前应确立合理的基准面（线），组装完成并经检验合格后将其基准面（线）标记于部件上，应在构件组装完成后出胎前完成标记。用于构件组装的胎具基面或专用工装设备上应标有明显的该构件的中心线（轴心线）、端面位置线或其他基准线、标高位置线等。构件的隐蔽部位在焊接、涂装，并经检查合格后方可封闭。

构件组装宜在组装平台、组装支承架或专用设备上进行，组装平台及组装支承架应有足够的强度和刚度，并应便于构件的装卸、定位。在组装平台或组装支承架上宜画出构件的中心线、端面位置线、轮廓线和标高线等基准线。

焊接构件组装时应预设焊接收缩量，并应对各部件进行合理的焊接收缩量分配。重要或复杂构件宜通过工艺性试验确定焊接收缩量。

钢构件组装间隙应符合设计和工艺文件要求，当设计和工艺文件无规定时，组装间隙不宜大于 2.0mm。

3.3.4 端部铣平和刨平顶紧

构件的端部加工应符合下列规定：应根据工艺要求预先确定端部铣削量，铣削量不宜小于 5mm；应按设计文件及现行国家标准《钢结构工程施工质量验收标准》GB 50205 的有关规定，控制铣平面的平面度和垂直度。

钢构件外形尺寸放主项目的允许偏差应符合表 3-8 的规定。

钢构件外形尺寸允许偏差（mm）　　　　　　　　　　　表 3-8

项目	允许偏差
单层柱、梁、桁架受力支托（支承面）表面至第一个安装孔距离	±1.0
多节柱铣平面至第一个安装孔距离	±1.0
实腹梁两端最外侧安装孔距离	±3.0
构件连接处的截面几何尺寸	±3.0
柱、梁连接处的腹板中心线偏移	20
受压构件（杆件）弯曲矢高	$l/1000$，且不应大于 10.0

注：l 为构件（杆件）长度。

3.4　焊　　接

3.4.1　焊接工艺评定

验证所拟定焊件的焊接工艺，并进行试验结果评价的过程，称为焊接工艺评定。它是通过对焊接接头的力学性能或其他性能的试验来证实焊接工艺过程正确性和合理性的一种方法。应对"新材料、新设备、新工艺"进行焊接工艺评定，焊接工艺评定应有针对性，对首次采用的钢材、焊接材料、焊接方法、焊后热处理等，应进行焊接工艺评定，并应根据评定报告确定焊接工艺。

焊接工艺评定中的焊接热输入、预热、后热制度等施焊参数，原则上是根据被焊钢材的焊接性试验结果制定，尤其是热输入、预热温度及后热制度。对于焊接性已经被充分了解，有明确的指导性焊接工艺参数，并已在实践中长期使用的国内外生产的成熟钢种，应由钢厂提供焊接性试验评定资料，否则施工企业应进行焊向性试验，以作为制定焊接工艺评定参数的依据。焊接工艺评定结果不合格时，可在原焊件上就不合格项目重新加倍取样进行检验。如还不能达到合格标准，应分析原因、制定新的焊接工艺评定方案，按原步骤重新评定，直到合格为止。

符合标准、规范规定的钢材种类、焊接方法、焊接坡口形状和尺寸、焊接位置、匹配焊接材料的组合可免予评定。已评定的焊接项目可以不再进行焊接工艺评定试验，但仍然需要根据规范格式要求编制焊接工艺评定报告（PQR）和焊接工艺指导书（WPS），这是指导焊工施焊的技术依据。

3.4.2　焊接环境和温度控制

焊接时，作业区焊接环境温度不应低于 −10℃；焊接作业区的相对湿度不应大于 90%；当手工电弧焊和自保护药芯焊丝电弧焊时，焊接作业区最大风速不应超过 8m/s；对于气体保护焊，风速过大时，焊缝会产生较多缺陷，当气体保护电弧焊时，焊接作业区最大风速不应超过 2m/s。当焊接环境的风速超过规范要求时，可通过搭设焊接棚等措施来降低焊接作业区的风速。焊接预热和层间温度控制是焊接工艺评定试验中除焊接材料、焊接方法、焊接工艺参数外必要的质量保障措施，须严格执行。常用结构钢材采用中等热输入焊接时，一般需按现行规范《钢结构焊接规范》GB 50661 的要求进行预热，厚度越大的钢材需要预热的温度越高。

焊前预热及层间温度控制加热方式常采用电加热法、火焰加热法和红外线加热法等，并采用红外线测温仪测量温度，加热区域应在焊缝坡口两侧，宽度应为焊件施焊处板厚的 1.5 倍以上，且不小于 100mm；预热温度宜在焊件受热面的背面测量，测量点应在离电弧经过前的焊接点各方向不小于 75mm 处；当采用火焰加热器预热时正面测温应在火焰离开后进行。Ⅲ、Ⅳ类钢材及调质钢的预热温度、道间温度的确定应符合钢厂提供的指导性参数要求。焊接过程中，最低道间温度不应低于预热温度；静载结构焊接时，最大道间温度不宜超过 250℃；需进行疲劳验算的动荷载结构和调质钢焊接时，最大道间温度不宜超过 230℃。

3.4.3 焊前准备

焊前准备包括人员要求、材料要求和技术准备。钢结构焊接工程用钢材及焊接材料应符合设计文件的要求，并应具有钢厂和焊接材料厂出具的产品质量证明或检验报告，其化学成分、力学性能和其他质量要求应符合国家现行有关标准的规定。

在焊接接头的端部设置焊缝引弧板、引出板，应使焊缝在提供的延长段上引弧和终止。焊条电弧焊和气体保护电弧焊引弧板、引出板长度应大于 25mm，埋弧焊引弧板、引出板长度应大于 80mm。

引弧板和引出板宜采用火焰切割、碳弧气刨或机械等方法去除，去除时不得伤及母材并将割口处修磨至于焊缝端部平整。严禁锤击去除引弧板和引出板。

当使用钢衬垫时，应符合下述要求：（1）钢衬垫与接头母材金属熔合良好，其间隙不应大于 1.5mm；（2）钢衬垫在整个焊缝长度内应保持连续；（3）钢衬垫应有足够的厚度以防止烧穿。用于焊条电弧焊、气体保护电弧焊和自保护药芯焊丝电弧焊焊接的衬垫板厚度不应小于 4mm；用于埋弧焊的衬垫板厚度不小于 6mm；用于电渣焊的衬垫板厚度不应小于 25mm；（4）应保证钢衬垫与焊缝金属贴合良好。

引弧板、引出板和钢衬垫选用强度不大于母材的同类别钢材。采用手工焊条电弧焊（SMAW）、气体保护电弧焊（GMAW、FCAW）时引弧板、引出板的宽度不应小于 50mm，长度不小于 $1.5t$（t 为母材厚度）且不小于 30mm，厚度与母材相同或不小于 6mm。采用埋弧焊（SAW）时引弧板、引出板的宽度不应小于 80mm，长度不小于 $2t$（t 为母材厚度）且不小于 100mm，厚度与母材相同或不小于 6mm。引弧板、引出板的坡口形式应与被焊焊缝相同。

定位焊焊缝厚度应不小于 3mm，不宜超过正式焊缝厚度的 2/3。长度不宜小于 40mm 和接头中较薄部件厚度的 4 倍；间距宜为 300～600mm。定位焊焊缝应点焊在焊道内，严禁在焊道以外进行定位焊，如图 3-1 所示。

临时焊缝的焊接工艺和质量要求应与正式焊缝相同。临时焊缝清除时应不伤及母材，并应将临时焊缝区域修磨平整。

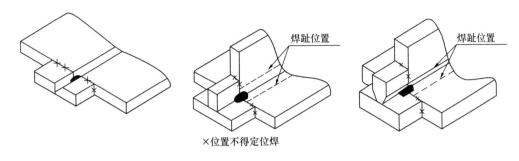

图 3-1　定位焊位置图

3.4.4　裂纹和变形控制

加工过程中通常通过调整焊接次序和进行焊后处理来控制裂缝和变形，采用的焊接工艺和焊接顺序应使构件的变形和收缩最小。可采用下列控制变形的焊接顺序：（1）对接接头、T形接头和十字接头，在构件放置条件允许或易于翻转的情况下，宜双面对称焊接；有对称截面的构件，宜对称于构件中性轴焊接；有对称连接杆件的节点，宜对称于节点轴线同时对称焊接；（2）非对称双面坡口焊缝，宜先焊深坡口侧部分焊缝，然后焊满浅坡口侧，最后完成深坡口侧焊缝，特厚板宜增加轮流对称焊接的循环次数；（3）长焊缝宜采用分段退焊法、跳焊法、多人对称焊接。

板厚超过 30mm，且有淬硬倾向和拘束度较大低合金高强度结构钢的焊接，必要时可进行后热处理。后热处理的时间应按每 25mm 板厚为 1h。后热处理应于焊后立即进行。后热的加热范围为焊缝两侧各 100mm，温度的测量应在距焊缝中心线 75mm 处进行。焊缝后热达到规定温度后，应按规定时间保温，然后使焊件缓慢冷却到常温。

设计文件或合同文件对焊后消除应力有要求时，需经疲劳验算的结构中承受拉应力的对接接头或焊缝密集的节点或构件，宜采用电加热局部退火和加热炉整体退火等方法进行消除应力处理；仅为稳定结构尺寸时，可选用振动法消除应力。

焊接变形控制除了保证构件或结构要求的尺寸，还应采取合理的工艺措施、施焊顺序、热量平衡等方法来降低或平衡焊接变形。

焊接应力控制包括焊前设计合理的坡口形式、焊接顺序，焊后采用振动时效等方法。

在节点和坡口形式设计时，对 T 形、十字形及角接接头，当翼缘板厚度大于或等于 20mm，宜采取下列节点构造形式，必要时和设计单位进行沟通：（1）在满足焊透深度要求和焊缝致密性条件下，采用较小的焊接坡口角度及间隙，见图 3-2(a)；（2）在角接接头中，采用对称坡口或偏向于侧板的坡口，见图 3-2(b)；（3）采用双面坡口对称焊接代替单面坡口非对称焊接，见图 3-2(c)；（4）在 T 形或角接接头中，板厚方向承受焊接拉应力的板材端头伸出接头焊缝区，见图 3-2(d)；（5）在 T 形、十字形接头中，采用铸钢或铸钢过渡段，以对接接头取代 T 形、十字形接头，见图 3-2(e)。

T 形、H 形及十字形柱宜采用图 3-3 的焊接顺序并采用对称跳焊法，以减少焊接变形和应力。

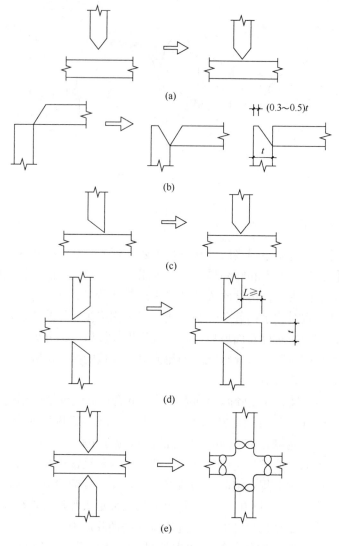

(a)

$(0.3\sim0.5)t$

(b)

(c)

$L\geqslant t$

(d)

(e)

图 3-2 T形、十字形角接接头防止层状撕裂的节点构造

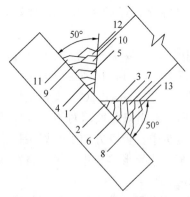

图 3-3 T形、H形、十字形柱
焊接顺序

需经疲劳验算的结构中承受拉应力的对接接头或焊缝密集的节点或构件，宜采用电加热器局部退火和加热炉整体退火等方法进行消除应力处理；如仅为稳定结构尺寸，可选用振动法消除应力。用锤击法消除中间焊层应力时，应使用圆头手锤或小型振动工具（抛丸等）进行，不应对根部焊缝、盖面焊缝或焊缝坡口边缘的母材进行锤击。

3.4.5 焊接要求

焊接施工前，施工单位应制定焊接工艺文件用于指导焊接施工，焊接工艺文件应至少包括下列内容：

焊接方法或焊接方法的组合；母材的规格、牌号、厚度及适用范围；填充金属的规格类别和型号；焊接接头形式、坡口形式、尺寸及其允许偏差；焊接位置；焊接电源的种类和电流极性；清根处理；焊接工艺参数，包括焊接电流、焊接电压、焊接速度、焊层和焊道分布等；预热温度及道间温度范围；焊后消除应力处理工艺等。

焊缝金属或母材的缺欠超过相应的质量验收标准时，可采用砂轮打磨、碳弧气刨、铲凿或机械等方法彻底清除。对焊缝进行返修，应按下列要求进行：返修焊接之前，应清洁修复区域的表面；焊瘤、凸起或余高过大时，可采用砂轮或碳弧气刨清除过量的焊缝金属；焊缝凹陷或弧坑、焊缝尺寸不足、咬边、未熔合、焊缝气孔或夹渣等应在完全清除缺陷后进行焊补；焊缝或母材的裂纹应采用碳粉、渗透或其他无损检测方法确定裂纹的范围及深度，用砂轮打磨或碳弧气刨清除裂纹及其两端各 50mm 长的完好焊缝或母材，修整表面或磨除气刨渗碳层后，并采用渗透或磁粉探伤方法确定裂纹是否彻底清除，再重新进行补焊；对于拘束度较大的焊接接头的裂纹用碳弧气刨清除裂纹前，宜在裂纹梁段钻止裂孔；焊接返修的预热温度比相同条件下正常焊接的预热温度提高 30～50℃，并采用低氢焊接材料和焊接方法进行焊接；返修部位应连续焊接。如中断焊接时，应采取后热、保温措施，防止产生裂纹。厚板返修宜采用消氢处理；焊接裂纹的返修，应由焊接技术人员对裂纹产生的原因进行调查和分析，制定专门的返修工艺方案后实施；同一部位两次返修后仍不合格时，应重新制定返修方案，并经业主或监理工程师认可后方可实施。

多层焊时应连续施焊，每一焊道焊接完成后应及时清理焊渣及表面飞溅物，遇有中断施焊的情况，应采取适当的保温措施，必要时应进行后热处理，再次焊接时重新预热温度应高于初始预热温度。

高层民用建筑钢结构箱形柱内横隔板的焊接，可采用熔嘴电渣焊设备。箱形构件封闭后，通过预留孔用两台焊机同时进行电渣焊（图 3-4），施焊时应注意下列事项：熔嘴孔内不得受潮、生锈或有污物；焊接衬板的下料、加工及装配应严格控制质量和精度，使其与横隔板和翼缘板紧密贴合；当装配缝隙大于 1mm 时，应采取措施进行修补和补救；同一横隔板两侧的电渣焊宜同时施焊，并一次焊接成型；当翼缘板较薄时，翼缘板外部的焊接部位应安装水冷却装置；焊道两端应按要求设置引弧和引出套筒；熔嘴应保持在焊道的重心位置；焊接起动及焊接过程中，应逐渐加入少量焊剂；焊接过程中应随时注意调整电压；焊接过程应保持焊件的赤热

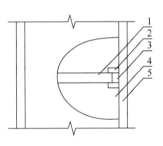

图 3-4 箱形柱横隔板电渣焊
1—横隔板；2—衬板；
3—电渣焊部位；4—腹板；
5—翼缘板

状态；对厚度大于等于 70mm 的厚板焊接时，应考虑预热以加快渣池形成。

栓钉焊接应符合下列规定：焊接前应将构件焊接面上的水、锈、油等有害杂质清除干净，并应按规定烘焙瓷环；栓钉焊电源应与其他电源分开，工作区应远离磁场或采取措施避免磁场对焊接的影响；施焊构件应水平放置。

3.4.6 焊接检查

焊接质量检查主要包含三方面内容：焊缝内部质量检测（无损检测）、焊缝外观质量检测和焊缝尺寸偏差检测。

无损检测应符合下列规定：（1）无损检测应在外观检查合格后进行。Ⅰ、Ⅱ类钢材及焊接难度等级为 A、B 级的结构焊缝应以焊接完成 24h 后检测结构作为验收依据，Ⅲ、Ⅳ类钢及焊接难度等级为 C、D 级的结构焊缝应以焊接完成 48h 后的检查结果作为验收依据；（2）焊接无损检测报告签发人员必须持有相应探伤方法的 2 级或 2 级以上资格证书；（3）板厚小于等于 30mm（不等厚对接时，按薄板计）的对接焊缝除应用超声波探伤外，还须用射线抽探其数量的 10%（不少于一个焊接接头）；厚度大于 30mm 的对接焊缝除应用超声波探伤外，还应按接头数量的 10%（不少于一个焊接接头）增加检验等级为 C 级、质量等级为一级的超声波检验。此时焊缝余高应磨平，使用的探头折射角应有一个为 45°，探伤范围为焊缝两端各 500mm。焊缝长度大于 1500mm 时，中部加探 500mm。当发现超标缺欠时应加倍检验；（4）用射线和超声波两种方法检验的焊缝，必须达到各自的质量要求，该焊缝方可认为合格。超声波检测范围和检验等级应符合表 3-9 的规定。

焊缝超声波探伤范围和检验等级　　　　　　　　　　　　表 3-9

焊缝质量级别	探伤比例	探伤部位	板厚 t（mm）	检验等级
一、二级横向对接焊缝	100%	全长	10≤t≤46	B
			46<t≤80	B（双面双侧）
二级纵向对接焊缝	100%	焊缝两端各 1000mm	10≤t≤46	B
			46<t≤80	B（双面双侧）
二级角焊缝	100%	两端螺栓孔部位并延长 500mm，板梁主梁及纵、横梁跨中加探 1000mm	10≤t≤46	B（双面单侧）
			46<t≤80	B（双面单侧）

碳素结构钢应在焊缝冷却到环境温度、低合金结构应在完成焊接 24h 以后，进行焊缝探伤检验。

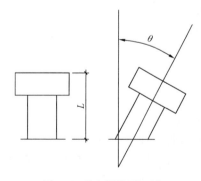

图 3-5　栓钉的焊接要求

栓钉焊应按下列规定进行质量检验：（1）目测栓钉焊接部位的外观，四周的熔化金属应以形成一均匀小圆而无缺陷为合格。（2）焊接后，自钉头表面算起的栓钉高度 L 的允许偏差应为 ±2mm，栓钉偏离竖直方向的倾斜角度 θ 应小于等于 5°（图 3-5）。（3）目测检查合格后，对栓钉进行弯曲试验，弯曲角度为 30°。在焊接面上不得有任何缺陷，栓钉焊的弯曲试验采取抽样检查。取样率为每批同类构件抽查 10%，且不应少于 10 件；被抽查构件中，每件检查栓钉数是 1%，但不应少于 1 个。试验可用手锤进行，试验时应使拉力作用在熔化金属最小的一侧。当达到规定弯曲角度时，焊接面上无任何缺陷为合格。抽样栓钉不合格时，应再取两个栓钉进行试验，只要其中一个仍不符合要求，则余下的全部栓钉都应进行试验。（4）经弯曲试验合格的栓钉可在弯曲状态下使用，不合格的栓钉应更换，并应经弯曲试验检验。

3.5 预 拼 装

为保证施工现场顺利拼装，应根据构件或结构的复杂程度，设计要求或者协议规定，对结构在工厂内进行整体或部分预拼装。

预拼装前，单个构件应检查合格；当同一类型构件较多时，可选择一定数量的代表性构件进行预拼装。构件可采用整体预拼装或累积连续预拼装。当采用累积连续预拼装时，两相邻单元连接的构件应分别参与两个单元的预拼装。预拼装场地应平整、坚实；预拼装所用的临时支承架、支承凳或平台应经测量准确定位，并应符合工艺文件要求。重型构件预拼装所用的临时支承结构应进行结构安全验算。

采用螺栓连接的节点连接件，必要时可在预拼装定位后进行钻孔。当多层板叠采用高强度螺栓或普通螺栓连接时，宜先使用不少于螺栓孔总数 10% 的冲钉定位，再采用临时螺栓紧固。临时螺栓在一组孔内不得少于螺栓孔数量的 20%，且不应少于 2 个；预拼装时应使板层密贴。螺栓孔应采用试孔器进行检查，并应符合下列规定：（1）当采用比孔公称直径小 1.0mm 的试孔器检查时，每组孔的通过率不应小于 85%；（2）当采用比螺栓公称直径大 0.3mm 的试孔器检查时，通过率应为 100%。

3.6 防 锈 和 涂 装

3.6.1 表面处理

在生产、储运及加工过程中，钢材表面会产生氧化铁皮、铁锈和污染物，如不认真清除，会影响涂料的附着力和涂层的使用寿命。经处理的钢材表面不应有焊渣、焊疤、灰尘、油污、水和毛刺等；对于镀锌构件，酸洗除锈后，钢材表面应露出金属色泽，并应无污渍、锈迹和残留酸液。

构件的表面粗糙度可根据不同底涂层和除锈等级按表 3-10 进行选择，并应按现行国家标准《涂覆涂料前钢材表面处理　喷射清理后的钢材表面粗糙度特性　第 2 部分：磨料喷射清理后钢材表面粗糙度等级的测定方法　比较样块法》GB/T 13288.2 的有关规定执行。

构件的表面粗糙度　　　　　　　　　　　　表 3-10

钢材底涂层	除锈等级	表面粗糙度 Ra（μm）
热喷锌/铝	Sa3 级	60～100
无机富锌	Sa2 1/2～Sa3 级	50～80
环氧富锌	Sa2 1/2 级	30～70
不便喷砂的部位	Sa3 级	

喷嘴与被喷射钢结构表面的距离宜为 100～300mm；喷射方向与被喷射钢结构表面法线之间的夹角宜为 15°～30°。喷射清理所用的磨料应清洁、干燥。磨料的种类和粒度应根据钢结构表面的原始锈蚀程度、设计或涂装规格书所要求的喷射工艺、清洁度和表面粗糙

度选择。壁厚大于或等于 4mm 的钢构件可选用粒度为 0.5～1.5mm 的磨料，壁厚小于 4mm 的钢构件应选用粒度小于 0.5mm 的磨料。涂层缺陷的局部修补和无法进行喷射清理时可采用手动和动力工具除锈。

3.6.2 防腐涂装

钢结构防腐涂装的目的是通过涂层的保护作用防止钢结构腐蚀，延长其使用寿命。钢结构在一个流水段一节柱的所有构件安装完毕，并对结构验收合格后，结构的现场焊缝、高强度螺栓及其连接点，以及在运输安装过程中构件涂层被磨损的部位，应补刷涂层。涂层应采用与构件制作时相同的涂料和相同的涂刷工艺。涂层外观应均匀、平整、丰满，不得有咬底、剥落、裂纹、针孔、漏涂和明显的皱皮流坠，且应保证涂层厚度。当涂层厚度不够时，应增加涂刷的遍数。

涂装调制应搅拌均匀，应随拌随用，不得随意添加稀释剂。不同涂层间的施工应有适当的重涂间隔时间，最大及最小重涂时间间隔应符合涂料产品说明书的规定，应超过最小重涂间隔再施工，超过最大重涂间隔时应按涂料说明书的指导进行施工。

金属热喷涂施工应符合下列规定：采用的压缩空气应干燥、洁净；喷枪与表面宜成直角，喷枪的移动速度应均匀，各喷涂层之间的喷枪方向应相互垂直、交叉覆盖；一次喷涂厚度宜为 $25～80\mu m$，同一层内各喷涂带间有 1/3 的重叠宽度；当大气温度低于 5℃ 或钢结构表面温度低于露点 3℃ 时，应停止热喷涂操作。涂料、涂装遍数、涂层厚度均应符合设计要求。当设计对涂层厚度无要求时，涂层干漆膜总厚度：室外应为 $150\mu m$，室内应为 $125\mu m$，其允许偏差为 $-25\mu m$。每遍涂层干漆厚度的允许偏差为 $-5\mu m$。

表面除锈处理与涂装的间隔时间宜在 4h 之内，在车间内作业或湿度较低的晴天不应超过 12h，雨天、潮湿、有盐雾的气候条件下不应超过 2h。

钢结构构件不作涂装或防腐处理的部位除焊缝两侧外，还有：外包混凝土的钢柱或柱脚；上面浇混凝土楼板的钢梁；端部做封闭处理的杆件内壁；螺栓连接的摩擦面两侧；由耐候钢材料加工而成等无需处理的钢构件；桥梁钢箱梁内表面；设计认为可不作防腐要求或需搁置后续处理的部位或构件。工地焊接部位的焊缝两侧宜留出暂不涂装的区域，应符合表 3-11 的规定，焊缝及焊缝两侧也可涂装不影响焊接质量的防腐涂料。

焊缝暂不涂装的区域（mm）　　　　　　　　　　　　　　　　表 3-11

图示	钢板厚度 t	暂不涂装区域的宽度 B
	$t \leqslant 50$	50
	$50 \leqslant t \leqslant 90$	70
	$t > 90$	100

钢结构涂装时的环境温度和相对湿度，除应符合涂料产品说明书的要求外，还应符合下列规定：当产品说明书对涂装环境温度和相对湿度未作规定时，环境温度宜为 5～38℃，相对湿度不应大于 85%，钢材表面温度应高于环境露点温度 3℃，且钢材表面不应超过 40℃；被施工物体表面不得有凝露；遇雨、雾、雪、强风天气时应停止露天涂装，应避免在强烈阳光照射下施工；涂装后 4h 内应采取保护措施，避免淋雨和沙尘侵袭；风

力超过 5 级时，室外不宜喷涂作业。

当钢结构处在有腐蚀介质环境或外露且设计有要求时，应进行涂层附着力测试，在检测范围内，当涂层完整程度达到 70% 以上时，涂层附着力达到合格质量标准的要求。

在防腐涂装施工时，进行以下项目的过程控制：（1）环境条件检查要点：相对湿度、露点（可通过干湿球温度查表获得）、被涂表面温度风速等。表面处理前和涂漆前均应进行环境条件检查；（2）结构性处理检查要点：飞溅、叠片、咬边、粗糙焊缝、锐边、焊烟、油污、包扎物等；（3）表面处理检查要点：清洁度（包括锈蚀、氧化皮、油污等）、粗糙度、灰尘清洁度等；（4）涂装施工检查要点：设备与工具、通风、包扎物、混合、稀释、搅拌、涂料储置、预涂或补涂、湿膜厚度等。

防腐涂装施工后，进行以下项目的完工检查：（1）外观：色泽均匀，无明显的流挂、漆雾、污染等；（2）漆膜缺陷：无针孔、气泡、漏喷、流挂、起皮、起皱等漆膜弊病；（3）干膜厚度：干膜厚度检查应在每一道涂层施工完并硬干后进行，除有特殊要求外，干膜厚度检查可遵循"两个 80%"原则，即 80% 的测量点要达到规定的设计厚度，余下 20% 的测点要达到设计厚度的 80%。检查的数量按构件数抽取至少 10%，且同类构件不少于 3 件。每个构件上检测 5 处，每处在 50mm 范围内测量 3 次平均值。除非进行仲裁分析或纠纷调解，否则不应使用破坏性检测方法检查涂层的干膜厚度；（4）附着力测试：附着力的测试方法主要有划格法（GB/T 9286）和拉开法（GB/T 5210），应根据漆膜厚度和现场的实际情况选择合适的方法进行测试。涂层的附着力和层间结合力的测试是一种破坏性测试方法，通常只是发生投诉或质量认可时用于指定或参照区域，不应作为常规检查项目。合格判定的准则应按照设计要求。

3.6.3 防火涂装

钢结构防火涂装的目的是利用防火涂料使钢结构在遭遇火灾时，能在构件所要求的耐火极限内不倒塌。当防火涂层同时充当防锈涂层时，则还应满足有关防腐、防锈标准的规定。

防火涂料涂装前，钢材表面除锈及防腐涂装应符合设计文件和国家现行有关标准的规定。基层表面应无油污、灰尘和泥沙等污垢，且防锈层应完整、底漆无漏刷。构件连接处的缝隙应采用防火涂料或其他防火材料填平。

涂装时的环境温度和相对湿度应符合涂料产品说明书的要求。当产品说明书无要求时，环境温度宜在 5～38℃ 之间，相对湿度不应大于 85%。涂装时构件表面不应有结露；涂料未干前应避免雨淋、水冲等，并应防止机械撞击。

在防火涂料施工前，应对下列项目进行检验，并由具有检测资质的试验室出具检验报告后方可进行涂装。（1）对防火涂料的黏结强度进行检验，黏结强度应符合现行协会标准《钢结构防火涂料应用技术规程》T/CECS 24 的规定，检验方法应符合现行国家标准《钢结构防火涂料》GB 14907 的规定。（2）对膨胀型防火涂料应进行涂层膨胀性能检验，最小膨胀率不应小于 5，当涂层厚度不大于 3mm 时，最小膨胀率不应小于 10。

选用的防火涂料应符合设计文件和国家现行有关标准的规定，具有抗冲击能力和黏结强度，不应腐蚀钢材。防火涂料可按产品说明要求在现场进行搅拌或调配。当天配置的涂料应在产品说明书规定的时间用完。厚涂型防火涂料，属于下列情况之一时，宜在涂层内设置与构件相连的钢丝网或其他相应的措施：（1）承受冲击、振动荷载的钢梁；（2）涂层厚度大于或等于40mm的钢梁和桁架；（3）涂料黏结强度小于或等于0.05MPa的构件；（4）钢板墙和腹板高度超过1.5m的钢梁。

防火涂料施工可采用喷涂、抹涂或滚涂等方法。防火涂料涂装施工应分层施工，应在上层涂层干燥或固化后，再进行下道涂层施工。

薄涂型防火涂料的涂层厚度应符合有关耐火极限的设计要求。厚涂型防火涂料涂层的厚度，80%及以上面积应符合有关耐火极限的设计要求，且最薄处厚度不应低于设计要求的85%。

厚涂型防火涂料有下列情况之一时，应重新喷涂或补涂：（1）涂层干燥固化不良，黏结不牢或粉化、脱落；（2）钢结构接头盒转角处的涂层有明显凹陷；（3）涂层厚度小于设计规定的厚度的85%；（4）涂层厚度未达到设计规定厚度，且涂层连续长度超过1m。薄涂型防火涂料面层涂装施工应符合下列规定：面层应在底层涂装干燥后开始涂装；面层涂装应颜色均匀、一致，接槎应平整。薄涂型防火涂料的底漆层（或主涂层）宜采用重力式喷枪喷涂，局部修补和小面积施工时宜手工抹涂，面层装饰涂料宜涂刷、喷涂或滚涂。厚涂型防火涂料宜采用压送式喷涂机喷涂，喷涂遍数、涂层厚度应根据施工要求确定，且须在前一遍干燥后喷涂。

薄涂型防火涂料涂层表面裂纹宽度不应大于0.5mm；厚涂型防火涂料层表面裂纹宽度不应大于1mm。膨胀型防火涂料涂层表面裂纹宽度不应大于0.5mm，且1m长度内不得多于1条。当涂层厚度不大于3mm时，涂层表面裂纹宽度不应大于0.1mm。非膨胀型防火涂料涂层表面裂纹宽度不应大于1mm，且1m长度内不得多于3条。

防火涂料不应有误涂、漏涂，涂层应闭合，无脱层、空鼓、明显凹陷、粉化松散和浮浆等缺陷。下列情况应加以修补：（1）涂层干燥固化不良，黏结不牢或粉化、空鼓、脱落，应铲除重涂；（2）钢结构的接头、节点、转角处的涂层有明显凹陷，应铲除重涂；（3）涂层干膜厚度小于设计规定厚度较多时，且厚度偏低的涂层其连续面积的长度较长时，应补涂到合格的干膜厚度。合格的干膜厚度范围以当地消防部门验收处的规定为准。

3.7 包 装 和 运 输

钢构件运输时应选择合适的包装方式，防止构件变形、避免涂层损伤。成品包装一般采用框架捆装、裸装或箱装等几种方式：①框架捆装：断面较小且细而长的钢构件可考虑框架捆装方式。被包装物必须与框架牢固固定，在杆件之间以及杆件与框架之间应设置防护措施。框架设计时，应考虑安全可靠的起吊点和设置产品标志牌的位置。②裸装：对于外形较大、刚度较大、不易变形的杆件可采用裸装发运。在运输过程中杆件间应设置防护措施，裸装构件应标出中心位置和重量。③箱装：较小面积（或体积）的拼接板、填板、高强度螺栓等单件或组焊件均可做装箱包装。拼接板等有栓接面的零部件装箱时，在两层之间加铺橡胶垫，并做好箱内防水保护。装箱前应绘制装箱简图并编制装箱清单。

构件的顺利运输是保证工程按期完成的重要措施之一，需根据工程地理位置、构件规格尺寸、构件重量及制成品的装箱情况选择合适的运输方式和运输路线，特殊制成品运输，应事先做好路线踏勘，对沿途路面、桥梁、涵洞有效避让。包装方式均应根据杆件的形状、外形尺寸和刚度大小等特点，按照公路、铁路或海运的有关规定执行。钢结构的包装和发运，应按吊装顺序配套进行。按合同规定计划和安装单位确定的吊装先后顺序制定运输计划，并根据钢结构的安装顺序分单元成套（批、节、段、区域）运至指定地点。同一安装批次应尽量安排同期、同批运输。包装设计必须满足强度、刚度及尺寸要求，能保证经受多次搬运和装卸并能安全可靠地抵达目的地；同时，包装设计应具有一定叠压强度，每个包装上应标注堆码极限。运输计划按使用时间要求预留提前量，以保证按计划到达指定地点，避免天气、路阻等影响交货时间。

习　题

1. 试述施工详图和施工图的差别。
2. 试述钢结构组装的工作内容。

第4章 装配式钢结构建筑施工

4.1 结 构 施 工

4.1.1 施工准备

1. 施工企业资质要求

钢结构施工实行市场准入制度，应由具备相关资质的企业承担。具备施工总承包资质的企业可以在其总承包范围内从事相应钢结构专业的施工，也可将钢结构专业分包给具有钢结构工程专业承包资质的企业。根据我国现行《建筑业企业资质标准》，钢结构工程专业承包资质等级分为一、二、三级，其各自的承包范围如下：一级企业：可承担各类钢结构工程（含网架、轻型钢结构工程）的制作与安装；二级企业：可承担单项合同额不超过企业注册资本金 5 倍且跨度 33m 及以下、总质量 1200t 及以下、单体建筑面积 24000m² 及以下钢结构工程（含轻型钢结构工程）和边长 80m 及以下、总质量 350t 及以下、建筑面积 6000m² 及以下的网架工程的制作与安装；三级企业：可承担单项合同额不超过企业注册资本金 5 倍且跨度 24m 及以下、总质量 600t 及以下、单体建筑面积 6000m² 及以下钢结构工程（含轻型钢结构工程）和边长 24m 及以下、总质量 120t 及以下、建筑面积 1200m² 及以下的网架工程的制作与安装。

2. 安全、质量和环境管理体系要求

从事钢结构工程施工的企业必须具有健全的安全、质量管理体系，推行施工全过程的安全质量控制。

安全管理体系包括：安全生产管理目标，组织机构和职责，安全生产教育培训，安全生产资金保障，安全生产技术管理，施工设施、设备及临时建筑物的安全管理，分包安全生产管理，施工现场安全管理，事故应急救援，生产安全事故管理，安全检查和改进，安全考核和奖惩等。质量管理体系包括：质量方针和目标管理，组织机构和职责，人力资源管理，施工机具管理，投标及合同管理，建筑材料、构配件和设备管理，分包管理，工程项目施工质量管理，施工质量检查与验收，工程项目竣工交付使用后的服务，质量管理自查与评价，质量信息管理和质量管理改进等。环境管理体系采用 PDCA（策划→实施→检查→改进）运行模式，建立所需的目标和过程，对过程予以实施，根据环境方针、目标、指标以及法律法规对过程进行监测和测量，采取措施持续改进环境管理体系。

3. 技术管理要求

钢结构工程实施前，应有经施工单位技术负责人审批的施工组织设计、与其配套的专项施工方案等技术文件，并按有关规定报送监理工程师或业主代表，重要钢结构工程的施工技术方案和安全应急预案，应组织专家评审。

钢结构施工组织设计一般包括编制依据、工程概况、资源配置、进度计划、施工平面布置、主要施工方案、施工质量保证措施、安全保证措施及应急预案、文明施工及环境保护措施、季节性施工措施、夜间施工措施等内容，也可以根据工程项目的具体情况对施工组织设计的编制内容进行取舍。专项施工方案是对施工组织设计中的部分内容进行细化，用以直接指导施工，钢结构工程实施中常需要编制的专项方案有：安全专项方案、焊接专项方案、无损检测专项方案、施工监测专项方案、临时用电专项方案、临时设施专项方案、构件堆场专项方案、加固专项方案、特殊部位施工专项方案、施工过程计算分析等。组织专家进行重要钢结构工程施工技术方案和安全应急预案评审的目的，是为广泛征求行业各方意见，以达到方案优化、结构安全的目的，评审方式有召开专家会、征求专家意见等。重要钢结构工程一般指建筑结构的安全等级为一级的钢结构工程、建筑结构的安全等级为二级且采用新颖的结构形式或施工工艺的大型钢结构工程。

4.1.2 施工阶段设计

1. 概述

当钢结构工程施工方法或施工顺序对结构的内力和变形产生较大影响，或设计文件有特殊要求时，应进行施工阶段结构分析，并应对施工阶段结构的强度、稳定性和刚度进行验算，其验算结果应满足设计要求。

钢结构工程施工过程中可能存在的荷载包括恒载、施工活荷载、风荷载、雪荷载、覆冰荷载、起重设备荷载、温度作用等，施工阶段设计中，各类施工荷载的确定与取值至关重要，确定合理的施工荷载取值是确保各种工况下施工过程安全的前提和基础。施工阶段的结构分析和验算时，荷载应符合下列规定：（1）恒荷载应包括结构自重、预应力等，其标准值应按实际计算；（2）施工活荷载应包括施工堆载、操作人员和小型工具重量等，其标准值可按实际计算，当无特殊情况时，高层钢结构楼面施工荷载宜取 $0.6\sim1.2\text{kN/m}^2$；（3）风荷载可根据工程所在地和实际施工情况，按不小于 10 年一遇风压取值，风荷载的计算应按现行国家标准《建筑结构荷载规范》GB 50009 的有关规定执行。风荷载一般分为施工工作状态风荷载与非施工工作状态风荷载，当处于工作状态风荷载时，施工人员可以进行施工操作，当处于非工作状态风荷载时，施工人员应停止操作，而结构本身可根据需要决定是否加固，以保证安全。施工工作状态风荷载与施工设备运行的最大风速相对应。对施工期内可能出现的极端风速需考虑应急预案，确保结构安全；（4）雪荷载的取值和计算应按现行国家标准《建筑结构荷载规范》GB 50009 的有关规定执行；（5）覆冰荷载的取值和计算应按现行国家标准《高耸结构设计标准》GB 50135 的有关规定执行；（6）起重设备和其他设备荷载标准值宜按设备产品说明书取值；（7）温度作用宜按当地气象资料所提供的温差变化计算；结构由日照引起向阳面和背阳面的温差，宜按现行国家标准《高耸结构设计标准》GB 50135 的有关规定执行。

特殊时可根据工程的具体情况确定。如高层建筑钢-混凝土混合结构在施工阶段设计时应分别考虑外框架及核心筒在风荷载作用下的稳定性和侧向承载力，安装验算时重现期为 25 年的标准风荷载值，除构件受风面积外，尚应计入楼板边缘和楼面堆放材料等受风面积产生的风荷载。

2. 施工阶段分析

在设计时结构受力状态基本上是基于整体结构考虑的，即一次性加载，而钢结构工程施工是一个分步成型的过程，先成型部分已经开始受力，并由此产生内力和变形，因此理想的施工方法应使得主体结构在施工过程中不受力，直到完全成型后整体受力，这样才能最大限度地保证和设计受力状态一致。但在实际操作中，这种理想的施工方法几乎不可能，因此实际的施工方法和顺序往往导致已施工主体结构提前受力，当由此产生的内力和变形可能对结构产生较大影响时（如已安装主体结构中部分构件内力较大，超出设计状态，变形较大，不满足设计文件及有关标准的要求或影响施工进度等），应对主体结构进行施工阶段分析。当设计文件有特殊要求时，也应进行施工阶段结构分析。施工阶段分析包括施工各阶段结构的承载力、刚度和稳定性，以保证结构安全或满足规定功能要求，或将施工阶段分析结果作为其他分析和研究的初始状态。在进行施工阶段的结构分析和验算时，验算应力限值一般在设计文件中规定，结构应力大小要求在设计文件规定的限值范围内，以保证结构安全。当设计文件未提供验算应力限值时，限值大小要求由设计单位和施工单位协商确定。

与永久性结构设计不同，施工阶段结构设计与分析具有短期性，其重要性系数可适当降低，但不应小于0.9，对于影响整体结构安全的承重支承架、安全措施或其他施工措施，重要性系数不应小于1.0。施工阶段分析应考虑承载能力极限状态和正常使用极限状态，需要验算材料强度、稳定性和刚度等。进行施工阶段结构材料强度、稳定性验算时，荷载组合仅需考虑基本组合即可，无需考虑地震作用参与组合。进行变形验算时，应采用标准组合，即荷载的分项系数取为1.0。对吊装状态的构件或结构单元，宜进行承载力、稳定性和变形验算，动力系数宜取1.1～1.4。一般来说，动力系数应在现场实测，在正常施工条件下且无特殊要求时，液压千斤顶提升或顶升可取1.1，穿心式液压千斤顶钢绞线提升可取1.2，塔式起重机、拔杆吊装可取1.3，履带式、汽车式起重机吊装可取1.4。

因施工阶段结构是一个时变结构系统，荷载作用、结构分析和基本假定都应与实际施工状况相吻合，应该包括主体结构和临时支承结构，并宜按静力学方法进行弹性分析。而临时支承结构和措施自身的构件设计也需要考虑承载力、稳定性和刚度等，当其对结构有较大影响时，还应对原结构设计进行复核。当结构的地面或楼面支承移动式起重设备，应进行承载力和变形验算，当支承面不满足要求，需进行加强或加固，常用的加固方法有铺钢板、铺路基箱、支承面下设型钢或脚手架支承等。当支承面处于边坡或邻近边坡时，应进行边坡稳定验算。

临时支承结构在施工完成后须拆除，属于结构卸载，是实现由支承受力向结构自主受力转化的关键工序。临时支承结构拆除顺序和步骤应通过分析和计算确定，以使主体结构变形协调、荷载平稳转移、支撑措施的受力不超出预定要求和结构成形相对平稳。为了有效控制临时支承的拆除过程，对重要的结构或柔性结构可进行拆除过程的内力和变形监测。拆除应编制专项施工方案，必要时应经专家论证。

实际工程施工时可采用等比或等距的卸载方案。（1）等比卸载：先对主体结构进行一次性加载分析（即假定所有临时支承同时、一次性拆除），计算出各支承点的位移，最后将各支承点按统一的比例进行分部卸载，直到最终卸载完成。该方法结构卸载过程中受力较好，但施工稍显繁琐。（2）等距卸载：与等比卸载一样，首先计算出各支承点位移，最后将各支承点按统一数值进行分步卸载，直到最终卸载完成。该方法施工简便，但由于各支承点位移值不同，显然卸载进度不同，因此结构受力、变形的平稳性和协调性不如等比卸载好。

3. 结构预变形

结构设计位形只是施工的目标位形，不能作为确定构件加工按安装位形的直接依据，为保证施工的顺利进行以及竣工时结构的位形满足设计要求，施工过程中需对结构设置变形预调值。当在正常使用或施工阶段因自重及其他荷载作用，发生超过设计文件或国家现行有关标准规定的变形限值，或设计文件对主体结构提出预变形要求时，应在施工期间对结构采取预变形。

预变形可按下列形式进行分类：根据预变形的对象不同，可分为一维预变形、二维预变形和三维预变形，如一般高层建筑或以单向变形为主的结构可采取一维预变形；以平面转动变形为主的结构可采取二维预变形；在三个方向上都有显著变形的结构可采取三维预变形。根据预变形实现方式不同，可分为制作预变形和安装预变形，前者在工厂加工制作时就进行预变形（应进行专项工艺设计，即为达到预变形的目的，编制施工详图和制作工艺时所采取的技术措施，如对节点的调整、构件的长度和角度调整等），后者是在现场安装时进行的结构预变形。根据预变形的预期目标不同，可分为部分预变形和完全预变形，前者根据结构理论分析的变形结果进行部分预变形，后者则是进行全部预变形。

结构预变形控制值通过分析计算确定，采用正装法、倒拆法等方法计算。实际预变形的取值大小一般由施工单位和设计单位共同协商确定。

正装法是对实际结构的施工过程进行正序分析，即跟踪模拟施工过程，分析结构的内力和变形。正装迭代法计算预变形值的基本思路为：将设计位形作为安装的初始变形，按照实际施工顺序对结构进行全过程正序跟踪分析，得到施工成形时的变形，把该变形反号叠加到设计位形上，即为初始位形。类似迭代法，若结构非线性较强，基于该初始位形施工成形的位形将不满足设计要求，需要经过多次正装分析反复设置变形预调值才能得到精确初始位形和各分步位形。

倒拆法与正装法不同，是对施工过程的逆序分析，主要是分析所拆除的构件对剩余结构变形和内力的影响。倒拆迭代法计算预变形值的基本思路为：根据设计位形，计算最后一步施工所安装的构件对剩余结构变形的影响，根据该变形的影响，从而确定各构件的安装位形。

体型规则高层钢结构框架柱的预变形值（仅预留弹性压缩量）可根据工程完工后的钢柱轴向应力计算确定。体型规则高层钢结构每楼层柱段弹性压缩变形 ΔH，可按下式进行计算：

$$\Delta H = H/\sigma E \tag{4-1}$$

式中，ΔH 为每楼层柱段压缩变形；H 为该楼层层高；σ 为竖向轴力标准值的应力；E 为弹性模量。

结构预变形计算属于变形计算，应取标准值，荷载组合一般采用标准组合，即荷载的分项系数取为 1.0。

4. 施工详图设计

多数钢结构项目，设计单位的设计施工图只能达到构件设计和典型节点设计的深度，大量的节点需要深化设计单位进行计算建模制图，再交由设计单位确认。

钢结构施工详图作为制作、安装和质量验收的主要技术文件，其设计工作主要包括节点构造设计和施工详图绘制两项内容。节点构造设计是以便于钢结构加工制作和安装为原则，对节点构造进行完善，根据结构设计施工图提供的内力进行焊接或螺栓连接节点设计，以确定连接板规格、焊缝尺寸和螺栓数量等内容；施工详图绘制包括图纸目录、施工详图设计总说明、构件布置图、构件详图和安装节点详图等内容。钢结构施工详图的深度可参照国家建筑标准设计图集《钢结构设计制图深度和表示方法》03G102的相关规定，施工详图设计总说明是对钢结构加工制作和现场安装需强调的技术条件和施工安装的相关要求，构件布置图为构件在结构布置图的编号，包括构件编号原则、构件编号和构件表，构件详图为构件及零部件的大样图以及材料表，安装节点详图主要表明构件与外部构件的连接形式、连接方法、控制尺寸和有关标高等。

施工详图设计应满足施工构造、施工工艺、构件运输等要求，如安装用的连接板、吊耳等宜根据安装工艺要求设置，在工厂完成，安装用的吊装直板要进行验算；构件加工和安装过程中，根据工艺要求设置工艺措施，以保证施工过程装配精度、减少焊接变形等；构件的分段分节等。需要对设计图纸中未指定的节点进行焊缝强度验算、螺栓群验算、现场拼接节点连接计算、节点设计的施工可行性复核和复杂节点空间放样等。

4.1.3 焊接工程

1. 焊接单位与人员资质要求

目前钢结构现场施工中仍然有大量焊接工作，焊缝质量易受材料、操作、环境等影响，尤其是现场焊接不能采用自动化作业，全部为人工操作，且多为高空作业，容易出现质量缺陷，影响施工质量，对结构安全造成不利影响。

《钢结构焊接规范》GB 50661要求承担钢结构工程制作安装的企业必须有相应的资质等级、设备条件、焊接技术质量保证体系，并配备具有金属材料、焊接结构学、焊接工艺及设备等专业知识的焊接技术责任人员，强调对施工企业焊接相关从业人员的资质要求，具体如下：（1）具有相应的焊接质量管理体系和技术标准；（2）具有相应资格的焊接技术人员、焊接检验人员、无损检测人员、焊工、焊接热处理人员；（3）具有与所承担工程焊接相适应的焊接方法、焊接设备、检验和试验设备；（4）检验仪器、仪表应经计量检定、校准合格且在有效期内；（5）具有与所承担工程的结构类型相适应的钢结构焊接工程施工组织设计、焊接作业指导书、焊接工艺评定文件等技术文件；（6）对承担焊接难度等级为C级和D级的施工单位，其焊接技术人员应具备高级技术职称、无损检测人员应具备Ⅲ级资格，并应具有焊接工艺试验室。难度等级D级为最高，C级对应的条件是下列之一：板厚大于60mm；钢材为Q390以上等级；直接承受动载、抗震设防烈度8度及以上；碳当量大于0.45。

近年来，我国钢结构发展迅猛，焊接从业人员的数量急剧增加，但由于国内没有相应的准入机制和标准，缺乏对相关人员的考核管理，致使国内一些钢结构企业尤其是中小企业焊接技术人员良莠不齐，造成一些钢结构工程在生产制作、施工安装过程中的粗制滥造，给整个工程质量埋下安全隐患，这是钢结构行业亟待解决的问题。因此要求焊接技术人员应具有相应的资格证书，大型重要的钢结构工程，焊接技术负责人应取得中级及以上技术职称并有五年以上焊接生产或施工实践经验。

这里所说的焊接技术人员是指钢结构的制作、安装中焊接工艺的设计、施工计划和管理的技术人员，是焊接质量控制环节中的重要组成部分，其专业素质是关系到焊接质量的关键因素。对于资格证书可参照中国工程建设标准化协会标准《钢结构焊接从业人员资格认证标准》T/CECS 331的要求。

焊接质量检验人员，负责对焊接作业进行全过程的检查和控制，并出具检查报告。所谓检查报告，是依据若干检测报告的结果，通过对材料、人员、工艺、过程或质量的核查进行综合判断，确定其相对于特定要求的符合性，或在专业判断的基础上，确定相对于通过要求的符合性，并出具书面报告，如焊接工艺评定报告、焊接材料复验报告等。焊接质量检验人员是焊接质量的检验和控制主体，应接受过焊接专业的技术培训，并应经岗位培训取得相应的质量检验资格证书。

无损检测人员也是焊接从业人员的重要组成部分，负责按设计文件或相应规范规定的探伤方法及标准，对受检部位进行探伤，并出具检测报告，该报告作为内部缺陷检查报告供形成检查报告使用。无损检测是目前钢结构工程中运用最广的焊缝内部缺陷检查方法，是保证焊缝内部质量的关键，从业人员应取得国家专业考核机构颁发的等级证书，并应按证书合格项目及权限从事焊缝无损检测工作。

参加施焊的焊工应在考试证书有效期内担任焊接工作，无证焊工不得上岗施焊，质量检查员、监理人员、技术负责人员均有权随时检查焊工的合格证和考试日期。合格证书包括焊工本人基本情况、理论知识考试成绩、操作技能考试成绩、授予操作范围、日常工作质量记录、免试证明、注意事项。

2. 焊接作业条件

环境温度、相对湿度和风速等气候条件对钢构件的焊接质量会产生重大影响。

在低温下焊接，会使钢材脆化，同时使得焊缝与母材热影响区冷却速度过快，易于产生脆硬组织，脆性增加，尤其对于含碳量较高的低合金焊接危害性更大。当温度低于0℃时，应采取加热或防护措施，确保焊接接头和焊接表面各方向大于或等于2倍钢板厚度且不小于100mm范围内的母材温度不低于20℃，且在焊接过程中均不应低于这一温度。焊接环境温度不应低于−10℃，当焊接温度低于−10℃时，必须进行相应焊接环境下的工艺评定试验，评定合格后方可进行焊接，否则禁止焊接。

焊接作业区的风速较大，会导致电弧不稳定，特别对于CO_2气体保护焊影响更大，因为较大的风速可能破坏CO_2气体对弧柱区及熔池的隔离作用，而使空气中的氮侵入造成焊缝产生大量气孔，降低了焊缝质量。焊条电弧焊和自保护药芯焊丝电弧焊，其焊接作业区最大风速不宜超过8m/s，气体保护电弧焊不宜超过2m/s，否则应采取有效措施，如在作业区设置挡风装置，以保障焊接电弧区域不受影响。

雨雪天在潮湿环境中焊接，由于空气中含有较多水分，电弧高温会使水分热分解产生氢气，而氢易导致焊接产生延迟裂纹，使构件连接存在隐患，当焊接作业区相对湿度大于90%时严禁焊接。雨雪天应设防雨、雪棚并应有相应的去湿措施，焊件表面潮湿时，可采用电加热器、火焰加热器等加热去湿措施。

现场需高空焊接作业时，应搭设稳固的操作平台和防护棚，以提供宽松的作业空间，保证施工安全，提高焊接质量，防风防雨，并利于实现绿色施工，保证防火安全。

焊件待焊处表面质量是保证焊接质量的重要条件，如果待焊处表面及附近表面不干净，焊接时带入各种杂质及碳、氢，极易导致焊接热裂纹和冷裂纹的产生。尤其是坡口面上存在严重的或疏松的轧制氧化皮或铁锈，其中含有较多的结晶水分子，在焊接完成的焊缝中可能还会产生管状气孔，因此焊接前必须采用钢丝刷、砂轮等工具彻底清除干净。

3. 现场焊接工艺

一般根据结构平面图形的特点，以对称轴为界或以不同体形结合处为界分区，配合吊装顺序进行安装焊接。焊接顺序应遵循以下原则或程序：（1）在吊装、校正和栓焊混合节点的高强度螺栓终拧完成若干节间以后开始焊接，以利于形成稳定框架。（2）焊接时应根据结构体形特点选择若干基准柱或基准节间，由此开始焊接主梁与柱之间的焊缝，然后向四周扩展施焊，以避免收缩变形向一个方向累积。（3）一节柱之各层梁安装好后应先焊上层梁后焊下层梁，以使框架稳固，便于施工。（4）栓焊混合节点中，应先栓后焊（如腹板的连接），以避免焊接收缩引起栓孔间位移。（5）柱-梁节点两侧对称的两根梁端应同时与柱相焊，既可以减小焊接拘束度，避免焊接裂纹产生，又可以防止柱的偏斜。（6）柱-柱节点焊接是由下层柱往上层顺序焊接，由于焊缝横向收缩，再加上重力引起的沉降，有可能使标高误差累积，在安装焊接若干柱节后视实际偏差情况及时要求构件制作厂调整柱长，以保证高度方向的安装精度达到设计和规范要求。

柱-柱拼接节点的焊接顺序。主要考虑避免柱截面梁对称侧焊缝收缩不均衡而使柱发生倾斜，以控制好结构的外形尺寸，但同时要尽量减小焊接时的拘束度，以防止产生焊接裂纹。H形柱的两翼缘板应先由两名焊工同时施焊，这样可以防止钢柱因两翼缘板收缩不相同而在焊后出现严重的偏斜。腹板较厚或甚至超过翼板厚度时，要求在翼板焊至1/3板厚以后，两名焊工同时移至腹板的坡口两侧，对称施焊至1/3腹板厚度，再移至两翼板对称施焊，接着继续对称焊接腹板，如此顺序轮流施焊直至完成整个接头。以上焊接顺序适用于腹板厚度较大时，翼板与腹板轮流施焊的目的在于减小腹板焊接时由已焊完的翼缘板所形成的拘束度，对防止腹板焊接裂纹的产生是有重要作用。如腹板厚度较小，可以由两名焊工先焊完梁翼板后，再同时在腹板两侧对称焊接。腹板厚度不大于20mm厚时，也可采用V形带垫板坡口由单面焊完成腹板焊接，如图4-1所示。

十字形柱的截面实际上是由两个H形截面组合而成，其柱-柱安装拼接的施焊顺序与H形柱的焊接顺序相似，也要求由两名焊工对称焊接。首先焊接一对翼缘，再换侧焊接另一对翼缘，然后同时焊接十字形腹板的一侧，最后换至另一侧焊接十字形腹板。如果翼板厚度大于30mm，则和前述的H形柱焊接顺序方案1一样，翼板不宜一次焊满后才焊腹板，而应当在两对翼缘均焊完1/3板厚以后，接着焊接腹板至1/3板厚，并继续在翼板和腹板之间轮流施焊直至焊完整个接头，如图4-2所示。

箱形柱中对称的两个柱面板要求由两名焊工同时对称施焊。首先在无连接板的一侧焊至1/3板厚，割去柱间连接板，并同时换侧对称施焊，接着两人分别继续在另一侧施焊，如此轮换直至焊完整个接头。这样两人对称的同步施焊顺序既便于操作又便于控制钢柱的偏斜，见图4-3。

圆管柱的拼接，一般要求2~3名焊工沿圆周分区同时、对称施焊。如果管径大于1m时，还可以由多名焊工同时用分段退焊法施焊，如图4-4所示。

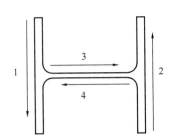

图 4-1　H 形柱-柱焊接顺序

方案 1：1、2 焊至 1/3 板厚，3、4 焊至 1/3 板厚；1、2 焊完，3、4 焊完。适用腹板厚度大或翼缘厚度大于腹板厚度时；方案 2：1、2 焊完，3、4 焊完。适用翼缘厚度大于腹板厚度时。

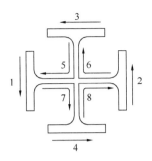

图 4-2　十字形柱-柱焊接顺序

1、2 焊至 1/3 板厚，3、4 焊至 1/3 板厚，5、6 焊至 1/3 板厚，7、8 焊至 1/3 板厚；1、2 焊完，3、4 焊完，5、6 焊完，7、8 焊完。

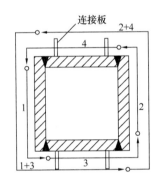

图 4-3　箱形柱-柱焊接顺序

1、2 焊至 1/3 板厚→割耳板→3、4 焊至 1/3 板厚，1、3、2、4 或 1+3、2+4。

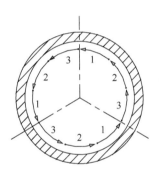

图 4-4　圆形柱-柱焊接顺序

柱-梁和梁-梁连接节点焊接顺序。梁的截面形式一般为 H 形和箱形，为便于安装时定位，往往采用栓焊混合连接形式，即腹板用高强度螺栓连接，翼板为全焊透连接，安装时先栓后焊，因此焊接时产生变形的可能性很小，而拘束应力较大。采取合理的对称焊接顺序主要目的是为了减小拘束应力，有利于避免焊接裂纹。翼缘的焊接顺序一般采用先焊下翼缘后焊上翼缘，翼板厚度大于 30mm 时宜上、下翼缘轮换施焊，如图 4-5 所示。

采用全焊连接时，H 形截面的梁一般先焊翼板，因为梁的翼板一般比腹板厚，焊接收缩变形量较大，先焊翼板时，收缩的自由度较大，不易产生焊接裂纹。而箱形截面的梁因为要避免下翼缘的仰焊，需要从箱形截面内俯焊下翼缘，因此不可能上下翼缘同时对称焊接，这种情况下宜先由两名焊工同时施焊两腹板，然后再焊接下翼缘，最后由两名焊工同时施焊上翼缘的两条拼接焊缝。

（1）H 形梁翼缘与柱或梁的焊接顺序。在下翼板两侧口内顺序轮换分层填充焊接至满坡口，再焊接上翼缘的全熔透焊缝。下翼缘填充焊通过腹板的圆孔时各道次焊缝的熄弧点要适当错开，以避免夹渣、未熔合缺陷聚集在同一截面上。

（2）箱形梁与梁的焊接顺序。首先由两名焊工在梁外面同时向上对称焊接箱形梁的两腹板，然后由两名焊工一左一右同时焊接箱形梁下翼缘的拼接焊缝，再由一名焊工逐条焊接上翼缘的两条拼接焊缝，之后由两名焊工同时焊接预留未焊的拼接焊缝，再由一名焊工逐条焊接上翼缘的两条拼接焊缝，最后由两名焊工同时焊接预留未焊的腹板与翼板之间的纵向俯角焊缝和仰角焊缝，如图4-6所示。

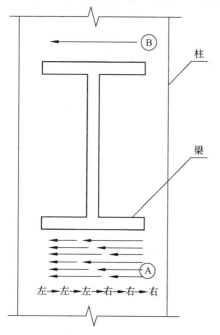

图 4-5 H形截面梁翼缘与柱的焊接顺序

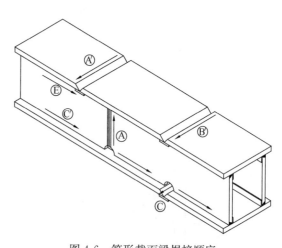

图 4-6 箱形截面梁焊接顺序

Ⓐ、Ⓑ→Ⓒ、Ⓓ→Ⓐ、Ⓑ→Ⓒ、Ⓓ→Ⓔ、Ⓕ

注：Ⓑ为另一侧腹板焊缝；Ⓓ为下翼缘另一半焊缝；

(Ⓓ′)为另一侧俯角焊缝；Ⓕ为另一侧仰角焊缝

构件接头焊接试验完毕后，应将焊接工艺全过程记录下来，测量出焊缝的收缩值，反馈到钢结构制作厂，作为柱和梁加工时增加长度的依据。厚钢板焊缝的横向收缩值，可按式(4-2)计算确定，也可按表4-1采用。

$$S = k \times \frac{A}{t} \tag{4-2}$$

式中，S 为焊缝的横向收缩值(mm)；A 为焊缝横截面面积(mm²)，t 为焊缝厚度，包括熔深(mm)；k 为常数，一般可取 0.1。

焊缝的横向收缩值
表 4-1

焊缝坡口形式	钢材厚度 （mm）	焊缝收缩值 （mm）	构件制作增加长度 （mm）
上柱 6~9mm 35° 下柱	19	1.3~1.6	1.5
	25	1.5~1.8	1.7
	32	1.7~2.0	1.9
	40	2.0~2.3	2.2
	50	2.2~2.5	2.4
	60	2.7~3.0	2.9
	70	3.1~3.4	3.3
	80	3.4~3.7	3.5
	90	3.8~4.1	4.0
	100	4.1~4.4	4.3

焊缝坡口形式	钢材厚度 (mm)	焊缝收缩值 (mm)	构件制作增加长度 (mm)
柱 35° 梁 6~9mm	12	1.0～1.3	1.2
	16	1.1～1.4	1.3
	19	1.2～1.5	1.4
	22	1.3～1.6	1.5
	25	1.4～1.7	1.6
	28	1.5～1.8	1.7
	32	17.～2.0	1.8

4. 焊接缺陷返修

焊缝金属或部分母材的缺陷超过相应的质量验收标准时，施工单位可选择进行修补或除去而重焊不合格焊缝。焊接或母材的缺陷修补前应分析缺陷的性质种类和产生原因。如不是因焊工操作或执行工艺规范不严格造成的缺陷，应从工艺方面进行改进，编制新的工艺或经过试验评定后进行修补，以确保返修成功。

焊缝焊瘤、凸起或余高过大应采用砂轮或碳弧气刨清除过量的焊缝金属，焊缝凹陷、弧坑、咬边或焊缝尺寸不足等缺陷应进行补焊，焊缝未熔合、焊缝气孔或夹渣等在完全清除缺陷后应进行补焊。

焊缝或母材上裂纹应采用磁粉、渗透或其他无损检测方法确定裂纹的范围及深度，应用砂轮打磨或碳弧气刨清除裂纹及其两端各 50mm 长的完好焊缝或母材，并应用渗透或磁粉探伤等方法确定裂纹完全清除后，再重新进行补焊。对于约束度大的焊接接头上裂纹的返修，应通知焊接工程师对裂纹产生的原因进行调查和分析，应制定专门的返修工艺方案后按工艺要求进行。焊缝缺陷返修的预热温度应高于相同条件下正常焊接的预热温度 30～50℃，并应采用低氢焊接方法和焊接材料进行焊接。焊缝返修部位应连续焊成，中断焊接时应采用后热、保温措施。

多次对同一部位进行返修，会造成母材的热影响区的热应变脆化，对结构的安全有不利影响，焊缝同一部位的缺陷返修次数不宜超过两次。当超过两次时，返修前应先对焊接工艺进行工艺评定，并应评定合格后再进行后续的返修焊接。返修后的焊接接头区域应增加磁粉或着色检查。

4.1.4 紧固件连接

1. 普通螺栓连接

普通螺栓连接对螺栓紧固轴力没有要求，因此螺栓的紧固施工以操作者的手感及连接接头的外形控制为准，即操作人员使用普通扳手靠自己的力量拧紧螺母即可，保证被连接接触面紧贴，无明显的间隙，这种紧固方式虽然有很大的差异性，但能满足连接要求。

连接接头处为一螺栓群时，应采用合适的螺栓紧固顺序。若先行紧固四周螺栓，将导致中部螺栓紧固时连接接头板件的变形受到约束，在螺栓和接头处的板件出现垂直螺栓杆轴方向的内应力，影响接头的受力性能。若从一端向另一端紧固，虽一定程度上可避免在螺栓和接头板件上出现垂直螺栓杆轴方向的内应力，但会导致接头处的板件出现向着紧固方向的变形，也会导致连接接头中螺栓受力不均匀。基于此，螺栓的紧固次序应从中间开始，对称向两边进行；对于大型接头应采用复拧，即二次紧固方式，保证接头内各种螺栓能均匀受力。普通紧固件连接是基于连接接头的受力性能进行划分的，不直接等同于采用普通紧固件（如普通螺栓）的连接。即使使用高强度螺栓，若紧固时仅采用普通扳手拧上，也是普通紧固件连接。当普通螺栓作为永久性连接螺栓时，螺栓头和螺母侧应分别放置平垫圈，因螺栓孔附近板件上会产生沿杆轴方向的压力，垫圈可有效分散作用力，避免板件局部应力过大，同时可以保护构件在螺栓紧固过程中免受机械转动而产生的擦伤。但也不能设置过多的垫圈，螺栓头侧不应多于 2 个，螺母侧不多于 1 个，也不应用大螺母代替垫圈，否则会在螺母下产生间隙，同时由于垫圈或大螺母的弹性变形，会引起螺栓轴力损失，且影响连接外观质量。螺母在动荷载作用下可能出现松动，对直接承受动荷载的普通螺栓受拉连接应采用双螺帽或其他能防止螺帽松动的有效措施，还可采用弹簧垫圈（弹簧垫圈应放置在螺母侧）、专用的防松动垫圈、螺母焊死等方法。

普通螺栓用作永久性连接时，连接性能是保证接头正常受力的关键，为保证接头受力可靠，留有多道防线，同一接头处螺栓数量不应少于 2 个。螺栓紧固后外露丝扣数量不少于 2 扣的要求，目的在于保证螺母与螺栓杆轴之间充分的机械咬合，并留有余量，保证螺母松动后接头连接不至于立即失效。需要说明的是，紧固完毕后，螺栓外露丝扣数量也不宜过多，以免影响外观观感和造成浪费。普通螺栓连接紧固检验比较简单，一般采用锤击法，即采用 3kg 小锤，一手扶螺栓头，另一手用锤敲打。要求螺栓头不偏移、不颤动、不松动，锤声比较干脆，否则说明螺栓紧固质量不好，需要重新紧固施工。对工字钢、槽钢等有斜面的螺栓连接，宜采用斜垫圈，易于保证螺母和被连接板件密贴，均匀受力。

目前，铆钉和销钉连接在新建钢结构上较少使用。连接薄钢板采用的拉铆钉、自攻钉、射钉等，其规格尺寸应与被连接钢板相匹配，其间距、边距等应符合设计文件的要求。钢拉铆钉和自攻螺钉的钉头部分应靠在较薄的板件一侧。自攻螺钉、钢拉铆钉、射钉等与连接钢板应紧固密贴，外观应排列整齐。自攻螺钉（非自攻自钻螺钉）连接板上的预制孔径 d_0，应按下式计算：

$$d_0 = 0.7d + 0.2t_s \tag{4-3}$$

$$d_0 \leqslant 0.9d \tag{4-4}$$

式中，d 为自攻螺钉的公称直径（mm）；t_s 为连接板的总厚度（mm）。

2. 高强度螺栓连接

高强度螺栓从外形上可以分为大六角头和扭剪型两种；按性能等级分为 8.8 级、10.9 级和 12.9 级等，目前我国使用的大六角头高强度螺栓有 8.8 级和 10.9 级两种，扭剪型高强度螺栓只有 10.9 级一种。

大六角头高强度螺栓连接副含有一个螺栓、一个螺母、两个垫圈（螺头和螺母两侧各一个垫圈）。扭剪型高强度螺栓连接副包括一个螺栓、一个螺母和一个高强度垫圈。螺栓、螺母、垫圈在组成一个连接副时，其性能等级应匹配，方能实现最佳效果。使用组合应符合表 4-2 的规定。

高强度螺栓连接副的使用组合 表 4-2

螺栓	螺母	垫圈
10.9S	10H	35～45HRC
8.8S	8H	35～45HRC

高强度螺栓长度是按外露 2～3 扣螺纹的标准确定，螺栓露出太少或陷入螺母都有可能对螺栓螺纹与螺母连接的强度有不利的影响，外露过长不但不经济，而且给高强度螺栓施拧带来困难。

选用的高强度螺栓公称长度应取修约后的长度，应根据计算出的螺栓长度 l 按修约间隔 5mm 进行修约。

$$l = l' + \Delta l \tag{4-5}$$
$$\Delta l = m + ns + 3p \tag{4-6}$$

式中，l' 为连接板层总厚度；Δl 为附加长度，或按表 4-3 选取；m 为高强度螺母公称厚度；n 为垫圈个数，扭剪型高强度螺栓为 1，高强度大六角头螺栓为 2；s 为高强度垫圈公称厚度，当采用大圆孔或槽孔时，高强度垫圈公称厚度按实际厚度取值；p 为螺纹的螺距。

高强度螺栓附加长度 Δl(mm) 表 4-3

高强度螺栓种类	螺栓规格						
	M12	M16	M20	M22	M24	M27	M30
高强度大六角头螺栓	23	30	35.5	39.5	43	46	50.5
扭剪型高强度螺栓	—	26	31.5	34.5	38	41	45.5

螺纹的螺距可参考表 4-4 选用。

螺距取值表(mm) 表 4-4

螺栓规格	M12	M16	M20	M22	M24	M27	M30
螺距 p	—	1.75	2.5	2.5	3	3	3.5

高强度螺栓在连接前应对连接副实物和摩擦面进行检验和复验，合格后才能进入安装施工。由于扭矩扳手是高强度螺栓初拧、复拧、终拧的重要工具，其精度是否准确直接影响螺栓的紧固扭矩和导入的螺栓预拉力值、紧固轴力值是否准确。使用未经检测标定的扭矩扳手，将无法准确有效地控制螺栓的紧固扭矩和导入的预拉力值，导致接头的连接性能难以保证。因此用于大六角头高强度螺栓施工终拧值检测，以及校核施工扭矩扳手的标准扳手须经过计量单位的标定，并在有效期内使用，检测与校核用的扳手应为同一把扳手。施工用的扭矩扳手使用前应进行校正，其扭矩相对误差不得大于±5%，校正用的扭矩扳手，其扭矩相对误差不得大于±3%。施拧时应使用扭矩扳手扭转高强度大六角头螺母，不应扭转螺杆，以免螺杆扭转过程中与孔壁摩擦而损伤螺纹，导致终拧后螺母与螺杆之间的机械咬合力不足，使得导入的预拉力值达不到预期要求。

如果高强度螺栓一次性终拧完毕，将使螺栓的部分轴力消耗在克服钢板的变形上，当它周围的螺栓紧固后，轴力将被分摊而减低，使预拉力不足，影响连接效果，因此施拧应分为初拧和终拧两个阶段进行。另外，钢结构大型连接节点，螺栓数量较多，先拧与后拧造成的螺栓预拉力损失值差异很大。初拧可以使连接板叠达到密贴，但不足以消除这些差异，故大型节点应在初拧和终拧之间增加复拧，以弥补初拧预拉力损失，并消除螺栓间预拉力值差异。初拧扭矩可取施工终拧扭矩的50%，复拧扭矩应等于初拧扭矩。终拧扭矩可按下式计算：

$$T_c = kP_c d \tag{4-7}$$

式中，T_c 为施工终拧扭矩（N·m）；k 为高强度螺栓连接副的扭矩系数平均值，取 0.110～0.150；P_c 为高强度螺栓施工预拉力（kN），可按表4-5选用；d 为高强度螺栓公称直径（mm）。

高强度大六角头螺栓施工预拉力（kN）　　　　　　　　　　　表4-5

螺栓性能等级	螺栓规格						
	M12	M16	M20	M22	M24	M27	M30
8.8S	50	90	140	165	195	255	310
10.9S	60	110	170	210	250	320	390

当采用转角法施工时，终拧角度关系到螺栓的预拉力是否达到预定要求，初拧（复拧）后连接副的终拧角度应满足表4-6的要求。

初拧（复拧）后连接副的终拧角度　　　　　　　　　　　表4-6

螺栓长度	螺母转角	连接状态
$l \leqslant 4d$	1/3圈（120°）	
$4d < l \leqslant 8d$ 或 $l \leqslant 200$mm	1/2圈（180°）	连接形式为一层芯板加两层盖板
$8d < l \leqslant 12d$ 或 $l > 200$mm	2/3圈（240°）	

注：d 为螺栓公称直径；螺母转角为螺母与螺栓杆间相对转角；当螺栓长度超过螺栓公称直径的12倍时，螺母的终拧角度应由试验确定。

螺栓的初拧、复拧和终拧等操作是分步进行的，一般情况下是对一定区域内的所有螺栓先统一进行初拧，而后再进行复拧或终拧。由于施工现场螺栓数量较多，穿插进行的工序也较多，存在漏拧现象，因此在初拧或复拧后应对螺母涂画颜色标记。大型节点既存在初拧，又存在复拧，应做不同的颜色标记，以示区别。

高强度大六角头螺栓连接副施拧可采用扭矩法或转角法。扭矩法施工：根据扭矩系数 K、螺栓预拉力 P（一般考虑施工过程中预拉力损失10%，即螺栓施工预拉力 P 按1.1倍设计预拉力取值）计算确定施工扭矩值，使用扭矩扳手（手动、电动、风动）按施工扭矩值进行终拧。转角法施工：首先初拧，采用定扭扳手，从栓群中心顺序向外拧紧螺栓；然后进行初拧检查，可采用敲击法，用小锤逐个检查，防止漏拧；再对螺栓逐个画线；再用专用扳手使螺母旋转一个额定角度，紧固顺序同初拧；再进行终拧检查，用量角器逐个检查螺栓与螺母上画线的相对转角；最后对拧完的螺栓做出标记，防止漏拧和重拧。

扭剪型高强度螺栓连接副施拧需使用专用的扭矩扳手，以扭断螺栓尾部梅花部分为终拧完成。图4-7为扭剪型高强度螺栓紧固过程示意。扭剪型高强度螺栓的紧固采用专用电动

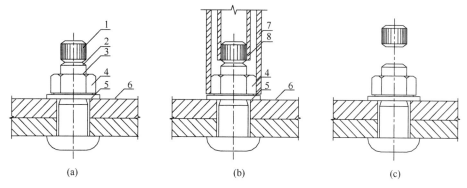

图 4-7 扭剪型高强度螺栓紧固过程

(a) 紧固前；(b) 紧固中；(c) 紧固后

1—梅花头；2—断裂切口；3—螺栓螺纹部分；4—螺母；5—垫圈；6—被紧固的构件；7—外套筒；8—内套筒

扳手，扳手的扳头由内外两个套筒组成，内套筒套在梅花头上，外套筒套在螺母上，在紧固过程中，梅花头承受紧固螺母所产生的反扭矩，此扭矩与外套筒施加在螺母上的扭矩大小相等，方向相反，螺栓尾部梅花头切口处承受该纯扭矩作用。当施加于螺母的扭矩值增加到梅花头切口扭断力矩时，切口断裂，紧固过程完毕，因此施加螺母的最大扭矩即为梅花头切口的扭断力矩。

大型节点宜在初拧和终拧之间增加复拧。扭剪型高强度螺栓以扭断螺栓尾部梅花部分为终拧完成，无终拧扭矩规定，因而初拧的扭矩是参照大六角头高强度螺栓，取扭矩系数的中值 0.13，按 T_c 计算值的 50% 确定。也可按表 4-7 选用，复拧扭矩应等于初拧扭矩。

扭剪型高强度螺栓初拧（复拧）扭矩值（N·m）　　　　　　　　表 4-7

螺栓公称直径（mm）	M16	M20	M22	M24	M27	M30
初拧（复拧）扭矩	115	220	300	390	560	760

高强度螺栓连接节点螺栓群初拧、复拧和终拧，应采用合理的施拧顺序。高强度螺栓连接副初拧、复拧和终拧原则上应采用接头刚度较大的部位向约束较小的方向、螺栓群中央向四周的顺序，这是为了使高强度螺栓连接处板层能更好密贴。一般节点的施拧顺序为从中心向两端，如图 4-8 所示。高强度螺栓初拧和复拧的目的是先把螺栓接头各层钢板压紧，终拧则使每个螺栓的轴力比较均匀。如果钢板不预先压紧，一个接头的螺栓全部拧完后，先拧的螺栓就会松动，因此初拧和复拧完毕要检查钢板密贴的程度。一般初拧扭矩不能太小，最好为终拧扭矩的 89%。

（1）箱形节点按图 4-9 中的 A、B、C、D 顺序施拧。

（2）工字梁节点螺栓群按图 4-10 中的①～⑥顺序施拧。

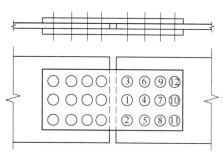

图 4-8　一般节点施拧顺序

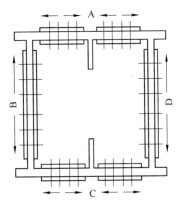

图 4-9　箱形节点施拧顺序

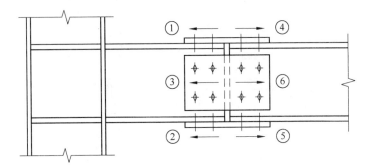

图 4-10　工字梁节点施拧顺序

（3）H 形截面柱对接节点按先翼缘后腹板的顺序施拧。

（4）两个节点组成的螺栓群按先主要构件节点，后次要节点的顺序施拧。

高强度螺栓和焊接混用的连接节点，当设计文件无规定时，宜按先螺栓紧固后焊接的施工顺序。高强度螺栓施拧过程中，在外界环境影响下，螺栓表面涂层将在空气中挥发，或受结露影响，会使扭矩系数发生变化，影响螺栓的紧固扭矩和其导入的预拉力值，因此，高强度螺栓连接副的初拧、复拧、终拧，宜在 24 小时内完成。

高强度螺栓连接接头应先用安装螺栓或冲钉定位，为防止损伤螺纹引起扭矩系数的变化，严禁把高强度螺栓作为临时安装螺栓用。安装螺栓起紧固作用，尽量消除间隙，冲钉主要起定位作用。安装螺栓和冲钉的数量要能保证承受构件的自重和连接校正时外力的作用，同时能够防止连接后构件位置偏移，不得少于安装孔总数的 1/3，同时不得少于 2 个。冲钉不宜多于安装螺栓数量的 30%，若安装过程中遇到钢构件的制作和拼装精度差，孔位不正时，不宜采用冲钉强行冲击定位，否则会导致螺栓孔壁产生鼓凸变形，孔边出现微裂纹，孔壁边产生冷作硬化现象，降低钢材的疲劳强度，且会使孔边的钢板表面局部不平整，降低摩擦系数，影响连接强度。

高强度螺栓应能自由穿入螺孔内，对于错位不大的孔可采用冲钉校正孔位，利用各螺栓与螺栓孔间的间隙调整孔位，但不得用锤击冲钉的方法扩孔，但严禁用榔头强行打入或用扳手强行拧入。一组高强度螺栓宜同一方向穿入螺孔内，并宜以扳手向下压为紧固螺栓的方向。高强度螺栓接头各层钢板安装时发生错孔时，严重的可用与母材力学性能相匹配的焊条补焊填孔，再在现场用"磁座钻"重新钻孔。螺栓孔错位不太严重的可用铰刀扩孔，铰刀铰孔前，应将四周螺栓全部拧紧使板叠紧密，以避免铰孔产生的金属屑嵌入板叠缝内；铰孔后应清除干净孔中及周围的金属屑，方可安装螺栓。扩孔后的最大孔径不得大于原设计孔径的 1.2d（d 为螺栓直径），也不得大于原孔径 2mm。一个节点中的扩孔数不宜多于节点孔数的 1/3，并严禁用气割扩孔。对于螺孔错位较多的螺栓组不宜采用扩孔方法处理，而宜采取调换连接板的方法处理。

对于大六角头高强度螺栓连接副，垫圈设置内倒角是为了与螺栓头下的过渡圆弧相配合，因此在安装时垫圈带倒角的一侧必须朝向螺栓头，否则螺栓头就不能与垫圈密贴，影响螺栓的受力性能。对于螺母一侧的垫圈，因倒角侧的表面较为平整、光滑，拧紧时扭矩

126

系数较小，且离散率也小，所以垫圈有倒角一侧朝向螺母。

扭剪型高强度螺栓安装时，螺母带圆台面的一侧应朝向垫圈有倒角的一侧。

4.1.5 安装

1. 一般要求

构件进场后应根据施工组织设计规定的位置进行堆放。对大型重要构件可协调运输与吊装时间，进场后直接吊装至安装位置并进行临时连接。现场构件堆场要求满足的基本条件为：满足运输车辆的通行要求，场地平整，有电源、水源、排水通畅，堆场的面积应满足工程进度需要，若现场不能满足要求时可设置中转场地。露天设置的堆场应对构件采取适当的覆盖措施。

为防止构件产生变形和表面污染，堆放时应满足以下要求：钢构件应按照吊装平面图规划的位置，按类型、编号、吊装顺序、方向依次分类配套堆放。堆放位置应在起重机回转半径范围内，并宜靠近运输路线，避免二次倒运。堆放构件应平稳，底部应设置垫木，避免搁空而引起翘曲。支承点应接近设计支承位置。钢屋架等侧向刚度差、重心较高的构件，宜直立放置，除设支承垫木外，应在两侧加撑木或将数榀屋架构件以方木铁丝连在一起使其稳定，支承及连接处不得少于 3 道。应防止斜向紧靠堆放，导致侧弯。水平成叠堆放零部件、构件应以垫木隔开，各层支点应紧靠吊点外侧，或弯矩最小处，上下垫木应在同一垂直线上，堆置高度：钢柱不宜超过 2 层，钢梁不超过 3 层，小跨度钢屋架平放不超过 3 层，钢檩条不超过 4～6 层，钢结构构件堆垛高度一般不超过 2m。堆放时应防止碰撞。

当安装现场的钢构件直接堆放在露天环境中时，难免在构件表面产生杂物，如油污、冰雪、泥沙、灰尘等，吊装前将构件清除干净，避免构件吊至高空后杂物掉落导致扬尘等空气污染，也可减少高空杂物清理的工作量。构件安装前应在构件上做好相关标记，如轴线和标高标记等，以方便孔中定位、校正和测量。同一类构件其轴线和标高的设置位置宜一致，方便操作人员寻找。

在构件上设置吊装耳板或吊装孔可降低钢丝绳绑扎难度、提高施工效率、保证施工安全。在不影响主体结构的强度和建筑外观及使用功能的前提下，保留吊装耳板和吊装孔，可避免在除去此类措施时对结构母材造成损伤，故设计文件无特殊要求时，吊装耳板和吊装孔可保留在构件上。需去除耳板时，可采用气割或碳弧气刨方式在离母材 3～5mm 位置切除，严禁使用锤击方式去除。这样吊装耳板在强烈的冲击下被撕裂脱落，断裂处会引起应力集中，产生肉眼看不见的裂纹，以后在使用荷载作用下裂纹会慢慢延伸扩展，使焊缝也出现裂纹，这对焊缝危害性很大，严重时会使连接破坏。现场焊接引入引出板的切除处理也可参照吊装耳板的处理方式。吊装耳板和吊装孔应尽量对称地设置在构件重心的两侧，并应避免吊装过程中构件受力过大，产生不可逆的塑性变形或倾覆甚至折断。

竖直构件吊点设置：竖直构件吊点一般设置在构件的上端，吊耳方向与构件长度方向一致，钢柱吊点通常设置在柱上端对接的连接板上，在螺栓孔上部，吊装孔径大于螺栓孔径。

如图 4-11 所示，工字形（H 形）、箱形截面的吊点设置在上下柱对接的连接板上方。

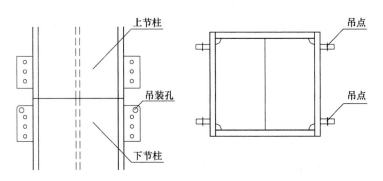

图 4-11 工字形及箱形截面构件吊点设置示意

其中 H 形截面设置在翼缘垂直于腹板的方向上，箱形截面吊点对称设置在构件的两个面上，若截面较大、构件较重，可在四个面上均设置吊点。

水平构件吊点位置：水平长形构件，按照吊点数量分以下几种情况：一个吊点时，吊点的位置拟在距起吊端的 $0.3L$（L 为构件长度）处；两个吊点时，吊点分别距杆件两端的距离为 $0.2L$ 处；三个吊点时，其中两端的两个吊点位置距各端的距离为 $0.13L$，而中间的一个吊点位置则在杆件的中心，如图 4-12 所示。

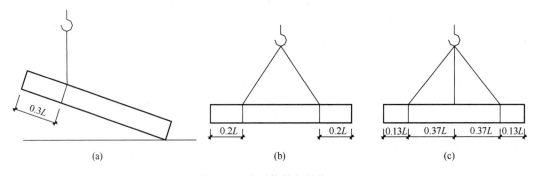

图 4-12 水平构件起吊位置
（a）单吊点起吊位置；（b）双吊点起吊位置；（c）三个吊点起吊位置

杆件的中心与重心差别较大时，即构件存在偏心时，先估计构件的重心位置，采用低位试吊的方法来逐步找到重心，确定吊点的绑扎位置。也可用几何方法求出构件的重心，以重心为圆心画圆，圆半径根据构件尺寸而定，吊耳对称设置在圆周上，偏心构件一般对称设置四个吊耳。拖拉构件时，应顺长度方向拖拉，吊点应在重心的前端，横拉时，两个吊点应在距重心等距离的两端。

复杂节点吊点设置：复杂节点的重心一般情况下无法通过经验准确获得，吊点设置时，需先估计节点的重心位置，再借助低位试吊找出重心位置。如有条件建立节点三维模型，可采用 CAD 软件将节点重心找出，方便吊点设置。

双机抬吊吊点设置：物体的重量超过一台起重机的额定起重量时，通常采用两台起重机使用平衡梁吊运物体的方法。吊装时应合理分配荷载，使两台起重机均不能超载。当两台起重机起重量相等时，即 $G_{n1} = G_{n2}$，则吊点应选在平衡梁中点处。当两台起重机的起重量不等时，则应根据力矩平衡条件，选择合适的吊点距离。

钢结构安装中要考虑安装阶段的结构稳定性，进行相应阶段稳定性验算，并根据具体情况采取必要的结构稳定措施，制定合理的安装程序和方案，否则有可能影响结构的稳定性或导致结构产生永久变形，严重时甚至会导致结构失稳倒塌。钢结构安装应根据结构特点按照合理顺序进行，并应形成稳固的空间刚度单元，必要时应增加临时支承结构或临时措施。

钢结构空间刚度单元是指由柱、梁（桁架、网架等）、支撑体系组成的一个独立的有足够刚度和可靠稳定性的空间结构，是独立存在且能传递荷载的结构体系。临时支承结构是指在施工期间存在的、施工结束后需要拆除的结构，如临时支承胎架。临时措施是指施工期间为了满足施工需求和保证结构稳定而设置的一些必要构造或临时零部件和杆件，如吊装孔、连接板、辅助构件等。

合理的安装顺序需要考虑到平面运输、体系转换、测量校正、精度调整及系统构成等因素。安装阶段的结构稳定性对保证施工安全和安装精度非常重要，构件在安装就位后，应利用其他相邻构件或采用临时措施进行固定。临时措施应能承受结构自重、施工荷载、风荷载、雪荷载、地震作用、吊装产生的冲击荷载等荷载的作用，并不致使结构产生永久变形。

2. 定位轴线、标高和地脚螺栓

基础支承面的定位、标高和地脚螺栓的位置应符合以下要求：钢结构安装前应对建筑物的定位轴线、平面闭合差、基础轴线和标高、地脚螺栓位置等进行检查，并办理交接验收。当基础工程分批交接时，每次交接验收不应少于一个安装单元的柱基基础，并应符合下列规定：（1）基础混凝土强度应达到设计要求；（2）基础周围回填夯实应完毕；（3）基础的轴线标志和标高基准点准确、齐全。

基础顶面直接作为柱的支承面、基础顶面预埋钢板（或支座）作为柱的支承面时，其支承面、地脚螺栓（锚栓）的允许偏差应符合表 4-8 的规定。

支承面、地脚螺栓（锚栓）的允许偏差 表 4-8

项目		允许偏差
支承面	标高（mm）	±3.0
	水平度	1/1000
地脚螺栓（锚栓）	螺栓中心偏移（mm）	5.0
	螺栓露出长度（mm）	+30.0 0
	螺纹长度（mm）	+30.0 0
预留孔中心偏移（mm）		10.0

地脚螺栓应采用套板或套箍支架独立、精确定位。当地脚螺栓与钢筋相互干扰时，应遵循先施工地脚螺栓，后穿插钢筋的原则，并做好成品保护。

钢柱脚采用钢垫板作支承时，钢垫板面积应根据混凝土抗压强度、柱脚底板承受的荷载和地脚螺栓（锚栓）的紧固拉力计算确定；垫板应设置在靠近地脚螺栓（锚栓）的柱脚底板加劲肋或柱肢下，每根地脚螺栓（锚栓）侧应设 1~2 组垫板，每组垫板不得多于 5

块；垫板与基础面和柱底面的接触应平整、紧密。当采用成对斜垫板时，其叠合长度不应小于垫板长度的2/3；柱底二次浇灌混凝土前垫板间应焊接固定。

为了便于调整钢柱的安装标高，一般在基础施工时，先将混凝土浇筑到比设计标高略低40~60mm处，然后根据柱脚类型和施工条件，在钢柱安装、调整后，采用一次或二次灌注法将缝隙填实。由于基础未达到设计标高，在安装钢柱时，当采用钢垫板作为支承时，钢垫板面积的大小应根据基础混凝土的抗压强度、柱底板的荷载（二次灌注前）和地脚螺栓的紧固拉力计算确定：

$$A = \varepsilon \frac{Q_1 + Q_2}{C} \tag{4-8}$$

式中，A 为钢垫板面积；ε 为安全系数，一般为 1.5~3；Q_1 为二次浇筑前结构重量及施工荷载等；Q_2 为地脚螺栓紧固力；C 为基础混凝土强度等级。

采用坐浆垫板时，应采用无收缩砂浆。柱子吊装前砂浆试块强度等级应高于基础混凝土一个等级。

上部结构与基础之间通过锚栓及预埋件作为连接枢纽，因此锚栓和预埋件的安装质量不仅影响上部结构的受力，还直接决定上部结构的定位精度，需要采取定位支架、定位板等辅助固定措施，在锚栓和预埋件安装到位后，可靠固定。

可以通过加强锚栓及预埋件安装阶段的固定措施，如图4-13所示，将锚栓及预埋件可靠固定，减少混凝土浇筑、振捣、拆模等的影响。

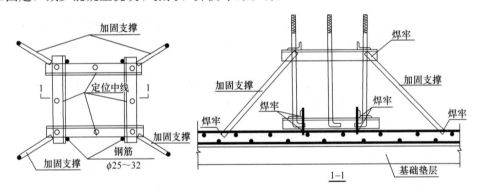

图 4-13　锚栓埋设加固示意

当锚栓埋设精度要求较高时，可采用预留孔洞、二次埋设等工艺施工。通过在混凝土上设置锚栓预留孔，将锚栓安装与混凝土施工分开，以此减少混凝土施工的影响。该方法需要前期预留孔和后续灌孔，操作较繁琐，锚固作用不如直接锚固可靠。当锚栓需要施加预应力时，可采用后张拉方法，张拉力应符合设计文件要求，并应在张拉完成后进行灌浆处理。

锚栓安装过程中应采取防止损坏、锈蚀和污染等的保护措施。

工程中由于某种原因，锚栓及预埋件安装完毕后出现定位、垂直度、标高等超差，需要进行缺陷处理。

锚栓平面定位及垂直度超差处理：采用与混凝土同步施工方法安装的锚栓出现超差，应根据锚栓直径大小和超偏情况，综合确定。（1）当锚栓中心偏移在10mm以内，可以调整钢柱底座的锚栓孔位置或采用搪孔来调整，但应避免损伤底座；（2）当锚栓直径在

36mm 以内，偏差距离小于 1.5d 时，一般用热弯锚栓法处理，可在根部凿一条深 150～200mm 的凹槽，用氧乙炔枪烘烤锚栓根部，将螺栓弯成 S 形；（3）如果直径大于或等于 36mm 时，也可用热弯，但需在弯曲部位加焊钢板或钢筋等锚固体，其长度不小于 S 弯上下两切点的距离，并验算焊缝长度，使锚栓拉直和拉断等强，见图 4-14；（4）当锚栓超差很大（大于 1.5d）时，可采用过渡钢框架的方法，先将锚栓割断，加焊槽钢框架，再在槽钢上加焊新的锚栓，槽钢焊缝均须计算。将新设置的锚栓通过槽钢或工字钢与原有埋设在基础中偏

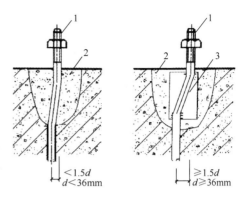

图 4-14 锚栓平面定位超差处理

1—锚栓；2—新浇筑混凝土；3—加焊钢板

差较大的锚栓牢固焊接在一起，以传递上部钢柱的水平和垂直力，见图 4-15，框架设计应保证足够的强度和刚度，使其成为一个可靠的整体。

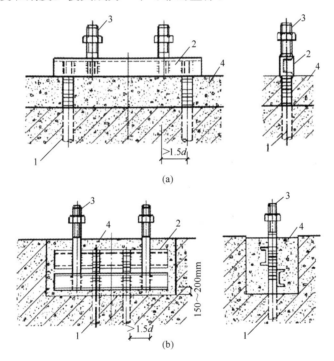

图 4-15 用过渡钢框架处理平面定位超差

（a）外向超差处理；（b）内向超差处理

1—超差的锚栓；2—过渡钢框架；3—加焊的新锚栓；4—二次浇筑混凝土

锚栓标高超差处理：锚栓露出长度（顶部标高）超差时，可做如下处理：当露出基础面长度高出规范要求时，可加钢垫板进行调整；当露出长度不足时可采取接长锚栓的方法，先将锚栓周围的混凝土凿成凹形坑，用相同直径的锚栓，上下坡口焊对接，或对接后再在两侧加焊帮条钢筋。当锚栓直径在 36mm 以内时，焊 2 根帮条钢筋，螺栓直径大于 36mm 时，焊 3 根帮条钢筋，附加帮条钢筋截面积应不小于原锚栓截面积的 1.3 倍，也不

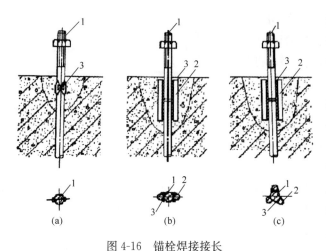

图 4-16 锚栓焊接接长

（a）坡口焊对接；（b）加 2 根帮条焊对接；（c）加 3 根帮条焊对接

1—接长锚栓；2—钢筋帮条；3—焊缝

宜用直径小于 16mm 的钢筋，焊接长度一般上下各取 2.5d（d 为锚栓直径），见图 4-16。

锚栓螺纹损坏的处理：螺栓螺纹应采取保护措施，如螺栓的螺纹已被损坏，可采取以下治理方法：当螺纹被损坏的长度不超过其有效长度时，可用钢锉修整螺纹，达到顺利旋入螺母为止。当地脚螺栓的螺纹损坏的长度超过规定的有效长度时，可用气割切除大于原螺纹段的长度，再用与原螺纹相同的材质、规格的材料，一端加工成螺纹，并在对接的端头截面制成

30°～45°的坡口与下端进行对接焊接后，再用相应直径、长度的钢套管套入接点处，进行焊接加固补强。经套管补强加固后，会使螺纹直径大于底座板孔径，可采取适当扩大柱底座板的孔径解决。

地脚螺栓施工完毕直至混凝土浇筑终凝前，应加强测量监控，采取必要的成品保护措施。混凝土终凝后应实测地脚螺栓最终定位偏差值，偏差超过允许值影响钢柱就位时，可通过适当扩大柱底板螺栓孔的方法处理。

安装过程中轴线定位和标高误差的控制和调整尤为重要。柱子基础轴线和标高的正确是确保钢结构安装质量的基础，应根据基础的验收资料复核各项数据，并标注在基础表面上。框架柱定位测量可采用内控法和外控法。钢结构安装时，每节柱的定位轴线应从地面控制轴线引上来，不得从下层柱的轴线引出，以保证每节柱子安装正确无误，避免产生过大的累积误差。

柱子的定位轴线，可根据现场场地大小在建筑物外部或建筑物内部设辅助控制轴线。

现场比较宽敞、钢结构总高度在 100m 以内时，可在柱子轴线的延长线上适当位置设置控制桩位，在每条延长线上设置两个桩位，供架设经纬仪用；现场比较狭小、钢结构总高度在 100m 以上时，可在建筑物内部设辅助线，至少要设 3 个点，每 2 点连成的线最好要垂直，因此，三点不得在一条直线上。

由于钢结构自重和焊接变形的影响，钢柱安装后会产生压缩变形，如不注意水平标高误差的控制和调整，会使钢结构水平标高不一，失去控制，影响结构的安装精度和质量。

钢结构安装时，其标高控制可以用两种方法：一是按相对标高安装，柱子的制作长度偏差只要不超过规范规定的允许偏差±3mm 即可，不考虑焊缝的收缩变形和荷载引起的压缩变形对柱子的影响，建筑物高度的累积偏差不得大于各节柱制作、安装、焊接允许偏差的总和即算合格；另一种方法是按设计标高安装（不是绝对标高，不考虑建筑物沉降），即按土建施工单位提供的基础标高安装，第一节柱底面标高和各节柱累加尺寸的总和，应符合设计要求的总尺寸，每节柱接头产生的收缩变形和建筑物荷载引起的压缩变形，应加到柱子总加工长度中，钢结构安装完成后，建筑物总高度应符合设计要求的总高度，此时

应以每节柱为单位进行柱标高的测量工作。钢结构安装过程中应重视水平标高的统一控制和调整。当使用相对标高时，可不考虑焊缝收缩变形和荷载对柱的压缩变形，但要考虑柱全长的累积偏差不得大于分段制作允许偏差再加上荷载对柱的压缩变形以及柱和柱焊接收缩值的总和。

无论采用何种标高控制方法，都应重视安装过程中楼层水平标高控制并及时调整水平标高误差，避免误差累积。当楼层水平标高误差达到5mm时，应对下节钢柱柱网的各柱顶标高进行调整，方可进行上节钢柱的安装。一般多在现场进行调整，方法是实测柱网各柱顶的实际水平标高差，分类（以1mm为单位）加工填衬钢板，进行标高调整。填衬钢板面积应等于柱子截面除去四周钢柱对接焊坡口宽度后的面积；填衬钢板表面处理应符合要求，应平整地与下节钢柱柱顶贴合，并以定位焊固定。

第一节柱标高精度控制，可采用在底板下的地脚螺栓上加一调整螺母的方法。利用柱底螺母和垫片的方式调节标高，精度可达±1mm，如图4-17所示。在钢柱校正完成后，因独立悬臂柱易产生偏差，所以要求可靠固定，并用无收缩砂浆灌实柱底。钢柱地脚锚栓是永久性受力锚栓，长期的使用和动载作用下可能出现松动，因此螺栓紧固后应采取防松动措施，如采用双螺帽、弹性垫圈、专用防松动垫圈、螺母与栓直接焊死等。另外，安装阶段锚栓外露端长期暴露在露天环境中，难免锈蚀，因此应采用物件包裹、涂油或其他有效的防锈蚀措施。

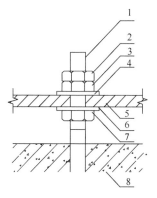

图4-17 柱脚的调整螺母
1—地脚螺栓；2—止退螺母；3—紧固螺母；4—螺母垫板；5—钢柱底板；6—螺母垫板；7—调整螺母；8—钢筋混凝土基础

3. 起重设备和吊具

钢结构现场运输与钢筋混凝土施工现场运输不同。对于后者，在绑扎和支模过程中，钢筋、模板等施工材料和机具可采取人工方式进行现场搬运；但钢构件由于重量重、体积大，需使用起重设备。

钢结构安装宜采用塔式起重机、履带吊、汽车吊等定型产品。选用非定型产品作为起重设备时，应编制专项方案，并应经评审后再组织实施。塔式机重机、履带式起重机、汽车式起重机等定型产品本身都已进行了严格的设计计算，其使用工况等也有详细的规定，且经过多次的工程实践，严格按照使用说明书操作，其安全性是有保障的。非定型产品主要是指卷扬机、液压油缸、千斤顶等，其作为吊装起重设备，属于非常规的起重设备，使用时需要组织专家评审。

塔式起重机：按架设方式、变幅方式、回转方式、起重量大小，可分为多种类型，其分类和相应的特点见表4-9。

塔式起重机的分类和特点　　　　　　　　　　　　　　　表4-9

分类方法	类型	特点
架设方式	轨道行走式	底部设行走机构，可沿轨道两侧进行安装，作业范围大，非生产时间少，并可替代履带式和汽车式等起重机。需铺设专用轨道，路基工作量大，占用施工场地大
	固定式	无行走机构，底座固定，能增加标准节，塔身可随施工进度逐渐提高。缺点是不能行走，作业半径较小，覆盖范围很有限

分类方法	类型	特点
架设方式	附着自升式	将起重机固定,每隔 16～36m 设置一道锚固装置与建筑结构连接,保证塔身稳定性。其特点是可自行升高,起重高度大,占地面积小。需增设附墙支撑,对建筑结构会产生附加力,必须进行相关验算并采取相应的施工措施
	内爬式	特点是塔身长度不变,底座通过附墙架支承在建筑物内部(如电梯井等),借助爬升系统随着结构的升高而升高,一般每 1～3 层爬升一次。优点是节约大量塔身,体积小,既不需要铺设轨道,又不占用施工场地。缺点是对建筑物产生较大的附加力,附着所需的支承架及相应的预埋件有一定的用钢量,工程完成后,拆机下楼需要辅助起重设备
变幅方式	动臂式	当塔式起重机运转受周围环境的限制,如邻近的建筑物、高压电线的影响以及群塔作业条件下,塔式起重机运转空间比较狭窄时,应尽量采用动臂塔式起重机,起重灵活性增强。吊臂设计采用"杆"式结构,相对于平臂"梁"结构稳定性更好。因此常规大型动臂式塔机起重能力都能达到 30～100t,有效解决了大起重能力的要求
	平臂式	变幅式的起重小车在臂架下弦杆上移动,变幅就位快,可同时进行变幅、起吊、旋转三个作业。由于臂架平直,与变幅式相比,起重高度的利用范围受到限制
回转方式	上回转式	回转机构位于塔身顶部,驾驶室位于回转台上部,司机视野广。均采用液压顶升接高(自升)、平臂小车变幅装置。通过更换辅助装置,可改成固定式、轨道行走式、附着自升式、内爬式等,实现一机多用
	下回转式	回转机构在塔身下部,塔身与起重臂同时旋转。重心低、运转灵活,伸缩塔身可自行架设,采用整体搬运,转移方便
起重量	轻型	起重量 0.5～3t
	中型	起重量 3～15t
	重型	起重量 15～40t

履带式起重机:履带式起重机是以履带及其支承驱动装置为运行部分的自行式起重机,因可负载行走,工作范围大,在装配式结构特别是大跨度场馆的钢结构施工中应用广泛。按传动方式,履带起重机可分为机械式、液压式和电动式三种。目前常用液压式,电动式不适用于需要经常转移作业场地的建筑施工。表 4-10 为履带起重机的型号分类及表示方法。

履带起重机的型号分类及表示方法 表 4-10

组		型	代号	代号含义	主参数代号		
名称	代号				名称	单位	表示法
履带式起重机	QU	机械式	QU	机械式履带起重机	最大额定起重量	t	主参数
		液压式 Y	QUY	液压式履带起重机			
		电动式 D	QUD	电动式履带起重机			

汽车式起重机:汽车式起重机是一种将起重机安装在汽车通用或专用底盘上的自行式全回转起重机。汽车起重机起重量的范围很大,可从 8～1000t,按起重量大小分为轻型、中型和重型三种;起重量在 20t 以内的为轻型,50t 及以上的为重型,其他起重量为中型。

按传动装置形式分为机械传动、电力传动、液压传动三种。按起重臂形式分为桁架和伸缩箱形臂两种。现在普遍使用的多为液压式伸缩臂汽车起重机，吊臂内装有液压伸缩机构控制其伸缩。表4-11为汽车式起重机的型号分类及表示方法。

汽车式起重机的型号分类及表示方法

表 4-11

组		型	代号	代号含义	主参数代号		
名称	代号				名称	单位	表示法
汽车式起重机	Q	机械式	Q	机械式汽车起重机	最大额定起重量	t	主参数
		液压式 Y	QY	液压式汽车起重机			
		电动式 D	QD	电动式汽车起重机			

起重机主要技术参数是安全吊装的重要依据，不同的起重机械其技术参数不尽相同。但在吊装工程中，关心的主要技术参数包括幅度、起重量、起重力矩、起升高度和工作速度。

（1）幅度即通常所说的工作半径或回转半径，取决于起重机的形式。如旋转臂架式起重机的幅度是指旋转中心线与取物装置铅垂线之间的水平距离；非旋转类型的臂架起重机的幅度是指吊具中心线至臂架后轴之间的水平距离。当臂架倾角最小或小车位置与起重机回转半径中心距离最大时的幅度为最大幅度，反之为最小幅度。

（2）起重量指所起吊的重物、钢扁担、吊索、吊具等重量的总和。以塔式起重机为例，起重量参数又分为最大幅度时的额定起重量和最大起重量，前者是指吊钩滑轮位于臂头时的起重量，后者则是吊钩滑轮也位于臂头，但吊钩滑轮以多倍率工作时的最大起重量。

（3）起重力矩指起重量与相应工作幅度的乘积，是控制起重承载力的基本参数，因而它是塔式起重机起重能力的综合指标。

（4）提升高度指起重机运行轨道顶面（或地面）到取物装置上极限位置的垂直距离。用吊钩时，算至钩环中心；用抓斗及其他容器时，算至容器底部。

（5）工作速度指起重机工作机构在额定载荷下稳定运行的速度，又可分为以下几类：

① 起升速度指起重机在稳定工作状态下，额定载荷的垂直位移速度。

② 大车运行速度指起重机在水平路面或轨道上带额定载荷的运行速度。

③ 小车运行速度指塔式起重机在稳定工作状态下，小车在水平轨道上带额定载荷的运行速度。

④ 动臂俯仰变幅速度指动臂起重机稳定运动状态下，在变幅平面内吊挂最小额定载荷，从最大幅度至最小幅度的水平位移线速度。

⑤ 行走速度指在道路行驶状态下，可行走起重机吊挂额定载荷的平稳运行速度。

⑥ 旋转速度指在稳定运动状态下，起重机绕其旋转中心的旋转速度。

起重设备是吊装作业中必须使用的运输设备，它的合理选择与使用，对于减小劳动强度、加快工程进度、降低工程造价起着十分重要的作用。选择时应考虑以下几个因素：起重性能，要根据起重设备的主要技术参数确定起重设备的选型；结构特点，要根据待安装对象的结构特点选择起重设备，例如大跨度空间结构对起重设备的机动性有较高要求，一般宜选用可行走的起重设备，如汽车式起重机、履带式起重机、行走式塔式起重机等；现场环境，要根据现场的施工条件，包括道路、邻近建筑物、障碍物等来选择起重设备的类型；作业效率，不同的起重设备作业效率不尽相同，作业效率结合工期要求、整体吊装方案等综合考虑，在保证安全的前提下，以获得尽可能大的经济效益来决定起重设备的类型和大小。选择起重设备时还应考虑起重设备的市场供应情况，同等条件下宜选择市场上货源充足的起重设备。

由于吊装工作的需要，钢结构安装过程中往往会涉及起重设备附着或支承在主体结构上的问题，图4-18为两种常采用的方式。此时应得到设计单位的同意，并应进行结构安全验算。例如高层或超高层钢结构安装时，为满足构件的吊装高度需要，常需将塔式起重机附着在主体结构上，甚至有时为了节约塔式起重机标准节，还采用内爬式将塔式起重机完全附着在主体结构上，再如空间结构施工时，为满足构件吊装距离的要求，常需将履带式或汽车式起重机开到混凝土楼面上进行构件吊装，这种情况下，起重机必然对主体结构的受力有较大的影响，且起重机的工作荷载往往较大，对结构安全性的影响是不容忽视的。基于此，工程中应将塔式起重机的附着或内爬、起重机械在楼面上的行走及吊装作业等涉及主体结构安全性的吊装作业，作为一项重大危险源来考虑。一般情况下，需根据工程需要，结合工程经验，尽可能优化方案，减少吊装作业对主体结构的影响，并应进行吊装作业全过程的结构分析计算，验算在整个吊装作业过程中主体结构的承载力是否满足设计和规范的要求，评估主体结构的安全性。经计算，如果吊装过程中主体结构的安全性不满足要求时，应采取相应的加固措施，直到满足要求为止。最后，施工单位应出具正式的计算报告和方案，提交设计单位审核，确认后方可组织实施。

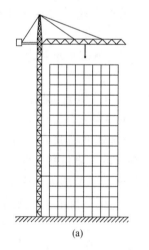 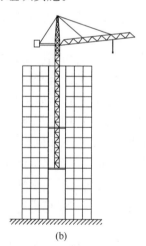

(a)　　　　　　　　　　　(b)

图 4-18　塔式起重机设置

（a）塔式起重机外附作业；（b）塔式起重机内爬作业

吊车选择需要考虑起重量的问题。钢结构吊装作业必须在起重设备的额定起重量范围内进行。在起重设备的额定起重范围内吊装，可保证施工安全。一般起重设备的安全储备是用来保证在不可预知的情况下起重设备仍具有一定的起重富余量。若经常超出其额定起重量进行吊装作业，极易发生安全事故。

实际工程中，造成起重机过载常常有如下一些情况，操作人员要注意防止：①起重量限制器失灵或没有调整好就使用塔式起重机。因为动作不常发生就没有引起重视和注意，失灵后不知道。因此要常按一下起重量限值器开关触头，看电铃是否报警。如有故障及时排除。不调整好起重量限制器就使用塔式起重机，是严重违章作业，应抵制这种做法。②用起重机吊一些超重物品，故意使起重量限制器短路，同样是严重违章，很容易损坏起重机，应自觉制止。③连续不断的满载起吊，虽然不一定超载，但会超过起升机构的负荷率。塔式起重机设计时起升机构的负荷率为40%。不可以连续满载起吊，否则对机器同样有损害。④在高温下连续作业，对机器散热很不利，连续发热会使机器超负荷，应注意防止。⑤连续使用低速起升。低速起吊，散热条件不好，特别是使用涡流制动器，负荷很大，电流值大，很容易使电机发热，以致烧坏电机，所以操作者应当明白这个道理，不许连续低速起升。一般规定，低速挡的负荷率为15%，即每10分钟低速挡累积使用时间应当小于1.5分钟，单次连续使用时间不宜超过40秒。

当构件重量超过单台起重设备的额定起重量范围时，构件可采用抬吊的方式吊装，见图4-19。抬吊一般用在施工现场无法使用较大的起重设备，需要吊装的构件数量较少，采用较大起重量设备经济投入明显不合理时。采用抬吊方式时，起重设备应进行合理的负荷分配，构件重量不得超过两台起重设备额定起重量综合的75%，单台起重设备的负荷量不得超过额定起重量的80%。

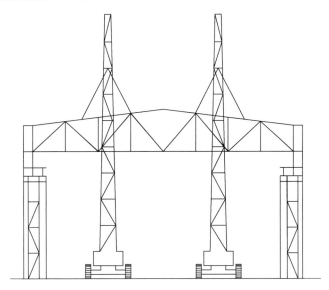

图 4-19　双机抬吊屋面桁架

吊装操作时应保持两台起重设备升降和移动同步，两台起重设备的吊钩、滑车组均应基本保持垂直状态。应加强吊装时的作业管理，选用经验丰富的起重操作人员，严格统一指挥，方能实现抬吊成功。如果条件许可，可事先用较轻构件模拟双机或多机抬吊工况进行试吊。吊装作业应进行安全验算并采取相应的安全措施，应有经批准的抬吊作业专项方案。

吊装的钢丝绳、吊装带、卸扣、吊钩等吊具应经检查合格，并应在其额定使用荷载范围内使用。

4. 起重设备选择

起重设备和吊具是钢结构工程施工中必不可少的工程设备，其选择的正确与否直接影响施工速度、质量、成本和安全，因此应尤为慎重。

起重设备选择依据：构件最大重量、数量、外形尺寸、结构特点、安装高度、吊装方法等；各类型构件的吊装要求，施工现场条件；吊装机械的技术性能；吊装工程量的大小、工程进度等；现有或租赁起重设备的情况；施工力量和技术水平；构件吊装的安全和质量要求及经济合理性。

起重设备选择原则：起重机的性能满足使用方便、吊装效率、吊装工程量和工期等要求；能适应现场道路、吊装平面布置和设备、机具等条件，能充分发挥其基本性能；能保证吊装工程量、施工安全和一定的经济效益；避免使用起重能力大的起重机吊小构件。

起重机类型的选择：一般吊装多按履带式、轮胎式、汽车式、塔式起重机的顺序选用。对高度不大的中小型厂房优先选择起重量大、全回转、移动方便的 100～150kN 履带式起重机或轮胎式起重机吊装主体；对大型工业厂房主体结构高度较高、跨度较大、构件较重宜选用 500～750kN 履带式起重机或 350～1000kN 汽车式起重机；对重型工业厂房，主体结构高度高，跨度大，宜选用塔式起重机吊装。对厂房大型构件，可选用重型塔式起重机吊装。当缺乏起重设备或吊装工作量不大、厂房不高时，可选用各种拔杆进行吊装。回转式拔杆较适用于单层钢结构厂房的综合吊装。当厂房位于狭窄的地段，或厂房采用敞开式施工方案（厂房内设备基础先施工），宜采用双机抬吊吊装屋面结构或选用单机在设备基础上铺设枕木垫道吊装。当起重机的起重量不能满足要求时，可以采用增加支腿或增长支腿、后移或增加配重、增设拉绳等措施来提高起重能力。

吊装参数的确定：起重机的吊装参数包括起重量、起重高度、起重半径。所选择的起重机起重量应大于所吊装最重构件加吊索重量；起重高度应满足所安装的最高构件的吊装要求；起重半径应满足在一定起重量和起重高度时，能保持一定安全距离吊装构件的要求。当伸过已安装好的构件上空吊装时，起重臂与已安装好的构件应有不小于 0.3m 的距离。起重机的起重臂长度可采用图解法，步骤见图 4-20。

① 按比例绘出厂房最高一个节间的纵剖面图及节间中心线 y-y。

② 根据所选起重机起重臂下铰点至停机面的距离 E，画水平线 H-H。

③ 自屋架顶面向起重机水平方向量出一距离 $g=1.0m$，定出一点 P。

④ 在中心线 y-y 上定出起重臂上定滑轮中心点 G（G 点到停机面距离为 $H_0 = h_1 + h_2 + h_3 + h_4 + d$，$d$ 为吊钩至起重臂顶端滑轮中心的最小高度，一般取 2.5～3.5m）。

⑤ 接 GP，延长与 H-H 相交于 G_0，即为起重臂下铰中心，GG_0 为起重臂的最小长度，

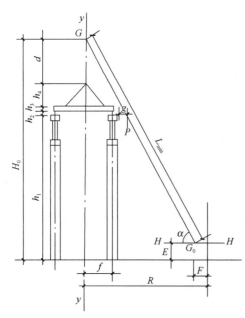

图 4-20　图解法求起重机臂杆最小长度

角 α 即为起重臂的倾角。

$$R = F + L\cos\alpha \tag{4-9}$$

5. 构件安装

钢结构工程的主要构件包括钢柱、钢梁、支撑、桁架（屋架）、钢板剪力墙等。

钢柱安装主要包括吊点的选择、起吊方法、临时固定、校正及最后固定。钢柱为竖向构件，柱截面相对长度一般小得多，安装时如何保证与地脚螺栓（对于首节钢柱）及下节钢柱（对于其余钢柱节段）较为准确的对接直接影响钢柱的安装效率。实际工程中可采用增设导入器的方法来提高钢柱对接效率。对于首节钢柱需将柱脚套入地脚螺栓，为防止其损伤螺纹，可用铁皮或其他物件卷成套套在螺栓上，钢柱就位后再取去。钢柱就位后应立即进行测量校正，钢柱的校正工作一般包括轴线位置、标高及垂直度三项内容，而钢柱轴线位置通过地脚螺栓的定位予以控制，一般情况下经过细微调整即可满足。在钢柱校正完成后，因独立悬臂柱在风荷载等因素下易产生偏差，所以要求可靠固定，对首节钢柱还需用无收缩砂浆灌实柱底。柱顶标高误差产生原因主要有：钢柱制作误差，吊装后垂直度偏差，钢柱与混凝土结构的压缩变形，基础的沉降等。对于采用现场焊接连接的钢柱，一般通过焊缝的根部间隙调整其标高，若偏差过大，应根据现场实际测量值调整柱在工厂的制作长度。因钢柱安装后总存在一定的垂直度偏差，有顶紧面可靠传力时，可在间隙部位采用塞不同厚度不锈钢片的方式处理。

首节以上的钢柱安装时定位轴线应从地面控制轴线引测。倾斜钢柱可采用三维测量法测量，校正完毕后应及时固定，以防再次偏动。出于安全考虑，倾斜钢柱安装时宜采用临时支撑措施配合。

吊装工艺。钢柱类型很多，有单层和多层、有长短、有轻重，其断面形式有箱形、工字形、十字形、圆形等。其安装涉及如下内容：

安装前应在钢柱上设置标高观测点和中心线作为标记，一般可按以下原则进行：标高观测点的设置以牛腿（肩梁）支承面为基准，设在钢柱便于观测处；无牛腿（肩梁）的钢柱可以柱顶端与屋面梁连接的最上一个安装孔中心为基准。中心线标记设置在柱底板上表面，行线方向设一个中心标记，列线方向两侧各设一个中心标记；在柱身表面上行线和列线方向各设一条中心线，每条中心线在柱底部、中部（牛腿或肩梁部）和顶部各设一处中心标记；双牛腿（肩梁）柱在行线方向两个柱身表面分别设置中心标记。

吊装吊点选择。吊点位置及吊点数量根据钢柱形状、断面、长度、起重机性能等具体情况确定。通常钢柱弹性和刚性都很好，可采用一点正吊，吊点设在柱顶处，柱身易于垂直、易于对位校正。当受到起重机械臂杆长度限制时，吊点也可设在柱长 1/3 处，此时为斜吊，对位校正较难。对细长钢柱，为防止钢柱变形，也可采用两点吊或三点吊。为了保证吊装时索具安全及便于安装校正，吊装钢柱时在吊点部位预先安有吊耳，吊装完毕再割去。如不采用在吊点部位焊接吊耳，也可采用直接用钢丝绳绑扎钢柱，此时，钢柱绑扎点处钢柱四角应用割缝钢管或方形木条做包角保护，以防钢丝绳割断。对于工字形钢柱为防止局部受挤压破坏，可加一块加强肋板在绑扎点处加支撑杆加强。当采用多个吊点时，应

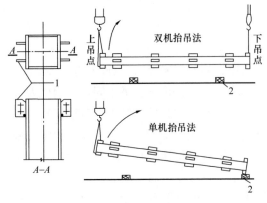

图 4-21　钢柱起吊

保证钢柱的重心位于吊点群中间。

起吊方法。起吊方法应根据钢柱类型、起重设备和现场条件确定。起重机械可采用单机、双机、三机等，见图 4-21。

起吊可采用旋转法、滑行法、递送法。旋转法是起重机边起钩边回转使钢柱绕柱脚旋转而将钢柱吊起，是单机抬吊法，柱起吊后通过吊钩的起升、变幅及吊臂的回转，逐步将柱扶直，柱停止晃动后再继续提升。此法适用于重量较轻的柱，如轻钢厂房柱等，见图 4-22。为确保吊装

平稳，常在柱底端拴两根溜绳牵引，单根绳长可取柱长的 1.2 倍。滑行法是采用单机或双机抬吊钢柱，起重机只起钩，使钢柱滑行而将钢柱吊起。为减少钢柱与地面摩阻力，需在柱脚下铺设滑行道。递送法采用双机或三机抬吊钢柱。其中一台为副机，吊点选在钢柱下面，起吊时配合主机起钩，随着主机起吊，副机行走或回转，使柱逐渐由水平转向垂直至安装状态。在递送过程中副机承担了一部分荷载，将钢柱脚递送到柱基础顶面，副机脱钩卸去荷载，此时主机满荷，将柱就位，此法适用于一般大型、重型柱。

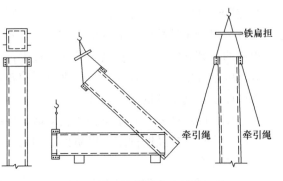

图 4-22　单机旋转回直法吊装钢柱

采用单机进行倾斜钢柱的吊装，需要在吊索上设置手拉葫芦，钢柱吊至空中后通过手拉葫芦调整钢柱倾角，达到预期倾斜状态后再就位，如图 4-23 所示。

对于采用杯口基础的钢柱，柱子插入杯口就位，初步校正后即可用钢（或硬木）楔临

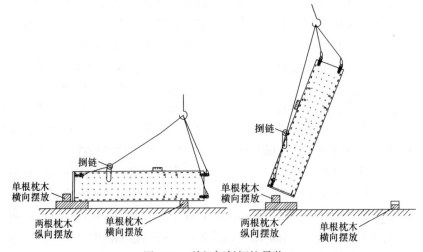

图 4-23　单机倾斜钢柱吊装

140

时固定。其方法是当插入杯口时柱身中心线对准杯口（或杯底）中心线后刹车，用撬杠拨正初校，在柱子杯口壁之间的四周空隙，每边塞入 2 个钢（或硬木）楔，再将钢柱下落到杯底后复查对位，同时打紧两侧的楔子，起重机脱钩完成一个钢柱吊装，见图 4-24。对于采用地脚螺栓方式连接的钢柱，钢柱吊装就位并初步调整柱底与基础基准线达到准确位置后，拧紧全部螺栓螺母，进行临时固定，安全后方可摘除吊钩。

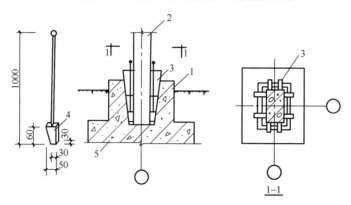

图 4-24　钢柱临时固定方法
1—杯形基础；2—柱；3—钢或木楔；4—钢塞；5—嵌小钢塞或卵石

　　对于重型或高 10m 以上细长柱及杯口较浅的钢柱，或遇到刮风天气，有时还在钢柱两侧加设缆风绳或支撑来临时固定。

　　最后固定前，需要进行钢柱校正。钢柱的校正工作一般包括平面位置、标高及垂直度三项内容。钢柱的校正工作主要是校正垂直度和复查标高，钢柱的平面位置在钢柱吊装时已基本校正完毕。

　　钢柱平面位置校正。在起重机不松钩的情况下，将柱底板上的中心线与柱基础的控制轴线对齐，缓慢降落至设计标高位置。如果钢柱与控制线有微小偏差，可采用千斤顶侧向顶推方法进行调整。对于其他节钢柱，上节柱吊装时应尽可能保证上下柱中心线重合。如有偏差，在柱与柱的连接耳板的不同侧面加入垫板（厚度为 0.5~1.0mm），拧紧大六角螺栓。钢柱中心线偏差调整每次控制在 3mm 以内，如偏差过大，应分次调整。

　　钢柱垂直度校正。对于首节钢柱，可以采用两台经纬仪或吊线坠测量的方式进行观测，见图 4-25。采用缆风绳、千斤顶、钢柱校正器等进行校正。可以采用松紧钢楔，千斤顶顶推柱身，使柱子绕柱脚转动来校正垂直度；或采用不断调整柱底板下的螺母进行校正，直至校正完毕，将底板下的螺母拧紧。

　　对于其他节钢柱，可采取初步校正和精确校正。①采用预留垂直度偏差的方法初步校正。造成上部各节钢柱垂直度偏差的原因较多，如下节柱柱顶的垂直度偏差、焊接变形、日照影响等。可针对这些影响因素，采取预留垂直度偏差值消除部分误差，即先预估上节柱安装后柱顶的累积偏差值，然后在下节柱柱顶做反向的预调节。②钢柱垂直度精确校正，可分两步：第一步，采用无缆风绳校正。在钢柱偏斜方向的一侧打入钢楔或顶升千斤顶。在保证单节柱垂直度不超过规范的前提下，将柱顶偏移控制到零，最后拧紧临时连接耳板的大六角螺栓。第二步，安装标准框架体的梁。先安装上层梁，再安装中、下层梁，安装过程会对柱垂直度有影响，采用钢丝绳缆索（只适宜跨内柱）、千斤顶、钢楔和手拉

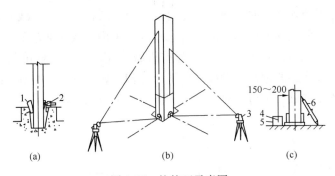

图 4-25　柱校正示意图

(a) 就位调整；(b) 用两台经纬仪测量；(c) 线坠测量

1—楔块；2—螺栓顶；3—经纬仪；4—线坠；5—水桶；6—调整螺杆千斤顶

葫芦调整其他框架柱，依标准框架体向四周发展。

　　钢柱标高校正。可根据钢柱实际长度、柱底平整度、钢牛腿顶部距柱底部距离确定标高。柱顶的标高误差产生原因主要有以下几个方面：钢柱制作误差，吊装后垂直度偏差，钢柱焊接产生焊接收缩，钢柱与混凝土结构的压缩变形，基础的沉降。对于采用现场焊接连接的钢柱，一般通过焊缝的根部间隙调整其标高，若偏差过大，应根据现场实际测量值调整柱在工厂的制作长度。柱顶标高调整控制：在钢柱就位后，用大六角高强度螺栓临时固定连接，通过起重机和撬棍微调柱间间隙。量取上下柱顶预先标定的标高值，符合要求后打入钢楔临时固定牢，考虑到焊缝及压缩变形，标高偏差调整至 4mm 以内。钢柱安装完后，在柱顶安置水准仪，测量柱顶标高，以设计标高为准。如标高高于设计值在 5mm 以内，则不需要调整，因为柱与柱节点间有一定的间隙，如高于设计值 5mm 以上，则需用气割将钢柱顶部割去一部分，然后用角向磨光机将钢柱顶部磨平到设计标高。如标高低于设计值，则需要增加上下钢柱的焊缝宽度，但一次调整不得超过 5mm。过大的调整会使其他构件节点连接复杂并增加安装难度。在首节柱，对于采用杯口基础的钢柱，可采用抹水泥砂浆或设钢垫板来校正标高；对于采用地脚螺栓连接方式的钢柱，首层钢柱安装时，可在柱子底板下的地脚螺栓上加一个调整螺母，螺母上表面调整到与柱底板标高相同，安装柱后，通过调整螺母来控制柱的标高。柱底板下预留的空隙，用无收缩砂浆填实。

　　钢柱校正的方法还有松紧楔子和千斤顶校正法、撑杆校正法、缆风绳校正法。松紧楔子和千斤顶校正法可以对钢柱平面位置、标高及垂直度进行校正，该方法工具简单、工效高，适用于各类大、中型柱的校正，被广泛采用；撑杆校正法可以对钢柱垂直度进行校正，该方法工具较简单，适用于高度 10m 以下的矩形或工字形中、小型柱的校正；缆风绳校正法可以对钢柱垂直度进行校正，该方法需要较多缆风绳，操作麻烦，占用场地大，常影响其他作业，同时校正后会影响精度，仅适用于校正长度不大、稳定性差的中、小型柱。

　　首节钢柱最后校正完毕后，应立即进行最后固定。对无垫板安装钢柱的固定方法是在柱子与杯口的空隙内灌注细石混凝土。灌注前，先清理并湿润杯口，灌注分两次进行，第一次灌注至楔子底面，待混凝土强度等级达到 25% 后，拔出楔子，第二次灌注混凝土至杯口。对采用缆风绳校正法校正的柱子，需待第二次灌注混凝土达到 70% 时，方可拆除缆风绳。对有垫板安装钢柱的二次灌注，通常采用赶浆法或压浆法。赶浆法是在杯口一侧灌强度等级高一级的无收缩砂浆（掺水泥用量的 $0.03\%\sim0.05\%$ 的铝粉）或细豆石混凝土，用细振捣棒振捣使砂浆从柱底另一侧挤出，待填满柱底周围约 10cm 高，接着在杯口四周均匀地灌细石混凝土至与杯口平，见图 4-26（a）；压浆法是于杯口空隙内插入压浆管与排气管，先灌 20cm 高混凝土，并插捣密实，然后开始压浆，待混凝土被挤压上拱，停止顶压；再灌 20cm 高混凝土顶压一次即可拔出压浆管和排气管，继续灌注混凝土至与杯口平，见图 4-26（b）。本方法适用于截面很大、垫板较薄的杯底灌浆。

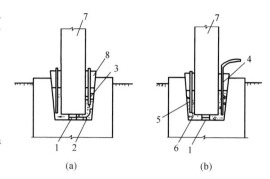

图 4-26　有垫板安装柱灌浆方法
(a) 用赶浆法二次灌浆；(b) 用压浆法二次灌浆
1—钢垫板；2—细石混凝土；3—插入式振捣器；
4—压浆管；5—排气管；6—水泥砂浆；7—柱；
8—钢楔

单层钢结构中钢柱安装允许偏差如表 4-12 所示，检查数量：按钢柱数抽查 10%，且不少于 3 件。

单层钢结构中钢柱安装允许偏差　　　　　　　　　　　　　　表 4-12

项目		允许偏差（mm）	检验方法	图例
柱脚底座中心线对定位轴线的偏移		5.0	用吊线和钢尺检查	
柱基准点标高	有吊车梁的柱	$+3.0$ -5.0	用水准仪检查	
	无吊车梁的柱	$+5.0$ -8.0		
弯曲矢高		$H/1200$，且不大于 15.0	用经纬仪或拉线和钢尺检查	—
柱轴线垂直度	单层柱　$H\leqslant10\text{m}$	$H/1000$	用经纬仪或拉线和钢尺检查	
	单层柱　$H>10\text{m}$	$H/1000$，且不大于 25.0		
	多节柱　单节柱	$H/1000$，且不大于 10.0		
	多节柱　柱全高	35.0		

注：H 为柱高。

多层及高层钢结构中钢柱安装的允许偏差如表 4-13 所示，用全站仪和钢尺实测，标准柱全数检查，非标准柱抽查 10％，且不少于 3 件。

多层及高层钢结构安装的允许偏差 表 4-13

项目	允许偏差 (mm)	图例	项目	允许偏差 (mm)	图例
底层柱柱底轴线对定位轴线偏移	3.0	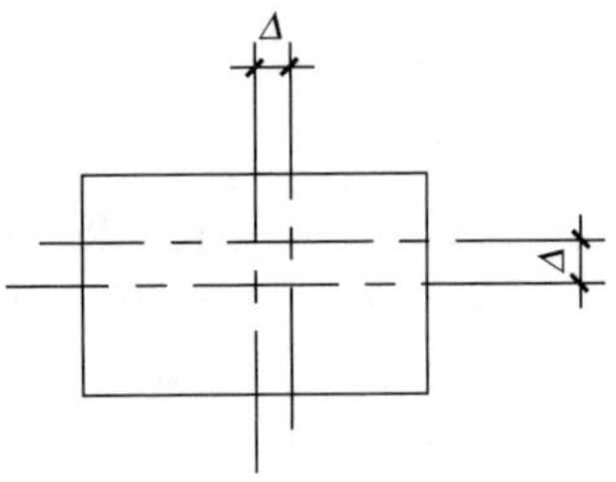	单节柱的垂直度	$H/1000$，且不大于 10.0	
柱子定位轴线	1.0	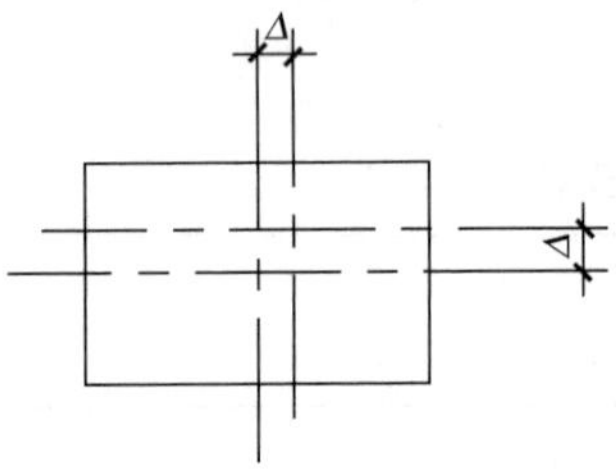	上下柱连接处的错口	3.0	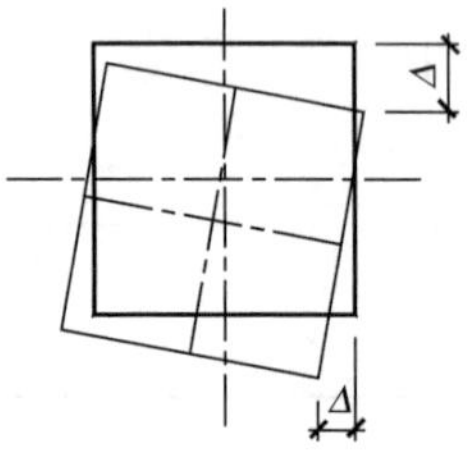

注：H 为柱高。

6. 钢梁安装

（1）钢梁吊装。对于沿长度方向匀质的钢梁，宜将吊点对称布置在重心两侧，采用两点起吊即可。当钢梁的长度很长而刚度较柔时，为防止吊装过程中钢梁变形过大，宜增加吊点布设，但仍应均匀地布置在重心两侧。沿长度方向质量显著变化的钢梁，宜通过试吊或 CAD 三维模型等确定钢梁的重心，继而布设吊点。钢梁吊点位置可按表 4-14 取用。

钢梁吊点位置 表 4-14

L (m)	A (m)	L (m)	A (m)
>15	2.5	5<L≤10	1.5
10<L≤15	2.0	≤5	1.0

注：1. L 为梁、桁架的长度；

2. A 为吊点至梁或桁架中心的距离。

当单根钢梁长度大于 21m 时，若采用 2 点起吊，所需的钢丝绳较长，而且不能满足构件强度和变形要求，易产生钢梁侧向变形，采用多点吊装可避免此现象，宜设置 3～4 个吊装点吊装或采用平衡梁吊装，吊点位置应通过计算确定。

钢梁可采用一机一吊或一机串吊的方式吊装，就位后应立即临时固定连接。由于钢梁较钢柱重量轻，采用一机一吊对于钢梁相对来说浪费资源，可采用一机串吊方法。该方法

144

是指多根钢梁在地面分别绑扎，起吊后分别就位的作业方式，可以加快吊装作业的效率，对次梁可采用三层串吊。

主梁采用专用卡具，为防止高空因风或碰撞物体落下，卡具放在钢梁端部 500mm 的两侧。一节柱有 2、3、4 层梁，习惯上，同一列柱的钢梁从中间跨开始对称地向两端扩展，同一跨钢梁，先安上层梁再安中下层梁。在安装和校正柱与柱之间的主梁时，再把柱子撑开。测量必须跟踪校正，预留偏差值，留出接头焊缝收缩量，这时柱子产生的内力在焊接完毕焊缝收缩后也就消失了。柱与柱接头和梁与柱接头的焊接，以互相协调为好，一般可以先焊一节柱的顶层梁，再从下向上焊各层梁与柱的接头，柱与柱的接头可以先焊，也可以最后焊。

同一根梁两端的水平度，允许偏差为 $L/1000$，最大不超过 10mm，如果钢梁水平超标，主要原因是连接板位置或螺孔位置有误差，可采取连接板或塞焊孔重新制孔处理。钢梁面的标高及两端高差可采用水准仪与标尺进行测量，校正完成后进行永久性连接。钢梁的允许偏差应满足表 4-15 的要求。

钢梁的允许偏差

表 4-15

项目	允许偏差（mm）	图例
同一根梁两端顶面的高差	$l/1000$，且不大于 10.0	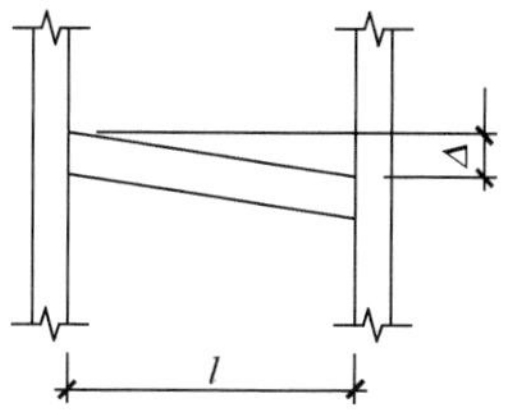
主梁与次梁表面的高差	±2.0	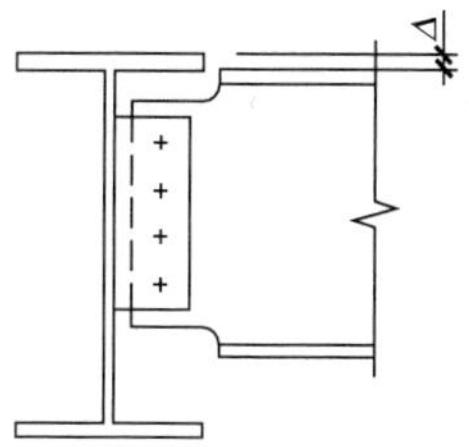

注：l 为梁长。

（2）吊车梁安装。钢吊车梁安装一般采用工具式吊耳或捆绑法。在安装以前应将吊车梁的分中标记引至吊车梁的端头，以利于吊装时按柱牛腿的定位轴线临时定位。可以单机起吊，也可以双机抬吊。如果在屋盖安装前安装吊车梁，可利用柱子作为拔杆设滑轮组，另一端用起重机抬吊；如果在屋盖安装后安装吊车梁，可在屋架端头或柱顶设置滑轮组来抬吊吊车梁，吊点设置如图 4-27 所示。

吊车梁的校正包括标高调整、纵横轴线和垂直度调整。注意钢吊车梁的校正必须在结构形成刚度单元以后才能进行。标高调整：当一跨（即两排）吊车梁全部吊装完毕后，将一台水准仪架在梁上或专门搭设的平台上，进行吊车梁两端的高程测量，将所有数据进行加权平均，算出标准值。计算各点所需垫板厚度，在吊车梁端设置千斤顶顶空，在梁两端垫好铁块。纵横轴线校正：用经纬仪将柱子轴线投到吊车梁牛腿面等高处，定出正确轴线距吊车梁中心线的距离，每根吊车梁测出两点，以此对吊车梁纵轴进行校正。为方便调整位移，吊车梁下翼缘一端为正圆孔，另一端为椭圆孔。当吊车梁纵横轴线误差符合要求后，复查吊车梁跨度，复查位置可取为一排柱的两端及伸缩缝处。对于中小型吊车梁，因梁较轻，校正工作可在屋盖吊装前或吊装后进行。对重型吊车梁校正时宜在屋盖吊装后进行，避免屋盖重量使屋架下弦伸长，屋架跨度增大，轨距将随着屋架跨度的增大而增大。

垂直度的校正：吊车梁的垂直度的校正应和吊车梁轴线的校正同时进行。先从吊车梁的上翼缘挂线锤，测量线绳至腹板上下两处的水平距离，可根据梁的倾斜程度楔铁块再次调整，使 $a = a'$，即为垂直(图 4-28)。

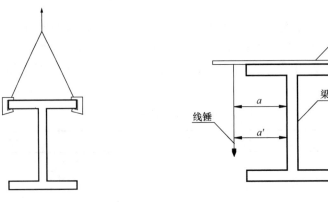

图 4-27　钢吊车梁吊装示意　　　　图 4-28　钢吊车梁垂直度校正示意

（3）支撑安装。交叉支撑按从下到上的顺序组合吊装。相对主要受力构件而言，支撑一般重量较轻，从提高吊装效率和减少空中作业量的角度出发，支撑宜尽可能在地面拼装成一定空间刚度单元后再吊装。对于斜撑，可通过在吊索上设置手拉葫芦的方式调整支撑在空中的位置。单层钢屋架的水平支撑往往较柔，可通过增设吊点、优化吊点位置、局部加固及预先起拱等措施予以解决。支撑构件安装后对结构的刚度影响较大，故一般要求在相邻结构固定后，再进行支撑的校正和固定。屈曲约束支撑是具有减振耗能的新型支撑形式，具有承载力高、延性和滞回性能好等优点，其安装应严格按照设计文件和产品说明书进行，以实现预定功能要求。

（4）钢桁架安装。桁架（屋架）支承在钢柱或混凝土柱上，在钢柱已经安装校正且固定后，方可安装桁架（屋架）。其重量一般有限，具备整榀或分段安装的条件。桁架（屋架）为片状结构，跨度较大，吊装过程中极可能变形或侧向失稳，吊装前应验算强度、稳定性，不满足要求时应采取加固措施，如在上、下弦杆绑扎固定加固杆件。其安装主要包括吊点选择、吊升就位、临时固定、校正及最后固定。

钢屋架的绑扎点应选在屋架节点上，左右对称于钢屋架的重心，否则应采取防止屋架倾斜的措施。由于钢屋架的侧向刚度较差，吊装前应验算钢屋架平面外刚度，如刚度不足时可采取增加吊点位置或采用加铁扁担的施工方法。当屋架起吊离地 50cm 时检查无误后再继续起吊，对准屋架基座中心线与定位轴线就位，并做初步校正，然后进行临时固定。第一榀屋架吊升就位后，可在屋架两侧设置缆风绳固定，然后再使起重机脱钩。如果端部有抗风柱，校正后可与抗风柱固定。第二榀屋架同样吊升就位后，可用绳索临时与第一榀屋架固定。从第三榀屋架开始，在屋架脊点及上弦中点装上檩条即可将屋架顺势固定。钢屋架校正主要是垂直度的校正。可以采用在屋架下弦一侧拉一根通长钢丝，同时在屋架上弦中心线挑出一个同样距离的标尺，然后用线锤校正。也可将一台经纬仪架设在柱顶一侧，将轴线平移距离 a 得点 1，在对面柱子上同样有一距离为 a 的点 2，从屋架中线处用标尺挑出距离 a 得点 3，当三点在一条直线上时，说明屋架垂直。如有误差，可通过调整工具式支撑或绳索，并在屋架端部支承并垫入薄铁片进行调整。钢屋架校正完毕后，拧紧连接螺栓或点焊焊牢最后固定。其侧向稳定可通过在桁架两侧设置缆风绳或刚性支撑来实现。现行国家标准《钢结构工程施工质量验收标准》GB 50205 规定，桁架（屋架）应按同类构件数量抽查 10%，且不少于 3 个，采用吊线、拉线、经纬仪和钢尺现场实测钢屋架的安装偏差，其偏差允许值见表 4-16。

钢屋（托）架、桁架、梁及受压杆垂直度和侧向弯曲矢高的允许偏差（mm）　表 4-16

项目	允许偏差（mm）		图例
跨中垂直度	$h/250$，且不应大于 15.0		
侧向弯曲矢高	$l \leqslant 30\text{m}$	$l/1000$，且不应大于 10.0	
	$30 < l \leqslant 60\text{m}$	$l/1000$，且不应大于 30.0	
	$l > 60\text{m}$	$l/1000$，且不应大于 50.0	

（5）钢板剪力墙安装。钢板剪力墙是一种新型抗侧力体系，其基本单元由内嵌钢板和竖向边缘构件（柱或竖向加劲肋）、水平边缘构件（梁或水平加劲肋）构成。钢板剪力墙属于平面构件，易产生平面外变形，所以要求在堆放和吊装时采取相应的措施，如增加临时肋板防止钢板剪力墙变形。钢板剪力墙主要为抗侧向力构件，其竖向承载力较小，为防止安装过程中钢板剪力墙出现竖向荷载导致的屈曲失稳，其开始安装应按设计文件要求进行，当安装顺序改变时要经原设计单位批准。设计时宜进行施工模拟分析，确定钢板剪力墙的安装及连接固定时间，以保证钢板剪力墙的承载力要求。对钢板剪力墙未安装的楼层，即钢板剪力墙安装以上的楼层，应保证施工期间结构的强度、刚度和稳定满足设计要求，必要时应采取相应的加强措施。

（6）关节轴承节点安装。关节轴承节点是由一组具有外球面的内圈和内球面的外圈两部分耦合而成，其外圈内球面和内圈外球面紧密贴合，可实现空间任意角度的转动和摆动。在建筑钢结构中，关节轴承作为节点使用，旨在释放上部钢结构的转动或某些方向的平动约束，从而实现结构的隔振、减振和抵御温度应力（大体量或大跨度的钢结构建筑）等，具有较高的应用价值。根据不同的接触角和结构形式，关节轴承节点可分为向心关节轴承节点、推力关节轴承节点和角接触关节轴承节点等。

关节节点一般由轴承钢材经热处理后精密加工而成，其对钢材的硬度、强度、耐磨性能和耐腐蚀性能等具有特殊的要求；同时对于加工精度要求高，一般的钢结构加工难以满足。为保证关节轴承节点的加工质量，工程中所用节点应由专业厂家制作。节点的质量控制由生产厂家保证。为保证节点免受安装中的损坏，需采用专门的工装进行吊装和安装。关节轴承节点实现预期转动功能的关键是其中的轴承总成，其不宜在现场组装，宜由生产厂家直接组装成整体，现场仅将其与钢构件上的耳板相连即可。安装完成后应及时固定，以防节点扭转。安装后节点处于露天环境中，应及时采取措施予以保护。

7. 单层钢结构安装

对于单跨结构，一般遵循如下顺序安装：①从跨端一侧向另一侧顺序安装方法，是常用安装方法，对吊装设备和人工等资源投入要求不高，但展开工作面有限，对工期较紧的结构不宜采用。②从中间向两端的安装方法，同时展开两个开间的工作面，可提高安装速度，但需投入更多的设备及人工，对于工期紧张的工程可以考虑采用。③从两端向中间的安装方法，与从中间向两端的方法类似，但存在中部合龙要求，导致安装难度增加，当现场施工条件不允许从中间向两端的安装方法时，可采用此方法。对多跨结构，则按如下顺序安装：①对于并列高低跨吊装，要考虑屋架下弦伸长后柱子向两侧偏移问题，先吊装高跨后吊装低跨，并预留柱的垂直度偏差值。②对于并列大跨度与小跨度，先吊装大跨度后吊装小跨度。③对于并列间数多与间数少的屋盖，先吊装间数多的，后吊装间数少的。④对于并列有屋架跨和露天跨吊装，先吊装有屋架跨后吊装露天跨。

单层工业厂房钢结构的构件安装顺序一般为：先安装竖向构件，再安装平面构件，这样的目的是减少建筑物的纵向长度安装累积误差，保证工程质量。竖向构件安装顺序：柱→连系梁→柱间支撑→吊车梁→制动桁架→托架。平面构件安装顺序：以形成空间结构稳定体系为原则，其工艺流程如图 4-29 所示。

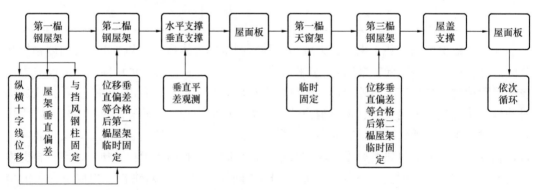

图 4-29　平面构件吊装顺序工艺流程

钢结构安装中，要求每一施工步骤完成时，结构均具有临时稳定的特征，否则可能导致结构产生永久变形，严重时甚至会导致结构失稳倒塌。应及时安装临时柱间支撑或稳定缆绳，形成结构稳定体系后再扩展安装。独立柱安装宜随吊装、随校正、随固定，不得依靠钢楔、钢垫板或校正用液压千斤顶固定，以防由于垫块松动、千斤顶回油或刮风使钢柱失稳。能够自立稳定的构件，如钢吊车梁，在校正和最后固定前，应有临时措施与柱固定，阻止受外力（如刮大风、吊装碰撞等）作用造成失稳。钢屋架安装应使双排屋架组成稳定空间单元体系，临时固定后方可脱钩。

从结构受力角度讲，结构的稳定性好坏与其承担的外荷载息息相关，即同样的结构在不同的外荷载下其稳定性是不同的。处于安装阶段的临时空间结构稳定体系，其可能承担的外荷载包括结构自重、风荷载、雪荷载、施工荷载和吊运过程中的冲击荷载等。

8. 多（高）层钢结构安装

随着我国多（高）层钢结构的应用越来越广泛和施工企业施工技术不断提高，多（高）层钢结构的安装技术水平也相应随着提高，其规定也越来越详细和严格。

钢结构的安装应按下列程序进行：①划分安装流水区段；②确定构件安装顺序；③编制构件安装顺序图、安装顺序表；④进行构件安装，或先将构件组拼成扩大安装单元，再进行安装。多（高）层钢结构安装时应注意安装顺序和标高控制。多层及高层钢结构宜划分多个流水作业段进行安装，流水段宜以每节框架为单位。安装流水区段可按建筑物的平面形状、结构形式、安装机械的数量、现场施工条件等因素划分。流水段内的最终构件重量应在起重设备的起重能力范围内；起重设备的爬升高度应满足下节流水段内构件的起吊高度；每节流水段内的柱长度应根据工厂加工、运输堆放、现场吊装等因素确定，长度宜取 2~3 个楼层高度，分节位置宜在梁顶标高以上 1.0~1.3m 处；流水段的划分应与混凝土结构施工相适应；每节流水段可根据结构特点和现场条件在平面上划分流水区进行施工。流水作业段内的构件吊装，可采取整个流水段内先柱后梁或局部先柱后梁的顺序；单柱不得长时间处于悬臂状态；钢楼板及压型金属板安装应与构件吊装进度同步；特殊流水作业段内的吊装顺序应按安装工艺确定，并应符合设计文件的要求。多层及高层钢结构安装校正应依据基准柱进行，基准柱应能够控制建筑物的平面尺寸并便于其他柱的校正，宜选择角柱为基准柱；钢柱校正宜采用合适的测量仪器和校正工具；基准柱校正完毕后，方可对其他柱进行校正。

楼层标高可采用相对标高或设计标高进行控制，当采用设计标高控制时，应以每节柱为单位进行柱标高调整，并应使每节柱的标高符合设计的要求；建筑物总高度的允许偏差和同一层内各节柱的柱顶高度差，应符合现行国家标准《钢结构工程施工质量验收标准》GB 50205 的有关规定。同一流水作业段、同一安装高度的一节柱，当各柱的全部构件安装、校正、连接完毕并验收合格后，应再从地面引放上一节柱的定位轴线。高层钢结构安装时应分析竖向压缩变形对结构的影响，并应根据结构特点和影响程度采取预调安装标高、设置后连接构件等相应措施。

平面内考虑钢结构安装过程的整体稳定性和对称性，安装顺序一般由中央向四周扩展，先从中间的一个节间开始，以一个节间的柱网为一个吊装单位，先吊装柱，后吊装梁，然后向四周扩展。一个立面内的安装顺序为：第 N 节钢框架安装准备—安装登高爬梯—安装操作平台、通道—安装柱、梁、支撑等形成的钢框架—节点螺栓临时固定—检查垂直度、标高、位移—拉好校正用缆绳—整体校正—高强度螺栓终拧紧固—接柱焊接—梁焊接—超声波探伤—拆除校正用缆绳—塔式起重机爬升—第 $N+1$ 节钢框架安装准备。

楼层标高的控制应视建筑要求而定，有的要按设计标高控制，而有的只要求按相对标高控制即可。当采用设计标高控制时，每安装一节柱，就要按设计标高进行调整，无疑是比较麻烦的，有时甚至是很困难的。当按相对标高进行控制时，钢结构总高度的允许偏差是经计算确定的，计算时除应考虑荷载使钢柱产生的压缩变形值和各节钢柱间焊接的收缩余量外，尚应考虑逐节钢柱制作长度的允许偏差值。如无特殊要求时，一般都采用相对标高进行控制安装。当按设计标高进行控制时，每节钢柱的柱顶或梁的连接点标高，均以底层的标高基准点进行测量控制，同时也应考虑荷载使钢柱产生的压缩变形值和各节钢柱间焊接的收缩余量值。除设计要求外，一般不采用这种结构高度的控制方法。

高层钢结构的焊接顺序，应从建筑平面中心向四周扩展，采取结构对称、节点对称和全方位对称焊接。柱与柱的焊接应由两名焊工在两相对面等温、等速对称施焊；一节柱的竖向焊接顺序是先焊顶部梁柱节点，再焊底部梁柱节点，最后焊接中间部分梁柱节点；梁和柱接头的焊缝，一般先焊梁的下翼缘板，再焊上翼缘板；梁的两端先焊一端，待其冷却至常温后再焊另一端，不宜对一根梁的两端同时施焊。

4.1.6 施工测量

施工测量指的是在工程施工阶段进行的测量工作，是钢结构施工的重要内容。施工测量包括施工网的建立、建筑物的放样、竣工测量。钢结构安装前应设置施工控制网。

1. 平面控制网

平面控制网，可根据场区地形条件和建筑物的结构形式，布设十字轴线或矩形控制网，平面布置异型的建筑可根据建筑物的形状布设多边形控制网。建筑物的轴线控制桩应根据建筑物的平面控制网测定，定位放线可选择直角坐标法、极坐标法、角度（方向）交汇法、距离交会法等方法。控制网定位方法应依据结构平面而定。矩形建筑物的定位，宜选用直角坐标法；任意形状建筑物的定位，宜选用极坐标法。平面控制点距测点位距离较长、量距困难或不便量距时，宜选用角度（方向）交会法；平面控制点距测点距离不超过所用钢尺的全长，且场地量距条件较好时，宜选用距离交会法。使用光电测距仪定位时，宜选用极坐标法。

直角坐标法，是在指定的直角坐标系中，通过待测点的 x，y 的放样，来确定放样点的平面位置。在施工现场通常是以导线边、施工基线或建筑物的主轴线为 x 轴；以某一个已在现场上标定出来的点为坐标原点。放样时从坐标原点开始，沿 x 轴方向用钢尺或测距仪（或全站仪）量测出 x 值的垂足点，然后在得到的垂足点安置经纬仪（或全站仪），设置 x 轴方向的垂线，并沿垂线方向量测出 y 值，即得到放样点的平面位置。

极坐标法，是指在建立的极坐标系中，通过待测点的极径和极角，来确定放样点的平面位置。此方法最适合只用经纬仪加测距仪或全站仪测设。在施工现场通常是以导线边、施工基线或建筑物的主轴线为极轴；以某一个已在现场上标定出来的点为极点。放样时先根据待测点的坐标和已知点的坐标，反算待测点到极点的水平距离 D（极径）和极点到待测点方向的坐标方位角，再根据方位角求算出水平角 β（极角），然后由 D 和 β

进行点的放样，在此 D 和 β 称为放样数据。

根据结构平面特点及经验选择控制网点。有地下室的建筑物，开始可用外控法，即在槽边 ±0.000 后，可将外围点引到内部，即内控法。在基准点处预埋 100mm×100mm 钢板，必须用钢针画十字线定点，线宽 0.2mm，并在交点上打样冲点。在钢板以外的混凝土面上放出十字延长线。无论内控法或外控法，必须将测量结果进行严密平差，计算点位坐标与设计坐标，并进行修正，以达到控制网测距相对中误差小于 $L/25000$（L 为宽度），测角中误差小于 $2''$。经复测发现地面控制网中测距超过 $L/25000$、测角中误差大于 $2''$、竖向传递点与地面控制网点不重合，必须经测量专业人员找出原因，重新放线定出基准控制点网。

竖向传递必须与地面控制网点重合，主要做法如下：

（1）控制点竖向传递，采用内控法。投点仪器选用全站仪、激光铅垂仪、光学铅垂仪等。控制点设置在距柱网轴线交点旁 300~400mm 处，在楼面预留孔 300mm×300mm 设置光靶，为削减铅垂仪误差，应将铅垂仪在 0°、90°、180°、270°的四个位置上投点，并取其中点作为基准点的投递点。

（2）根据选用仪器的精度情况可定出一次测得高度，如用全站仪、激光铅垂仪、光学铅垂仪，在 100m 范围内竖向投测精度较高。

（3）定出基准控制点网，其全楼层面的投点必须从基准控制点网引投到所需楼层上，严禁使用下一楼层的定位轴线。

建筑物平面控制网，四层以下和地下室宜采用外控法，四层及以上宜采用内控法。上部楼层平面控制网，应以建筑物底层控制网为基础，通过仪器竖向垂直接力投测。竖向投测宜以每 50~80m 设一转点，控制点竖向投测的允许误差应符合表 4-17 的规定。

控制点竖向投测的允许误差（mm）　　　　　表 4-17

项目		测量允许误差
每层		3
总高度 H	$H\leqslant30m$	5
	$30m<H\leqslant60m$	8
	$60m<H\leqslant90m$	13
	$90m<H\leqslant150m$	18
	$H>150m$	20

轴线控制基准点投测至中间施工层后，应进行控制网平差校核。调整后的点位精度应满足边长相对误差达到 1/20000 和相应的测角中误差 ±10″ 的要求。设计有特殊要求时应根据限差确定其放样精度。

2. 高程控制网

首级高程控制网应按闭合环线、附合路线或节点网形布设。高层测量的精度，不宜低于三等水准的精度要求。高程控制点的水准点，可设置在平面控制网的标桩或外围的固定地物上，也可单独埋设，水准点的个数不应少于 3 个。建筑物标高的传递宜采用悬挂钢尺测量方法，钢尺读数时应进行温度、尺长和拉力修正。标高向上传递时宜从两处分别传递，面积较大或高层结构宜从 3 处分别传递。当传递的标高误差不超过 ±3.0mm 时，可取其平均值作为施工楼层的标高基准；超过时，则应重新传递。标高竖向传递投测的测量允许误差应符合表 4-18 的规定。

标高竖向传递投测的测量允许误差（mm）　　　　　　表 4-18

项目		测量允许误差
每层		±3
总高度 H	$H \leqslant 30\text{m}$	±5
	$30\text{m} < H \leqslant 60\text{m}$	±10
	$H > 60\text{m}$	±12

注：表中误差不包括沉降和压缩引起的变形值。

3. 多层、高层钢结构施工测量

施工测量的要求精度较高，施工现场各种建筑物的分布较广，且往往同时开工兴建，所以为保证各建筑物测量平面位置和高程都有相同的精度并且符合设计要求，施工测量必须遵循"由整体到局部、先高级后低级、先控制后细部"的原则组织实施。

高层和超高层钢结构测设根据现场情况可采用外控法和内控法。外控法：现场较宽大，高度在 100m 内，地下室部分根据楼层大小可采用十字或井字控制，在柱子延长线上设置两个桩位，相邻柱中心间距的测量允许值为 1mm，第 1 根钢柱至第 2 根钢柱间距的测量允许值为 1mm。每节柱的定位轴线应从地面控制轴线引上来，不得从下层柱的轴线引出。内控法：现场宽大，高度超过 100m，地上部分在建筑物内部设辅助线，至少要设 3 个点，每 2 个点连成的线最好要垂直，3 个点不得在一条线上。

钢结构安装前应根据现场测量基准点分别引测内控和外控测量控制网，作为测量控制的依据。多层及高层钢结构安装前，应对建筑物的定位轴线、底层柱的轴线、柱底基础标高进行复核，合格后再开始安装。每节钢柱的控制轴线应从基准控制轴线的转点引测，不得从下层柱的轴线引出。

钢结构安装时，应分析日照、焊接等因素可能引起构件的伸缩或弯曲变形，并应采取相应措施。安装过程中，宜对下列项目进行观测，并应作记录：（1）柱、梁焊缝收缩引起柱身垂直度偏差值；（2）钢柱受日照温差、风力影响的变形；（3）塔式起重机附着或爬升对结构垂直度的影响。柱在安装校正时，水平及垂直偏差应校正到现行国家标准《钢结构工程施工质量验收标准》GB 50205 规定的允许偏差以内，垂直偏差应达到 ±0.000。安装柱和柱之间的主梁时，应根据焊缝收缩量预留变形值，预留的变形值应作书面记录。

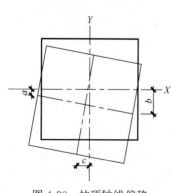

图 4-30　柱顶轴线偏移

把轴线放到已安好的柱顶上，轴线应在柱顶上三面标出，见图 4-30。假定 X 方向钢柱一侧轴线位移值为 a，另一侧轴线位移值为 b，实际上钢柱柱顶偏离轴的位移值为 $(a+b)/2$，柱顶扭转值为 $(a-b)/2$。沿 Y 方向的位移值为 c 值，应做修正。

安装钢梁前，应测量钢梁两端柱的垂直度变化，还应检测邻近各柱因梁连接而产生的垂直度变化；待一区域整体构件安装完成后，应进行结构整体复测。除监测这根梁的两端柱子的垂直度变化外，尚应监测相邻各柱因梁连接影响而产生的垂直度变化。

主体结构整体垂直度的允许偏差为 $H/2500+10mm$（H 为高度），但不应大于 50.0mm；整体平面弯曲允许偏差为 $L/1500$（L 为宽度），且不应大于 25.0mm。高度在 150m 以上的建筑钢结构，整体垂直度宜采用 GPS 或相应方法进行测量复核。

4.1.7 施工监测

施工监测目的是根据实际的施工工序以及现场获取的参数和数据，对结构进行实时理论分析和结构验算，对每一施工阶段，根据结构分析验算结构确定施工误差状态，采用预警体系对施工状态进行安全度评价和灾害预警，给施工过程提供决策性技术依据，从而辅助施工，确保结构线形及受力状态符合设计要求。

施工监测方法应根据工程监测对象、监测目的、监测频度、监测时长、监测精度要求等具体情况选定。钢结构施工期间，可对结构变形、结构内力、环境量等内容进行过程监测。具体的监测内容及监测部位可根据不同的工程要求和施工状况选取。采用的监测仪器和设备应满足数据精度要求，且应保证数据稳定和准确，宜采用灵敏度高、抗腐蚀性好、抗电磁波干扰强、体积小、重量轻的传感器。

施工监测前应编制专项施工监测方案。施工监测点布置应考虑现场安装条件和施工交叉作业情况，采取可靠的保护措施。应力传感器应根据设计要求和工况需要布置于结构受力不利部位或特征部位。变形传感器或测点宜布置于结构变形较大部位。温度传感器宜布置于结构特征断面，宜沿四面和高程均匀分布。

钢结构工程变形监测的等级划分及精度要求，应符合表 4-19 的规定。

钢结构工程变形监测的等级划分及精度要求　　　　　　　　表 4-19

等级	垂直位移监测		水平位移监测	适用范围
	变形观测点的高程中误差（mm）	相邻变形观测点的高差中误差（mm）	变形观测点的点位中误差（mm）	
一等	0.3	0.1	1.5	变形特别敏感的高层建筑、空间结构、高耸构筑物、工业建筑等
二等	0.5	0.3	3.0	变形比较敏感的高层建筑、空间结构、高耸构筑物、工业建筑等
三等	1.0	0.5	6.0	一般性的高层建筑、空间结构、高耸构筑物、工业建筑等

注：1. 变形观测点的高程中误差和点位中误差，指相对于邻近基准的中误差；

2. 待定方向的位移中误差，可取表中相对应点位中误差的 $1/\sqrt{2}$ 为限值；

3. 垂直位移监测，可根据变形观测点的高程中误差或相邻变形观测点的高差中误差，确定监测精度等级。

变形监测的精度等级是按变形观测点的水平位移点位中误差、垂直位移的高程中误差或相邻变形观测点的高差中误差的大小来划分。它是根据我国变形监测的经验，并参考国外规范有关变形监测的内容确定的。其中相邻点高差中误差指标是为了适合一些只要求相对沉降的监测项目而规定的。变形监测分为三个精度等级，一等适用于高精度变形监测项目，二、三等适用于中等精度变形监测项目。变形监测的精度指标值是综合了设计和相关施工规范已确定的允许变形量的1/20作为测量精度值，这样在允许范围之内，可确保建（构）筑物安全使用，且每个周期的观测值能反映监测体的变形情况。

变形监测方法可按表4-20选用，也可同时采用多种方法进行监测。应力应变宜采用应力计、应变计等传感器进行监测。

变形监测方法的选择 表4-20

类别	监测方法
水平变形监测	三角形网、极坐标法、交会法、GPS测量、正倒垂线法、视准线法、引张线法、激光准直法、精密测距、伸缩仪法、多点位移法、倾斜仪等
垂直变形监测	水准测量、液体静力水准测量、电磁波测距三角高程测量等
三维位移监测	全站仪自动跟踪测量法、卫星实时定位测量法等
主体倾斜	经纬仪投点法、差异沉降法、激光准直法、垂线法、倾斜仪、电垂直梁法等
挠度观测	垂线法、差异沉降法、位移计、挠度计等

监测数据应及时采集和整理，并应按频次要求采集，对漏测、误测或异常数据应及时补测或复测、确认或更正。应力应变监测周期，宜与变形监测周期同步。在进行结构变形和结构内力监测时，宜同时进行监测点的温度、风力等环境量监测。监测数据应及时进行定量和定性分析。监测的数据分析可采用图表分析、统计分析、对比分析和建模分析等方法。需要利用监测结果进行趋势预报时，应给出预报结果的误差范围和适用条件。

4.1.8 施工安全

钢结构施工属于高危专业，如何确保安全极为重要。钢结构施工前，应编制施工安全、环境保护专项方案和安全应急预案，钢结构安装时应有可靠的作业通道和安全防护措施，应制定极端气候条件下的应对措施。施工时，应为作业人员提供符合国家现行有关标准规定的合格劳动保护用品，并应培训和监督作业人员正确使用，对易发生职业病的作业，应对作业人员采取专项保护措施。钢结构吊装时，构件应尽可能在地面组装，并搭设进行临时固定、电焊、高强度螺栓连接的高空安全设施，随构件同时上吊就位。拆卸时安全措施也应一并考虑和落实。高空吊装大型构件前，也应搭设悬空作业中所需的安全设施。

1. 登高作业

搭设登高脚手架应符合现行行业标准《建筑施工扣件式钢管脚手架安全技术规范》JGJ 130和《建筑施工碗扣式钢管脚手架安全技术规范》JGJ 166的有关规定；当采用其他登高措施时，应进行结构安全计算。多层及高层钢结构施工应采用人货两用电梯登高，对电梯尚未到达的楼层应搭设合理的安全登高设施。钢柱吊装松钩时，施工人员宜通过钢挂梯登高，并应采用防坠器进行人身保护。钢挂梯应预先与钢柱可靠连接，并应随柱起吊。

2. 安全通道

钢结构安装所需的平面安全通道应分层平面连续搭设。通道宽度不宜小于600mm，且两侧应设置安全护栏或防护钢丝绳。在钢梁或钢桁架上行走的作业人员应佩戴双钩安全带。登高安装钢梁时，应视钢梁高度在两端设置挂梯或搭设钢管脚手架。梁面上需行走时，其一侧的临时防护栏横杆可采用钢索，当改为扶手绳时，绳的自由下垂度不应大于 $L/20$，并应控制在 100mm 以内（L 为绳长）。

3. 洞口和临边防护

建筑物楼层钢梁吊装完毕后，应及时分区铺设安全网。应在每层临边设置防护栏，且防护栏高度不应低于 1.2m。临边脚手架、操作平台、安全挑网等应可靠固定在结构上。防护栏一般采用钢丝绳、脚手管等材料制成。边长或直径为 20～40cm 的洞口应采用刚性盖板固定防护；边长或直径为 40～150cm 的洞口应架设钢管脚手架、满铺脚手板等；边长或直径在 150cm 以上的洞口应张设密目安全网防护并加护栏。

4. 施工机械和设备

钢结构施工使用的各类施工机械，应符合现行行业标准《建筑机械使用安全技术规程》JGJ 33 的有关规定。塔式起重机应有良好的接地装置。起重吊装机械应安装限位装置，并应定期检查。采用非定型产品的吊装机械时，必须进行设计计算，并应进行安全验算。安装和拆除塔式起重机时，应有专项技术方案。

钢结构安装采用的非定型吊装机械主要包括吊装扒杆、龙门吊机等，主要是企业根据施工经验进行设计，实际施工中需要进行详细计算以确保使用安全。

5. 吊装区安全

吊装区域应设置安全警戒线，非作业人员严禁入内。为防止吊至高空的重物意外掉落，需临时封闭吊装作业影响区，禁止非作业人员进入，安全警戒线至少要覆盖吊装机械的作业范围，宜有适当富余。吊装作业时起重作业人员也应尽量远离被吊装构件。

吊装物吊离地面 200～300mm 时，应进行全面检查，应检查吊索与吊钩的接触是否良好，各条吊索是否都已受力，被吊物是否有较大的转动，吊耳与构件的连接是否完好，构件的变形是否正常等，应确认无误后再正式起吊，在低空危险性相对较小的情况下检查复核，以此保证高空吊装的安全性。

吊装作业时现场的风力是一个关键且危险的影响因素，需予以重点控制，风速过大，将导致被吊物在高空出现大幅摆动，影响起重机械的受力状态，可能出现安全事故，当风速达到 10m/s 时，宜停止吊装作业；当风速达到 15m/s 时，不得吊装作业。高空作业使用的小型手持工具和小型零部件应采取防止坠落措施。

6. 消防安全措施

钢结构施工现场存在大量的动火点，导致现场防火问题十分突出，施工前应有相应的消防安全管理制度。施工现场应设置安全消防设施及安全疏散设施，并应定期进行防火巡查。

气体切割和高空焊接作业时，应清除作业区危险易燃物，并应采取防火措施。现场油漆涂装和防火涂料施工时，应按产品说明书的要求进行产品存放和防火保护。

4.2 外围护结构施工

4.2.1 外围护墙施工

外围护部品安装宜与主体结构同步进行，可在安装部位的主体结构验收合格后进行。

安装前应对所有进场部品、零配件及辅助材料按设计规定的品种、规格、尺寸和外观要求进行检查，进行技术交底，将部品连接面清理干净，并对预埋件和连接件进行清理和防护，按部品排版图进行测量放线。

部品吊装应采用专用吊具，起吊和就位应平稳，防止磕碰。

预制外墙安装时，墙板应设置临时固定和调整装置，墙板应在轴线、标高和垂直度调校合格后永久固定，当采用双层墙板安装时，内、外层墙板的拼缝宜错开，蒸压加气混凝土板施工应符合现行行业标准《蒸压加气混凝土制品应用技术标准》JGJ/T 17 的规定。

现场组合骨架外墙安装时，竖向龙骨安装应平直，不得扭曲，间距应符合设计要求，空腔内的保温材料应连续、密实，并应在隐蔽验收合格后方可进行面板安装，面板安装方向及拼缝位置应符合设计要求，内外侧接缝不宜在同一根竖向龙骨上，木骨架组合墙体施工应符合现行国家标准《木骨架组合墙体技术标准》GB/T 50361 的规定。

4.2.2 外门窗安装

铝合金门窗安装应符合现行行业标准《铝合金门窗工程技术规范》JGJ 214 的规定。铝合金门窗采用干法施工安装时，金属附框安装应在洞口及墙体抹灰湿作业前完成，铝合金门窗安装应在洞口及墙体抹灰湿作业后进行；金属附框宽度应大于 30mm；金属附框的内、外两侧宜采用固定片与洞口墙体连接固定；固定片宜用 Q235 钢材，厚度不应小于 1.5mm，宽度不应小于 20mm，表面应做防腐处理；金属附框固定片安装位置应满足：角部的距离不应大于 150mm，其余部位的固定片中心距不应大于 500mm（图 4-31）；固定片与墙体固定点的中心位置至墙体边缘距离不应小于 50mm（图 4-32）；相邻洞口金属附框平面内位置偏差应小于 10mm。金属附框内缘应与抹灰后的洞口装饰面齐平。

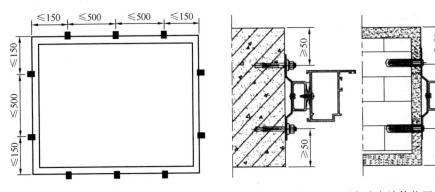

图 4-31 固定片安装位置　　　　图 4-32 固定片在墙体位置

铝合金门窗框与洞口缝隙，应采用保温、防潮且无腐蚀性的软质材料填塞密实；也可使用防水砂浆填塞，但不宜使用海砂成分的砂浆。使用聚氨酯泡沫填缝胶，施工前应清除黏接面的灰尘，墙体黏接面应进行淋水处理，固化后的聚氨酯泡沫胶缝表面应作密封处理；与水泥砂浆接触的铝合金框应进行防腐处理。湿法抹灰施工前，应对外露铝型材表面进行可靠保护。

塑料门窗安装应符合现行行业标准《塑料门窗工程技术规程》JGJ 103 的规定。当门窗框与墙体间采用固定片固定时，应使用单向固定片，固定片应双向交叉安装。与外保温墙体固定的边框固定片宜朝向室内。固定片与窗框连接应采用十字槽盘头自钻自攻螺钉直接钻入固定，不得直接锤击钉入或仅靠卡紧方式固定。

当门窗框与墙体间采用膨胀螺钉直接固定时，应按膨胀螺钉规格先在窗框上打好基孔，安装膨胀螺钉时应在伸缩缝中膨胀螺钉位置两边加支撑块。膨胀螺钉端头应加盖工艺孔帽，并应用密封胶进行密封，见图4-33。

对于保温墙体，应将窗下框与洞口间缝隙全部用聚氨酯发泡胶填塞饱满。外侧防水密封处理应符合设计要求。外贴保温材料时，保温材料应略压住窗下框（图4-34），其缝隙应用密封胶进行密封处理。当外侧抹灰时，应做出拔水坡度，并应采用片材将抹灰层与窗框临时隔开，留槽宽度及深度宜为5～8mm。

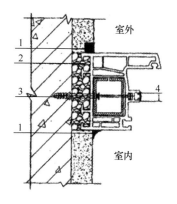

图4-33 加支撑块构造

1—密封胶；2—聚氨酯发泡胶；
3—膨胀螺钉；4—工艺孔帽

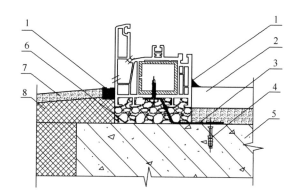

图4-34 外保温墙体窗下框安装节点图

1—密封胶；2—内窗台板；3—固定片；4—膨胀螺钉；
5—墙体；6—聚氨酯发泡胶；7—防水砂浆；
8—保温材料

钢结构建筑门窗的安装贴近钢柱时，应注意隔声构造处理。门窗固定在钢构件上时，连接件应具有弹性且应在连接处设置软填料填缝。

钢结构主体钢构件均为工业化生产建造，施工精度比传统混凝土结构要高，利于工业化墙板和门窗的安装，在门窗与钢结构梁柱直接连接时，要注意钢结构传声的特性，做好隔声措施。从施工误差和安装精度的匹配度，可以实现门窗洞口尺寸和外门窗尺寸的公差协调，也就是门窗可以在工厂根据设计图纸"缩尺加工"，实现门窗的定型生产、高效装配和"零渗漏"。

4.3 内装系统施工

内装部件包括非承重的隔墙部件、吊顶部件、地板部件、厨房部件、卫浴部件、固定家具部件和装饰面材、块材、板材等，应首先取得模数优化尺寸系列。在模数网络的原则指导下，完成安装的集成化和系列化，实现干法施工、垃圾减量。

4.3.1 内隔墙

内部空间隔墙部件的安装，可采用中心线定位法和界面定位法。当要求多个部件汇集安装到一条线上时，应采用界面定位法，如图 4-35 所示。在具体的建筑工程中，隔墙两侧多数都是可使用的套内空间，可采用中心线定位法，但由于两侧套内空间的使用频率与重要性存在差异，往往将重点的一面以界面定位法进行安装施工，施工人员应根据具体情况，合理选择定位方式。对于板材、块材、卷材等装修面层的安装，当内装修面层所在一侧要求模数空间时，应采用界面定位法。装修面层的安装面材应避免剪裁加工，必要时可利用技术尺寸进行处理。

部件的安装位置与基准面之间的距离 d，应满足公差与配合的状况，且应大于或等于连接空间尺寸，并应小于或等于制作公差 t_m、安装公差 t_e、位形公差 t_s 和连接公差 e_s 的总和，且连接公差 e_s 的最小尺寸可为 0（图 4-36）。公差配合公式为：$e_a \leqslant d \leqslant e_s + t_m + t_e + t_s$，公差应根据功能部位、材料、加工等因素选定。在精度范围内，宜选用大的基本公差，可以降低对材料的要求，容易加工，提高工效。

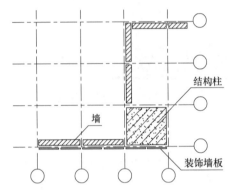

图 4-35 多个构件按界面定位法安装

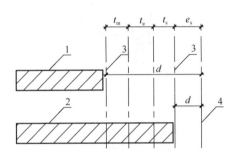

图 4-36 部件安装的公差与配合
1—部件的最小尺寸；2—部件的最大尺寸；
3—安装位置；4—基准面

1. ALC 内墙板

ALC 内墙板应从门洞口处向两端依次进行安装，门洞两侧应为无企口板材。无洞口墙体应从一端向另一端顺序安装。应先安装定位板，并在板侧的企口处、板的两端均匀满刮黏结材料，空心条板的上端应局部封孔；顺序安装墙板时，应将板侧榫槽对准另一板的榫头，对接缝隙内填满的黏结材料应挤紧密实，并将挤出的黏结材料刮平；板上、下与主体结构应采用 U 形钢卡连接。门窗洞口过梁应采用条形板材横向安装，过梁板进入支座长度不应小于 200mm。

2. 轻钢龙骨石膏板墙

石膏板安装应在外墙、窗和楼层内各类主要管线施工完成后进行，所用的材料应有产品合格证书及检测报告，石膏板应干燥、平整、边缘整齐、纸面完整无损，不应受潮、起皮、弯曲变形、板面裂纹、面纸起鼓、缺角、污垢和吊装不完整，轻钢龙骨应平整、光滑、无锈蚀、无变形。龙骨应置于平整的室内，防止龙骨变形、生锈。石膏板置于平整、干燥、通风处，防止受潮、变形。施工前检查图纸，与现场出入较大时应及时通知设计。施工工艺流程可参考图 4-37。

土建与电气安装专业等应该密切配合，各工种间应保证已安装项目不受损坏，龙骨不能固定在设备上。应结合罩面板的长、宽分档，确定竖向龙骨、横撑龙骨、钢带或其他部件的位置，沿顶、沿地龙骨应沿弹线位置用射钉或膨胀螺栓固定，固定点间距不应大于 600mm，龙骨对接应保持平直。选用通贯系列龙骨时，低于 3m 应隔断安装一道龙骨；3～5m 应隔断安装两道龙骨，5m 以上应安装三道龙骨。石膏板的横向接缝，如不是沿顶、沿地龙骨上时，应加设横撑龙骨或钢带固定石膏板。

预埋管道和附墙设备应按设计要求与龙骨安装同步进行，或在另一面石膏板封板之前进行，并采取局部加强措施固定牢固。电气设备在墙中铺设管线时，应避免切断竖向龙骨，同时避免在沿墙下端设置管线。安装罩面板前，应检查隔断骨架的牢固程度，不牢固处应进行加固。

石膏板宜竖向铺设，长边接缝应落在竖向龙骨上。龙骨两侧的石膏板及龙骨一侧的内外两层石膏板应错缝排列，接缝不应落在同一根龙骨上。石膏板用自攻螺钉固定时，自攻梁顶应用电动螺钉枪一次打入，螺钉应采用防锈自动螺钉。沿石膏板周边螺钉间距不应大于 200mm，中间部分螺钉间距不应大于 300mm，螺钉与板边缘的距离应为 10～15mm。安装石膏板时应从板的中部向板的四边固定，钉头沉入板内 1mm，但不得损坏

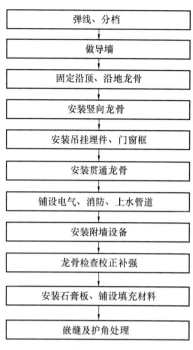

图 4-37　轻钢龙骨石膏板墙
施工流程图

纸面。钉眼应涂防锈漆，用接缝石膏抹平。拼接时自然靠拢，不得强压就位。安装在隔墙端部的石膏板与周围的墙或柱应留有 3mm 的槽口，槽口处应铺板后加注接缝石膏，接缝石膏应与邻近表层挤压严实。铺放墙体内的玻璃棉、岩棉板等填充材料，在安装另一侧纸面石膏板同时进行，填充材料应铺满铺平，安装牢固，不得松脱下垂，其厚度由设计确定。转角处理应按以下要求进行，阴角角缝用接缝石膏填实，待完全干燥后用细砂纸或电动打磨器打磨平整，阳角角缝用金属护角固定保护，固定钉距不应大于 200mm。护角表面应用接缝石膏满覆，不得外露，待完全干燥后用细砂纸或电动打磨器打磨平整。

当有如下情况之一时，应设置变形缝：隔墙连续超过 12m；建筑物结构本身设缝处；隔墙与不同材质连接处。设置变形缝时，相邻两块纸面石膏板的端头接缝坡口应自然靠紧，接缝宜分层多次进行，接缝后的表面应光滑平整。当室外平均气温连续低于 5℃ 时，应编制冬期施工方案。

装配式内隔墙面板持钉力较弱，内部龙骨又为定距，因此固定物件的紧固件很难定位，所以应预先确定固定点的位置、形式和荷载，以便通过调整龙骨间距，增设龙骨横撑、预埋木方等方法为外挂安装提供条件。国外的一些厂家为装配式内墙系统开发出许多专用五金件和紧固件，使用起来非常方便。较重的物件如电热水器，墙体本身不能承受，需要在中空部分设置钢支撑并与钢梁或楼板可靠连接。

4.3.2　吊顶

1. 石膏板面层集成吊顶

其安装工艺如图 4-38 所示。

```
弹线
  ↓
安装边龙骨
  ↓
安装吊杆及吊件
  ↓
安装龙骨及挂件、接长件
  ↓
开洞处理、管道铺设
  ↓
安装石膏板
  ↓
嵌缝及转角处理
```

图 4-38 轻钢龙骨石膏板吊顶施工工艺

吊顶高度的确定应根据设计要求，以室内标高基准线为准，在房间四周围护结构上标出吊顶标高线，同时标出大中型灯具吊顶定位基准线等控制线。边龙骨应安装在房间四周围护结构上，下边缘上口应与吊顶标高线平齐，并用射钉或膨胀螺栓固定，间距宜为600mm，端头宜为50mm。主龙骨端头吊点距主龙骨边端不应大于200mm，端排吊点距侧墙间距不应大于200mm。吊点横纵方向应在直线上，且应避开灯具、设备及管道位置，否则应调整或增加吊点或采用型钢转换层。

吊杆与室内顶部结构的连接应牢固、安全，吊杆应与结构中的预埋件焊接或与后置紧固件连接。应根据吊顶系统构造类型确定吊装形式，选择吊杆类型，吊杆应通直，满足承载力要求。需要接长时，应搭接焊牢，焊缝饱满。单面焊搭接长度不小于吊杆直径的10倍，双面焊不小于吊杆直径的5倍。安装时先将主龙骨与吊件固定，按吊顶标高调节吊件高度，调平主龙骨。对大面积的吊顶，宜每隔12m在主龙骨上部垂直方向焊接一道横卧主龙骨，焊接点处应涂刷防锈漆。副龙骨应紧贴主龙骨，采用专用挂件连接，每个连接点的挂件应双向互扣成对或相邻的挂件应采用相向安装。主龙骨和副龙骨需要接长时应采用接长件。副龙骨间距应准确、均衡，按石膏板模数确定，保证板两端固定于副龙骨上。石膏板长边接缝处应增加横撑龙骨，横撑龙骨用水平件连接，并与通长副龙骨固定，安装副龙骨及横撑龙骨时应避开设备开洞、检查孔的位置。横撑龙骨安装完毕后应保证底面与副龙骨底边齐平。

石膏板安装前，应进行吊顶内隐蔽工程验收，所有项目验收合格且建筑外围护施工完成后才能进行安装。石膏板沿副龙骨垂直方向铺设，在自由状态下用自攻螺钉与副龙骨、横撑龙骨固定，固定应先从板的中间开始，向板的两端和周边延伸，不应多点同时施工，长边自攻螺钉间距不应大于200mm，距板边距离宜为10～15mm，短边自攻螺钉间距不应大于200mm，螺钉距板面切割的板边距离应为15～24mm。自攻螺钉应与板面垂直，螺钉帽宜埋入板面，但不应使纸面破损暴露石膏板，钉眼处应经过防锈处理后用接缝石膏抹平。螺钉应一次性钉入轻钢龙骨，不得采用电钻等工具先打眼后安装螺钉的施工方法。开洞应使用开孔器，不应用斧锤等钝器敲砸。

双层石膏板的第一层板缝宜采用接缝石膏抹平，自攻螺钉间距宜为200mm，第二层板缝应与第一层的板缝错开，板边的自攻螺钉间距宜为150mm，板中的自攻螺钉间距宜为250mm，且自攻螺钉的位置应与第一层板上自攻螺钉错开。

2. 金属面板集成吊顶

金属面板集成吊顶工程施工时，吊顶高度定位应以室内标高基准线为准。根据施工图纸，在房间四周围护结构上标出吊顶标高线，确定吊顶高度位置。龙骨基准线高低误差应为0～2mm。弹线应清晰，位置准确。

边龙骨应安装在房间四周围护结构上，下边缘应与标准线平齐，选用膨胀螺栓等固定，间距不宜大于500mm，端头不宜大于50mm。

吊顶工程应根据施工图纸，在室内顶部结构下确定主龙骨吊点间距及位置。主龙骨端头吊点距主龙骨边端不应大于 300mm，端排吊点距侧墙间距不应大于 200mm。吊点横纵应在直线上，当不能避开灯具、设备及管道时，应调整吊点位置或增加吊点或采用钢结构转换层。吊杆及吊件的安装应符合下列规定：(1) 吊杆长度应根据吊顶设计高度确定。应根据不同的吊顶系统构造类型，确定吊装形式，选择吊杆类型。吊杆应通直并满足承载要求。吊杆接长时，应搭接焊牢，焊缝饱满。搭接长度：单面焊为 10d，双面焊为 5d（d 为吊杆直径）。(2) 吊杆与室内顶部结构的连接应牢固、安全。吊杆应与结构中的预埋件焊接或与后置紧固件连接。(3) 吊顶工程应根据主龙骨规格型号选择配套吊件。吊件与吊杆应安装牢固，并按吊顶高度调整位置，吊件应相邻对向安装。

当采用单层龙骨时，龙骨及挂件、接长件的安装应符合下列规定：(1) 吊顶工程应根据设计图纸，放样确定龙骨位置，龙骨与龙骨间距不宜大于 1200mm。龙骨至板端不应大于 150mm。(2) 主龙骨与吊件应连接紧固，当选用的龙骨加长时，应采用龙骨连接件接长。主龙骨安装完毕后，调直龙骨，保证每排龙骨顺直且每排龙骨之间平行。当龙骨为卡齿龙骨时，每排龙骨的对应卡齿应在一条直线上。(3) 龙骨标高应通过调节吊件调整，并应调平龙骨。

当采用双层龙骨时，龙骨及挂件、接长件的安装应符合下列规定：(1) 吊顶工程应根据设计图纸，放样确定上层龙骨位置，龙骨与龙骨间距不应大于 1200mm。边部上层龙骨与平行的墙面间距不应大于 300mm。(2) 上层龙骨与吊件应连接紧固，当选用的龙骨加长时，应采用龙骨接长件连接。(3) 上层龙骨标高应通过调节吊件调平。(4) 金属板类吊顶工程应根据金属板规格，确定下层龙骨的安装间距，安装下层龙骨并调平。当吊顶为上人吊顶，上层龙骨为 U 型龙骨、下层龙骨为卡齿龙骨或挂钩龙骨时，上层龙骨应通过轻钢龙骨吊件、吊杆或增加垂直扣件与下层龙骨相连；当吊顶上、下层龙骨均为 A 字卡式龙骨时，上、下层龙骨间应采用十字连接扣件连接。

面板的安装应符合下列规定：(1) 面板安装前，应进行吊顶内隐蔽工程验收，所有项目验收合格后才能进行面板安装施工。(2) 面板与龙骨嵌装时，应防止相互挤压过紧而引起变形或脱挂。(3) 采用挂钩法安装面板时应留有板材安装缝，缝隙宽度应符合设计要求。(4) 当面板安装边为互相咬接的企口或彼此钩搭连接时，应按顺序从一侧开始安装。(5) 外挂耳式面板的龙骨应设置于板缝处，面板通过自攻螺钉从板缝处将挂耳与龙骨固定完成面板的安装。面板的龙骨应调平，板缝应根据需要选择密封胶嵌缝。(6) 条形格栅面板应在地面上安装加长连接件，面板宜从一侧开始安装，应按保护膜上所示安装方向安装。方格格栅吊顶没有专用的主、次龙骨，安装时应先将方格组条在地上组成方格组块，然后通过专用扣挂件与吊件连接组装后吊装。(7) 当面板需留设各种孔洞时，应用专用机具开孔，灯具、风口等设备应与面板同步安装。(8) 安装人员施工时应戴手套，避免污染板面。(9) 面板安装完成后应撕掉保护膜，清理表面，应注意成品保护。

功能模块的施工应符合下列要求：(1) 功能模块上的采暖器具、通风器具、照明器具的电气配线应符合现行国家标准《建筑电气工程施工质量验收规范》GB 50303 的规定。(2) 重型设备和有振动荷载的设备严禁安装在吊顶工程的龙骨上。当采用整体面层及金属板类吊顶时，质量不大于 1kg 的筒灯、石英射灯、烟感器、扬声器等设施可直接安装在面板上；质量不大于 3kg 的灯具等设施可安装在 U 型或 C 型龙骨上，并应有可靠的固定措施。

4.3.3　地板

1. 实木地板铺装

实木地板可采用条材、块材或拼花实木地板，可采用龙骨铺装法、悬浮铺装法、高架铺装法铺装在垫层上，采用粘胶直铺法铺装在基层上。企口拼装的硬木地板，固定时应从凸榫处以 30°～45°斜向钉入；硬木地板应先钻孔，孔径应略小于地板钉直径，地板钉长度宜为板厚的 2.5 倍，钉帽应砸扁，冲入板内。在龙骨上铺装实木地板时，相邻板块接头应相互错开，纵向拼装宜相互排紧。铺装定尺或不定尺长的实木地板时，实木地板纵向宜相互排紧，横向相邻板块预留的伸缝宽度应符合设计要求。铺装实木企口地板的固定点应符合设计要求。设计无要求时地板长度上所搁置的每根龙骨上应有一个固定点，板的端头凸榫处应各加钉 1 个钉固定。在人造板垫层上铺装时，用气钉固定的定尺或不定尺长地板，板的端头凸榫处应加钉 2 个钉固定，其余部位每间隔 10～15mm 用气钉固定。气钉长度应大于 30mm，气钉枪空气压力应大于 0.6MPa。采用胶粘直铺法铺装的基层（垫屋）必须平整，无油污。满铺时基层（垫层）和地板背面均应刷胶，保证地板的黏结面积。实木地板素面板应先刨磨。应顺木纹方向磨削，磨削总量应控制在 0.3～0.8mm。实木踢脚板在靠墙的背面应开通风槽并做防腐处理。通风槽深度不宜小于 5mm，宽度不宜小于 30mm，或符合设计要求。踢脚板宜采用明钉钉牢在防腐木块上，钉帽应砸扁冲入板面内，无明显钉眼，踢脚板板面应垂直，上口呈水平。踢脚板阴、阳角处应切角后进行拼装。踢脚板的接头应切成 45°固定在防腐木块上，或按设计要求施工。实木地板面层铺装的允许偏差不得超过表 4-21 的规定值。

实木地板面层铺装允许偏差（mm）　　　　　　　　表 4-21

项次	项目	允许偏差		
		松木地板	硬木地板	拼花地板
1	板面缝隙宽度	1.0	0.5	0.2
2	表面平整度	3.0	2.0	
3	板面拼缝平直度	3.0		
4	相邻板材高差	0.5		

2. 实木复合地板铺装

实木复合地板面层可采用条材、块材或拼花实木复合地板。实木复合地板可采用龙骨铺装法、悬浮铺装法、高架铺装法铺装在垫层上，也可采用胶粘直铺法铺装在基层或人造板垫层上。面层铺装，可参照实木地板面层铺装方法。拼缝当采用锁扣紧密形式时可直接拼装，拼装后应严密无缝。实木复合拼花地板，当采用胶粘方式时，板材间榫槽处胶粘剂应涂刷均匀，不得漏涂。拼装时挤出的胶液应立即擦净，板面上不得有胶痕。采用地面辐射供暖形式时，覆盖层含水率应符合设计要求。采用地面辐射供暖形式时，面层的铺装施工除应符合设计文件的要求外，尚应符合下列规定：（1）不得剔、凿、割、钻和钉覆盖层，不得向覆盖层内楔入任何物质；（2）在覆盖层达到要求的强度后方可进行铺装施工。

辐射供暖采用地采暖用实木复合地板面层时，在与任何内外墙、柱等垂直构件相交处，应设置宽度不小于 14mm 的伸缩缝，其允许偏差为±2mm。伸缩缝的填充材料宜采用高发泡聚乙烯泡沫塑料，伸缩缝应从覆盖层的上边缘做到高出地板面层上表面10～20mm，地板面层敷设完毕后，应裁去多余部分。踢脚板安装可参照实木地板的铺装方法。

实木复合地板面层铺装的允许偏差，不得超过表4-22的规定值。

地板铺装允许偏差（mm）   表 4-22

项次	项目	允许偏差	项次	项目	允许偏差
1	板面缝隙宽度	0.5	3	板面拼缝平直度	3.0
2	表面平整度	2.0	4	相邻板材高差	0.5

4.4 设备与管线系统施工

4.4.1 给水排水工程

1. 给水系统管道安装

工艺流程：安装准备→预留孔洞→干管安装→立管安装→支管安装→管道试压→管道防腐和保温→管道消毒冲洗。管道有明装和暗装两种布置形式，明装是指管道明露，优点是施工维修方便、造价低，缺点是影响美观，易结露、积灰，不卫生。暗装指管道布置在墙体管槽、管道井或管沟内，优点是卫生、美观，缺点是施工复杂，维修不便，造价高。

室内直埋给水技术管道应做防腐处理，埋地管道防腐层材质和结构应符合设计要求。管道穿越地下构筑物外墙、水池壁及屋面时，应采取防水措施。对有严格防水要求的建筑物，必须采用柔性防水套管。

刚性防水套管适用于一般防水要求的构筑物，如图4-39所示。Ⅰ型防水套管适用于铸铁管和非金属管；Ⅱ型防水套管适用于钢管；Ⅲ型适用于钢管预埋，将翼环直接焊在钢管上。套管长度 L 等于墙厚且大于等于200mm，如遇非混凝土墙应改为混凝土墙，混凝土墙墙厚小于200mm时，应局部加厚至200mm，更换或加厚的混凝土墙其直径比翼环直径大200mm。

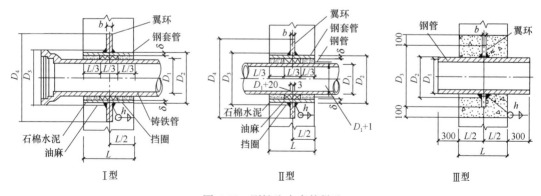

图 4-39 刚性防水套管做法

柔性防水套管适用于管道穿过墙壁处受振动或有严密防水要求的构筑物，其结构如图4-40所示。套管部分加工完成后在其内壁涂装防锈漆一道，套管必须一次浇筑固定在

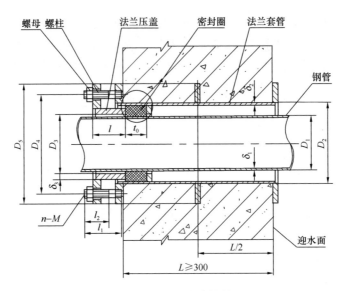

图 4-40　柔性防水套管做法

墙内，套管长度 L 等于墙厚且大于等于 300mm，如遇非混凝土墙应改为混凝土墙，混凝土墙厚小于 300mm 时应更换或加厚混凝土墙，其直径应比翼环直径 D 大 200mm。给水管道不宜穿过伸缩缝、沉降缝和防震缝，必须穿过时应采取如下有效措施：

螺纹弯头法：建筑物的沉降可由螺纹弯头的旋转补偿，适用于小直径的管道，见图 4-41（a）；软管接头法：用橡胶软管或金属波纹管连接沉降缝、伸缩缝两边的管道，见图 4-41（b）；活动支架法：沉降缝两侧的支架使管道能垂直位移而不能水平横向位移，以适应沉降伸缩之应力，见图 4-41（c）。

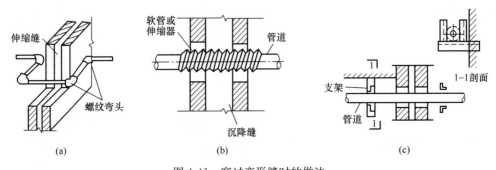

图 4-41　穿过变形缝时的做法
（a）螺纹弯头法；（b）软管接头法；（c）活动支架法

楼层高度小于等于 5m 时，每层必须安装 1 个管道支架，楼层高度大于 5m 时则需要安装 2 个管道支架。管卡安装距地面高度应为 1.5～1.8m，2 个以上管卡应均匀安装，同一房间管卡应安装在同一高度上。钢管水平安装的支、吊架间距不应大于表 4-23 的规定。

钢管管道支架的最大间距　　　　　　　　　　　　　　　表 4-23

公称直径（mm）		15	20	25	32	40	50	70	80	100	125	150	200	250	300
支架最大间距（m）	保温管	2	2.5	2.5	2.5	3	3	4	4	4.5	6	7	7	8	8.5
	不保温管	2.5	3	3.5	4	4.5	5	6	6	6.5	7	8	9.5	11	12

管道穿过墙壁和楼板，应设置金属或塑料套管。安装在楼板内的套管，其顶部应高出装饰地面 20mm；安装在卫生间及厨房内的套管，其顶部应高出装饰地面 50mm，底部与楼板地面相平，见图 4-42（a），安装在墙壁内的套管其两端应与饰面相平，见图 4-42（b），穿过楼板的套管与管道之间缝隙应用阻燃密实材料或防水油膏填实，端面光滑。穿墙套管与管道之间缝隙应用阻燃密实材料和防水油膏填实，且端面光滑，管道的接口不得设在套管内。

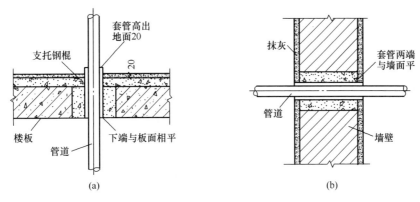

图 4-42 套管穿越楼板或墙做法

（a）穿楼板套管；（b）穿墙套管

冷热水管道上下平行安装时，热水管应在冷水管上方；垂直平行安装时热水管应在冷水管左侧。给水管与排水管的水平净距不得小于 1m，室内给水管与排水管道平行敷设时，两管的最小水平净距不得小于 0.5m，交叉铺设时，垂直净距不得小于 0.15m，给水管应铺在排水管上面，若给水管必须铺在排水管的下面时，给水管应加套管，其长度不得小于排水管管径的 3 倍。

管道试压试验必须符合设计要求，当设计未注明时，各种材质的给水管道系统试验压力均为工作压力的 1.5 倍，但不得小于 0.6MPa。金属及复合管给水系统在试验压力下观测 10min，压力下降不应大于 0.2MPa，然后降到工作压力进行检查，应不渗不漏；塑料管给水系统应在试验压力下稳压 1h，压力下降不得超过 0.05MPa，然后在工作压力的 1.15 倍状态下稳压 2h，压力降不得超过 0.03MPa，同时检查各连接处不得渗漏。

2. 阀门水表安装

阀门安装前，应做强度和严密性试验，应在每批数量中抽查 10%，且不少于 1 个。对于安装在主干管上起切断作用的闭路阀门，应逐个做强度试验和严密性试验。阀门的强度试验要在阀门开启状态下进行，检查阀门外表面的渗漏情况。阀门的严密性试验要在阀门关闭状态下进行，检查阀门密封面是否渗漏。进行阀门的强度和严密性试验时，试验压力应为公称压力的 1.5 倍，严密性试验压力为公称压力的 1.1 倍，试验压力在试验时间内保持不变，且壳体填料及阀瓣密封面无渗漏。阀门试压持续时间应不少于表 4-24 的规定。

阀门试验持续时间 表 4-24

公称直径 DN（mm）	最短试验持续时间（s）		
	严密性试验		强度试验
	金属密封	非金属密封	
≤50	15	15	15

公称直径 DN (mm)	最短试验持续时间（s）		
	严密性试验		强度试验
	金属密封	非金属密封	
65～200	30	15	60
250～450	60	30	180

水表应安装在便于检修、不受曝晒、污染和冻结的地方。安装螺翼式水表时，表前与阀门应有不小于 8 倍水表接口直径的直线管段。表外壳距墙表面净距为 10～30mm；水表进水口中心标高按设计要求执行，允许偏差为±10mm。

4.4.2 供暖工程

供暖系统由热源、供暖管道及散热设备组成。一般以热水作为热媒，民用建筑采用低于 100℃的低温水。室内供暖系统安装施工工艺流程为：安装准备→预制加工→卡架安装→供暖总管安装→供暖干管安装→供暖立管安装→散热设备安装→供暖支管安装→系统水压试验→冲洗→防腐→保温→调试。

1. 散热器供暖系统管道安装

在满足室内各环路水力平衡的前提下，应尽量减少建筑物的供暖管道入口数量，管道穿越地下室或地下构筑物外墙时，应采取防水措施。有严格防水要求的应采用柔性防水套管，一般可采用刚性防水套管。位于地沟内的干管，安装前应将地沟内杂物清理干净，安装好托吊、卡架，最后盖好沟盖板，位于楼板下的干管，应在结构进入安装层的一层以上后安装，位于顶层的干管，应在结构封顶后安装，凡需隐蔽的干管，均须单体进行水压试

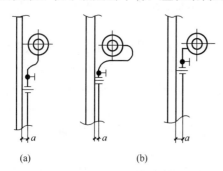

图 4-43　供暖立管与顶部干管的连接
（a）供暖热水管；（b）供暖蒸汽管

验。立管安装必须在确定准确的地面标高后进行，并检查和复核各层预留孔洞是否在垂直线上，将预制好的管道运到安装地点进行安装。供暖立管与顶部干管连接，热水立管应从干管底部接出，蒸汽立管应从干管的侧部或顶部接出，如图 4-43 所示。

供热支管安装须在墙面抹灰后进行，检查散热设备安装位置及立管预留口甩头是否准确，量出支管尺寸进行安装，供暖支管安装与立管交叉时，支管应煨弯绕过立管。暗装或半暗装的散热器支管上应煨制灯叉弯。

2. 散热设备安装

散热器安装程序为：画线定位→打洞→栽埋托钩或卡子→散热器除锈涂装→散热器组对→散热器单组水压试验→挂装或落地安装散热器。图 4-44 为几种常用的散热器。

散热器的除锈和涂装可在散热器组对前或组对试压合格后进行。散热器托钩支架安装可与散热器组对试压同时进行，也可以先后进行。散热器组对材料有外接头、汽包垫片、丝堵、内外接头，如图 4-45 所示，垫片材质无要求时，应采用耐热橡胶。

散热器组对后以及整组出厂安装之前应做水压试验。试验压力如设计无要求时应为工

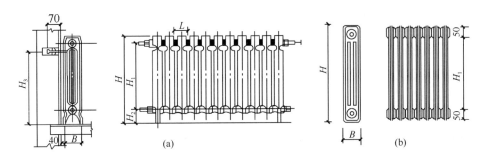

图 4-44　几种散热器

（a）铸铁柱翼型（辐射对流型）散热器；（b）钢制柱型散热器

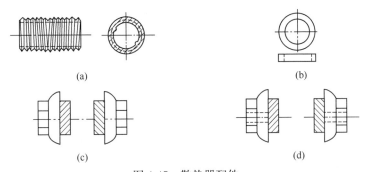

图 4-45　散热器配件

（a）散热器外接头；（b）汽包垫片；（c）散热器丝堵；（d）散热器内外接头

作压力的 1.5 倍，但不小于 0.6MPa。挂装的柱型散热器应采用中片组装，落地安装的柱型散热器，14 片及以下的安装 2 个足片；15～24 片的应安装 3 个足片；25 片及以上的安装 4 个足片，足片均匀分布。散热器支架、托架位置应准确，埋设牢固，数量满足要求。图 4-46 为托钩和卡件做法。

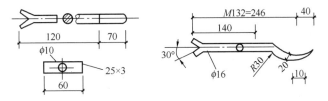

图 4-46　散热器托钩和卡件的加工尺寸

散热器安装分为明装、暗装、半暗装三种形式。明装为散热器全部裸露于墙内表面，暗装为散热器全部嵌入墙槽内，半暗装为散热器的宽度一半嵌入墙槽内安装。散热器背面与装饰后的墙面距离一般为 30mm。暗装时装饰罩应有合理的气流通道、足够的通道面积，方便维修。

3. 低温热水地板辐射供暖系统加热管安装

加热管的内外表面应光滑、平整、干净，不应有影响产品性能的明显划痕、凹陷、气泡等缺陷。加热管管径、间距和长度应符合设计要求，间距偏差不大于 10mm。加热管安装间断或完毕时，敞口处应随时封堵。管道安装过程中，应防止涂料、沥青或其他化学溶

167

剂污染管材、管件。加热管切割应采用专用工具，切口应平整，端面应垂直于管轴线。熔接连接管道的结合面应有一均匀的熔接圈，不得出现局部熔瘤或熔接圈凸凹不匀现象。加热管弯曲部分不得出现硬折弯现象，塑料管弯曲半径不应小于管道外径的8倍，复合管不应小于管道外径的5倍。埋设于填充层内的加热盘不应有接头。加热管应设固定装置，可用固定卡将加热管直接固定在绝热板或设有复合面层的绝热板上，或用扎带将加热管固定在铺设于绝热层上的网格上；或直接卡在铺设于绝热层表面的专用管架或管卡上，或直接固定于绝热层表面凸起形成的凹槽内，如图4-47所示。

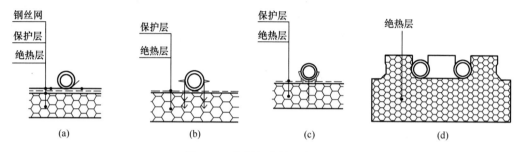

图 4-47　塑料加热管固定方式

(a) 塑料扎带绑扎（保护膜为铝箔）；(b) 塑料卡钉（管卡，保护层为聚乙烯膜）；
(c) 管架或管托（保护层为聚乙烯膜）；(d) 带凸台或管槽的绝热层

加热管弯头两端宜设置固定卡，加热管固定点的间距，直管段固定点间距宜为0.5~0.7m，弯曲管段固定点间距宜为0.2~0.3m。在分水器、集水器附近以及其他局部加热管排列比较密集的部位，当管间距小于100mm时，加热管外部应采取设置柔性套管等措施。加热管出地面至分水器、集水器连接处，弯管部分不宜露出地面装饰层。加热管出地面至分水器、集水器下部球阀接口之间的明装管段，外部应加塑料套管，套管应高出装饰面150~200mm。加热管隐蔽前必须进行水压试验，水压试验按设计要求进行，如设计无规定时应符合下列规定：试验压力为工作压力的1.5倍，但不得小于0.6MPa。加压宜采用手动泵缓慢升压，升压时间不得少于10min，稳压1h后压力降低不大于0.05MPa，且不渗不漏为合格。加热管与分水器、集水器连接，应采用卡套式、卡压式挤压夹紧连接，连接件材料宜为铜制件，铜制连接件与PP-R或PP-B直接接触的表面必须镀镍。

4.4.3　电气照明工程

1. 照明线路敷设

照明线路敷设有明敷和暗敷两种，明敷就是在建筑物墙、板、梁、柱的表面敷设导线或穿导线的槽、管，暗敷就是在建筑物墙、板、梁、柱里敷设导线。线槽配线分为金属线槽明配线、地面内安装金属线槽配线、塑料线槽配线。施工工艺流程为：弹线定位→线槽固定→槽内布线→导线连接→线路检查、绝缘摇测。

金属线槽配线适用于正常环境的室内场所明配，但不适用于有严重腐蚀的场所。具有槽盖的封闭式金属线槽，其耐火性能与钢管相似，可敷设在建筑物的顶棚内。线槽的连接应连续无间断，每节线槽的固定点不应少于两个，应在线槽的连接处、首端、终端、进出接线盒处、转角处设置支转点。金属线槽配线不得在穿过楼板或墙壁处连接，线路可采用金属管、硬塑管、半硬塑管、金属软管或电缆等。同一回路的所有相线和中性线应敷设在同一金属线槽内，同一路径无防干扰要求的线路可敷设在同一金属线槽内。线槽内导线或电缆的总截面不应超过线槽内截面的 20%，载流导线不宜超过 30 根，当设计无规定时，包括绝缘层在内的导线总截面积不应大于线槽截面积的 60%，控制、信号或与其相类似的线路，导线或电缆截面积综合不应超过线槽内面积的 50%，导线和电缆根数不作限定。穿过建筑的变形缝时，导线应留有补充余量，如图 4-48 所示。图 4-49、图 4-50 为金属线槽在墙上和水平支架的安装方式。

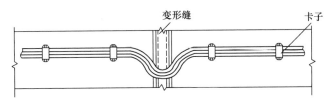

图 4-48　线缆在变形缝处做法

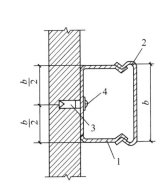

图 4-49　金属线槽在墙上安装
1—金属线槽；2—槽盖；3—塑料胀管；
4—8×35 半圆头木螺钉

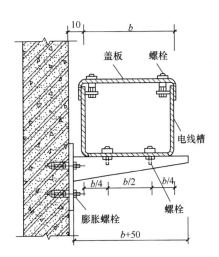

图 4-50　金属线槽在水平支架上安装

地面内安装金属线槽配线是将电线或电缆穿在特制的壁厚为 2mm 的封闭式金属线槽内，直接敷设在混凝土地面、现浇钢筋混凝土楼板或预制混凝土楼板的垫层内，如图 4-51 所示。

地面内安装金属线槽安装时，应根据单线槽或双线槽不同结构形式，选择单压板或双压板与线槽组装并上好地脚螺栓，将组合好的线槽及支架沿线路走向水平放置在地面和楼地面的找平层或楼板的模板上，如图 4-52 所示，然后再进行线槽的连接。线槽连接应使用线槽连接头进行连接。线槽支架一般设置在直线段 1～1.2m 间隔处、线槽接头处或距分线盒 200mm 处。

金属管暗配工艺流程为：熟悉图样→选管→切断→套螺纹→煨弯→防腐漆→预埋管→管与管连接、管与盒连接→接地跨接线焊接。

空心砖、小砌块墙内管线敷设时，应与土建专业密切配合，在土建砌筑墙体前进行预制加工，将管线与盒、箱连接，并与预留管进行连接，管线连接好，开始砌墙，在砌墙时

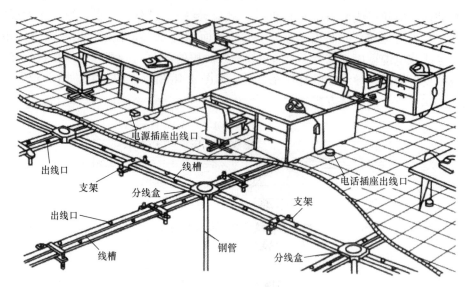

图 4-51　地面内安装金属线槽配线

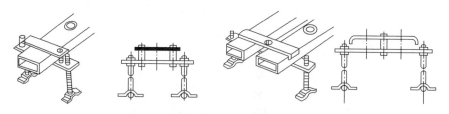

图 4-52　单双线槽支架安装示意图

应调整盒、箱口与墙面的位置，使其符合设计及规范要求。当多根管线进箱时，应注意管口齐平，入箱长度小于5mm，且应用圆钢将管线固定好，避免在砌筑完成的墙体上进行剔凿。加气混凝土砌块墙内管线铺设时，除配电箱根据施工图设计要求进行定位预留外，其余管线应在墙体砌筑完成后，根据土建放线确定盒（箱）的位置及管线所走的路由，进行剔凿，应注意剔的洞、槽不得过大，宽度应大于管外径加15mm，槽深不小于管外径加15mm，接好盒（箱）管线后用不小于M10的水泥砂浆进行填充，抹面保护。

在现浇板或叠合板中的管子，其管径不应大于混凝土厚度的1/2，并行的多个管子间距不应小于25mm。管线尽量从梁侧绕行，如需要穿过时，对于较粗的管径在穿过钢梁处，应对钢梁的翼缘和腹板进行补强。管线与梁板柱的关系如图4-53所示。

2. 照明器具安装

照明器具包括灯具、开关、插座与风扇等，灯具又分为普通灯具、专用灯具等。

照明灯具的安装分为室内和室外两种，室内普通灯具的安装方式有悬吊式、吸顶式、嵌入式和壁式等，其工艺流程为：灯具固定→灯具组装→灯具接线→灯具接地。在顶棚上安装小型吊灯时，应设紧固装置，将吊灯通过连接件悬挂在紧固装置上，见图4-54。在混凝土顶棚上安装重量较重的吊灯时，应预埋吊钩或螺栓，或者用胀管螺栓紧固，如图4-55所示。安装时应使吊钩的承重力大于灯具重量的14倍，大型吊灯因体积大、灯管

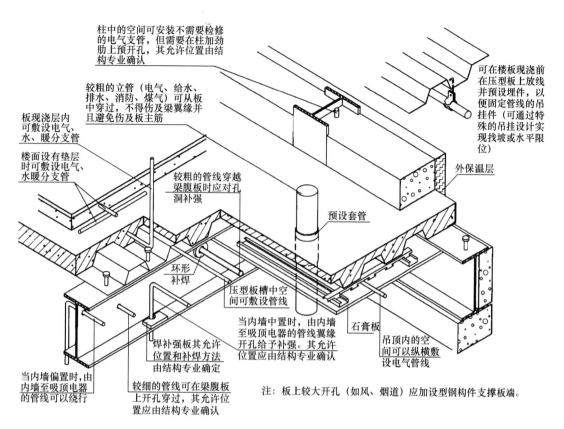

柱中的空间可安装不需要检修的电气支管，但需要在柱加劲肋上预开孔，其允许位置由结构专业确认

较粗的立管（电气、给水、排水、消防、煤气）可从板中穿过，不得伤及梁翼缘并且避免伤及板主筋

板现浇层内可敷设电气、水、暖分支管

楼面设有垫层时可敷设电气、水暖分支管

较粗的管线穿越梁腹板时应对孔洞补强

可在楼板现浇前在压型板上放线并预设埋件，以便固定管线的吊挂件（可通过特殊的吊挂设计实现找坡或水平限位）

外保温层

预设套管

环形补焊

压型板槽中空间可敷设管线

当内墙中置时，由内墙至吸顶电器的管线翼缘开孔给予补强。其允许位置应由结构专业确认

石膏板

吊顶内的空间可以纵横敷设电气管线

当内墙偏置时，由内墙至吸顶电器的管线可以绕行

焊补强板其允许位置和补焊方法由结构专业确定

较细的管线可在梁腹板上开孔穿过，其允许位置应由结构专业确认

注：板上较大开孔（如风、烟道）应加设型钢构件支撑板端。

图 4-53　管线与梁柱板的关系

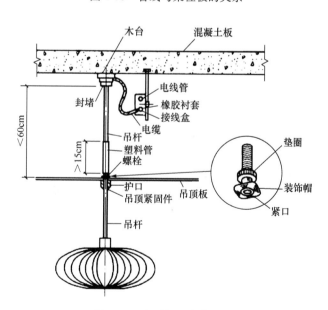

木台　混凝土板

电线管
橡胶衬套
接线盒

封堵

电缆

<60cm

>15cm

吊杆
塑料管
螺栓

垫圈

装饰帽

护口
吊顶紧固件
吊顶板

紧口

吊杆

图 4-54　在顶棚上安装吊灯

重，必须固定在建筑的主体棚面或其他具有承重能力的构架上。

吸顶灯在混凝土顶棚上安装时，可以在浇筑混凝土前，根据图样要求把木砖预埋在里

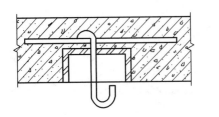
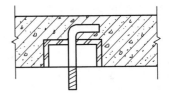

图 4-55　灯具吊钩和螺栓预埋

面，也可以安装金属胀管螺栓，如图 4-56 所示。在安装灯具时，把灯具的底台用木螺钉安装在预埋木砖上，或者用紧固螺栓将底盘固定在混凝土顶棚的胀管螺栓上，再把吸顶灯与底台、底盘固定。小型、轻型吸顶灯可以直接安装在顶棚上，安装时应在罩面板的上面加装木方，木方规格为 60mm×40mm，木方应固定在顶棚的主龙骨上。安装灯具的紧固螺钉拧紧在木方上，如图 4-57 所示。较大型吸顶灯安装，可以用吊杆将灯具底盘等附件装置悬吊固定在建筑物主体顶棚上，或者固定在顶棚的主龙骨上，也可以在轻钢龙骨上紧固灯具附件，而后将吸顶灯安装在顶棚上。

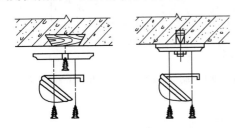

图 4-56　吸顶灯在混凝土顶棚上安装

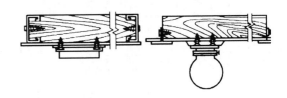

图 4-57　吸顶灯顶棚上安装

　　安装壁灯时，先在墙或柱上固定底盘，再用螺钉把灯具紧固在底盘上。固定底盘时，可用螺钉旋入灯位盒的安装螺孔来固定，也可在墙面上用塑料胀管及螺钉固定，壁灯底盘的固定螺钉一般不少于两个。壁灯的安装高度一般为灯具中心距地面 2.2m 左右，床头壁灯以距地面 1.2～1.4m 为宜，壁灯安装如图 4-58 所示。

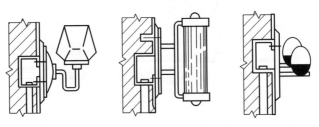

图 4-58　壁灯安装示意图

　　发光顶棚是利用磨砂玻璃、半透明有机玻璃、棱镜、格栅灯制作而成，光源装设在这些大片安装的介质之上，介质将光源的光通量重新分配而照亮房间。发光顶棚的照明装置有两种形式：一种是将光源装在带有散光玻璃或遮光格栅内；另一种是将照明灯具悬挂在房间的顶棚内，房间的顶棚装有散光玻璃，发光顶棚内照明灯具安装与吸顶灯及吊灯做法相同，如图 4-59 所示。

3. 配电箱安装

配电箱安装有明装和暗装两种方式,明装配电箱有落地式和悬挂式。悬挂式配电箱安装时箱底一般距地2m,暗装配电箱一般箱底距地1.5m,导线进出配电箱应穿管保护。安装配电箱的流程为:现场预埋→管与箱体连接→安装盘面→装盖板,如图4-60所示。

钢结构建筑中的给水排水、暖通专业安装特点主要是设备管线与主体结构的分离,同层排水及成套卫浴、厨房使用较多,但器具、管道安装的工艺方法和技术质量要求与普通建筑基本相同,施工质量、工序

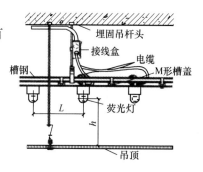

图 4-59　发光顶棚安装

交接、过程检查验收、隐蔽验收及检验批、分项、分部工程的划分和验收应符合国家现行的有关标准和规范要求。

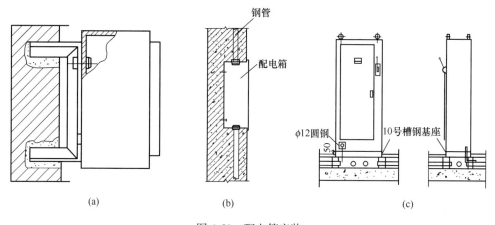

图 4-60　配电箱安装
(a) 悬挂式;(b) 嵌入式;(c) 落地式

对于钢结构建筑在钢结构构件安装完成后,尚有后浇混凝土的工作,如叠合楼板的现浇层、现浇式一体化成型墙体的现浇层、构件连接部位、预留的管道连接空间等。故要求在施工浇筑前,做好隐蔽工程的验收工作。

4.5　整体卫生间施工

4.5.1　现场装配式整体卫生间

现场装配式整体卫生间宜按下列顺序安装:(1)按设计要求确定防水盘标高。(2)安装防水盘,连接排水管;防水盘的安装应符合下列规定:底盘的高度及水平位置应调整到位,底盘应完全落实、水平稳固、无异响现象;当采用异层排水方式时,地漏孔、排污孔等应与楼面预留孔对正。排水管的安装应符合下列规定:预留排水管的位置和标高应准确,排水应通畅;排水管与预留管道的连接部位应密封处理。整体卫生间现场安装的排水管接头位置、排水管与预留管道连接接头的牢固密封是关键,直接影响整体卫生间使用寿

命。在未黏接之前，应将管道试插一遍，各接口承插到位，确保配接管尺寸的准确；管件接口黏接时，应将管件承插到位并旋转一定角度，确保胶粘部位均匀饱满。（3）安装壁板，连接管线；壁板的安装应符合下列规定：应按设计要求预先在壁板上开好各管道接头的安装孔；壁板拼接处应表面平整、缝隙均匀；安装过程中应避免壁板表面变形和损伤。给水管的安装应符合下列规定：当给水管接头采用热熔连接时，应保证所熔接的接头质量；给水管道安装完成后，应进行打压试验，并应合格。整体卫生间壁板的安装应使安装面完全落实，水平稳固，没有变形和表面损伤。壁板之间的压条长度应与壁板高度一致，应先中缝压线，再壁板角压线，最后顶盖压线。（4）安装顶板，连接电气设备；顶板安装应保证顶板与顶板、顶板与壁板间安装平整、缝隙均匀。（5）安装门、窗套等收口。（6）安装内部洁具及功能配件。（7）清洁、自检、报验和成品保护。

1. 防水盘安装

需要将防水盘放到浴室空间指定位置，并同步安装隐藏在防水盘以下的浴室部件。防水盘安装方式有横排和直排两种（图 4-61）。

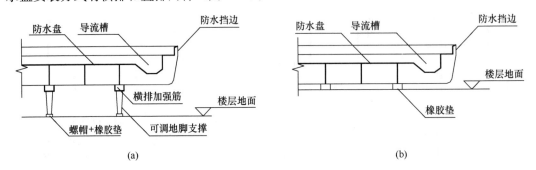

(a)　　　　　　　　　　　　(b)

图 4-61　防水盘两种安装方式

（a）横排安装；（b）直排安装

横排方式一般用于土建现场孔位与防水盘孔位不匹配的情况，需要在防水盘背面安装加强筋及地脚支撑，将防水盘适当提高，以便在抬高空间中安装给水、排水管。需要安装加强筋以增强底盘的整体性，加强筋可采用 1.5mm 后热轧钢板，加工成 U 形，且在 U 形底部焊接 M16 螺母。地脚支撑一般为不锈钢六角头螺栓，可根据需要调节高度，着地一端有配套的橡胶垫，加强地面与支承地脚的摩擦力，消除使用时可能的噪声。

直排方式一般用于土建现场孔位、防水盘孔位完全匹配的情况，防水盘直接放置于土建地面上。加强筋用自钻钉固定在防水盘上，将 U 形橡胶条卡入龙骨两侧边。

防水盘定位。横排方式，可先将防水盘放入合适位置，通过旋转调节螺栓，调整防水盘平整度及所需要的高度，每个调节螺栓都应着地。用水平仪测量防水盘平整度，注意排水坡度。精确测量防水盘排污孔、地漏孔中心距离墙面的距离以及防水盘排污孔、地漏孔上表面距离原始地面的高度。将防水盘移出，准备安装排水管配管安装（图 4-62）。

对于直排方式在现场平整后，直接将防水盘放入合适位置，用水平仪测量水平，局部可使用薄垫块来调整高度。

排污管安装。横排时，为降低安装管道所占用的高度，横向排污管道可由 $DN75PVC$ 管及配件组成，如图 4-63 所示。首先将浴室原有的排污管 $DN110$ 伸出地面，将 $DN110/75$ 异径弯头的大直径端插入排污管，将 $DN75PVC$ 管插入异径弯头 75 端，注意坡度为

174

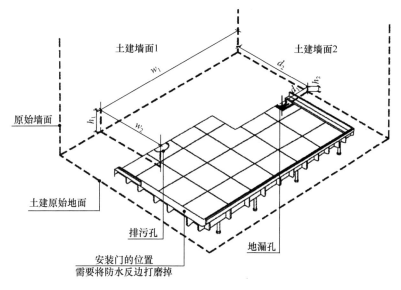

图 4-62 防水盘定位需要测量的尺寸

w_1，w_2—排污孔至墙面的距离；d_1，d_2—地漏孔中心到墙面的距离；

h_1—排污孔处底盘表面到地面的高度；h_2—地漏孔表面到地面的高度

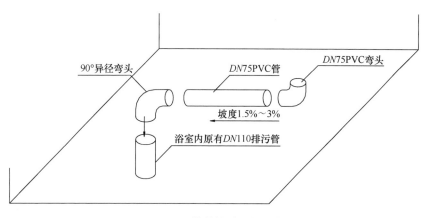

图 4-63 横排管道安装示意

1.5％～3％，将 90°PVC 弯头 $DN75$ 插入 $DN75PVC$ 管，接管后，应保证尺寸 w_1、w_2 和 h_1 符合要求，如图 4-64 所示。直排时，将卫生间已有 $DN110PVC$ 排污管准确对准底盘的排污孔即可。接管后，应保证尺寸 w_1、w_2 和 w_1 符合要求。

地漏排水管安装。横排地漏主要由地漏本体、封水筒、滤网、网盖、螺盖、U 形圈构成，可以与横向排水支管连接。（1）将地漏本体安装到既定位置，横向排水支管安装时应注意排水坡度；（2）将 U 形圈卡入防水盘地漏孔边缘备用；（3）将防水盘放入卫生间，地漏本体应与底盘地漏孔上的黑色 U 形圈紧贴，中心也应对齐；（4）在 U 形圈上套上垫片，拧入螺盖，使防水盘、地漏本体连为一体；（5）依次放入封水筒、滤网和网盖；（6）放好地漏盖板，安装完毕。

直排地漏主要由外筒体、螺盖、U 形圈、封水筒、滤网、网盖组成。（1）将地漏外

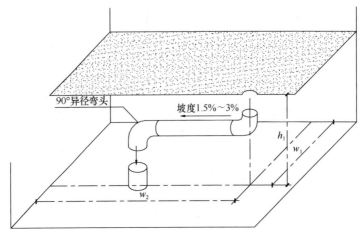

图 4-64 接管

筒与外部排水管连接，安装到既定位置；（2）将 U 形圈卡入防水盘地漏孔；（3）将防水盘放入卫生间，地漏外筒体应与底盘地漏孔的黑色 U 形圈紧贴，中心对齐；（4）将 U 形圈上套上垫片，拧入螺盖，使防水盘、外筒体连为一体；（5）依次在筒体中放入封水筒、滤网、网盖；（6）放上地漏盖板。

面盆排水管安装。面盆排水可隐蔽在整体卫生间之外，贯穿底盘和墙板安装。在防水盘安装时，应同步将面盆排水管接入到设计的墙板高度位置。对于隐蔽安装方式，要求整体卫生间在有洗面盆的一侧，在壁板背后留有排水管的安装空间。隐蔽安装有接地漏和接立管两种，相同之处是穿壁板，不同之处在于排水管末端去处不同，接立管的做法比较常见，接地漏的做法多用于横排地漏，较少使用。对于穿壁板接地漏，在防水盘安装时同步将面盆排水接入横排地漏，先取掉横排地漏另一端的堵头，再接入 DN32PVC 排水管。

排污法兰安装。通过安装排污法兰，将防水盘和排污管连接在一起。排污分横排和直排，防水盘放入后，要求外部排污管中心与防水盘排污孔对齐。（1）清理排污法兰下表面及排污孔周边灰尘；（2）在排污法兰下表面均匀涂上玻璃胶，管件对接处涂上 PVC 胶；（3）将排污法兰扣入排污孔内；（4）将便器安装螺栓固定在防水盘上；（5）在排污法兰周围涂上一圈玻璃胶并抹平。

2．壁板安装

将墙板拼接成浴室壁板。将两块墙板平铺在有保护垫层的地面上，确保两块墙板拼接处长度吻合、两端齐平，内表面无高低错位。采用混凝土自攻钉将两块墙板背面外边缘自带的连接筋连接好。在浴室同侧可以由几块墙板平接，用同样办法依次连接，达到需要的宽度。

给水排水安装。隐藏在墙板背后的给水排水安装前，应事先在墙板对应位置安装好相关管件。给水管包括热水管（红色）、冷水管（白色或蓝色），一般由铝塑复合管、铜管配件（或 PPR 管及其配件）在工厂制作成型，并经过试水打压试验，应符合国家规定标准。按事先设计好的整体浴室给水接头位置，在墙板上开好给水管道接头的安装孔。将冷热水给水管的一端分别与土建的冷热水管连接，注意接头垫圈一定要垫平，另一端穿过墙板对应孔洞，用锁母固定在墙板上。给水处可以安装角阀，方便断水维修。给水管应固定在壁板背面，以免通水时产生振动。安装时应按照左热右冷原则，避免冷热水装反。坐便器、淋浴或浴缸的给水也要同步安装。

面盆排水安装。在防水盘安装时已经把面盆排水管接入到设计指定位置。按照设计高度，在对应的壁板位置开孔。在测定高度处安装壁板的面盆横向排水管。安装壁板时，将面盆横向排水管穿过事先开好的壁板孔洞，并套上装饰盖。将存水弯与面盆竖向排水管连接在一起。将存水弯与面盆横向排水管连接在一起。

墙板与底盘的固定。当采用墙板外装法时，先将拼装好的墙板移入防水盘挡水反边的安装面，调整好位置。再直接用自攻钉将墙板与防水盘固定好。当采用墙板内装法时，首先在墙板下端铣腰形孔，在防水盘对应位置旋入自钻钉，将腰形孔对照自钻钉放入定位，利用腰形孔微调位置。

壁板阴角的连接。壁板阴角的连接用拐角连接件，将拐角连接件的一边固定在壁板的侧面，将另一壁板卡入拐角连接件的槽内。

浴室门的安装。浴室门应在顶板安装好以后再安装。一般浴室门及门框均采用防水材料，且门洞高度低于墙板高度为直，门框上方需要拼接一块墙板，便于加强整个浴室框架的稳定性。（1）将拼接墙板固定到门框上方；（2）将整个门框用自攻钉固定到预留门洞上，并装上装饰盖；（3）安装门页，并调试好门页与门框的缝隙；（4）装上门锁。

3. 顶板安装

（1）将顶棚按设计要求，进行安装前的排布、定位；（2）将顶棚用自攻钉拼接成一整块，并把加强筋安装到顶棚上；（3）将拼好的整块顶棚放上去，用自攻钉与墙板固定；（4）将顶棚检修口放上去，此步骤应在灯具、排气扇等安装完后进行。

4. 整体浴室与外部接口及预留预埋

（1）建筑专业。整体浴室要求地面平整度误差小于5mm，防水盘在工厂整体模压成型，自带防水挡边，可杜绝渗漏（图4-65）。

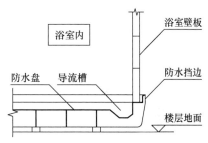

图 4-65 建筑地面与整体浴室的关系

原则上整体浴室每侧需要预留不小于60mm的安装空间，尤其注意浴室门垛尺寸（图4-66）。

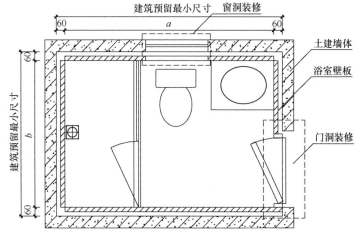

图 4-66 建筑室内平面预留空间

a—长边净空尺寸；*b*—短边净空尺寸

177

预留高度一般应考虑壁板高度、顶棚厚度、顶棚上排气扇高度、防水盘高度及安装方式。壁板高度通常有 2m、2.2m、2.4m 等规格，当高度 h 不够时，排气扇可避开存水弯、结构梁，直排时卫生间区域楼板下沉高度为 $h_1 + h_2$，土建门洞高度应与整体浴室门洞高度 h_6 齐平（图 4-67）。

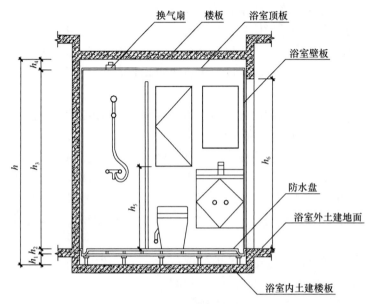

图 4-67　建筑室内立面预留空间及窗洞门洞

h—立面预留空间高度；h_1—防水盘安装高度；h_2—防水盘高度；

h_3—壁板高度；h_4—安装灯具排气扇等的高度；h_5—浴室窗距离防水盘的高度；

h_6—门洞距离防水盘的高度

（2）装饰装修。窗洞可完全用防水材料制作，也可以采用木质窗套＋窗台板的方式制作。开窗位置避开毛巾架、浴巾架、浴帘杆、淋浴间、洗面台、化妆镜、置物架、龙头等安装位置，并留出足够的安装空间。

4.5.2　整体吊装式整体卫生间

整体吊装式整体卫生间宜按下列顺序安装：（1）将工厂组装完成的整体卫生间，经检验合格后，做好包装保护，由工厂运至施工现场，利用垂直和平移工具将其移动到安装位置就位；（2）拆掉整体卫生间门口包装材料，进入卫生间内部，检验有无损伤，通过调平螺栓调整好整体卫生间的水平度、垂直度和标高；（3）完成整体卫生间与给水、排水、供暖预留点位、电路预留点位的连接和相关试验；（4）拆掉整体卫生间外围包装保护材料，由相关单位进行整体卫生间外围合墙体的施工；（5）安装门、窗套等收口；（6）清洁、自检、报检和成品保护。

整体吊装时整体卫生间应利用专用机具移动，放置时应采取保护措施。整体吊装时整体卫生间应在水平度、垂直度和标高调整合格后固定。

习　题

1. 试从装配式钢结构形成过程角度说明施工阶段分析方法。
2. 装配式钢结构施工中测量的主要工作有哪些?
3. 装配式钢结构内装系统施工包括哪些工作内容?
4. 分析装配式钢结构建筑的照明工程与装配式混凝土结构建筑的差异。
5. 请分析装配式钢结构整体卫生间横排和竖排的差别，以及对其他专业配合的影响。

第 5 章　装配式低层冷弯薄壁型钢
住宅设计与施工

5.1　概　　述

5.1.1　轻型钢结构住宅组成

　　轻型钢结构房屋建筑体系诞生于 20 世纪初，在第二次世界大战后得到广泛应用。目前这种体系已成为美国、日本、澳大利亚等发达国家住宅建筑的重要形式。在轻型钢结构装配式住宅体系的设计、制造和安装方面已经非常完善；其专用设计软件可在短时间内完成设计、绘图、工程量统计及工程报价；在制作上也实现了高度的标准化及工厂化。

　　轻型钢结构住宅是由轻型钢框架结构体系和配套的轻质墙体、轻质楼面、轻质屋面建筑体系所组成的轻型节能住宅建筑。可工厂化生产的、现场组装的轻型房屋建筑，如图 5-1所示。轻质墙体、轻质楼面、轻质屋面均采用轻质材料。所谓"轻质材料"是指与

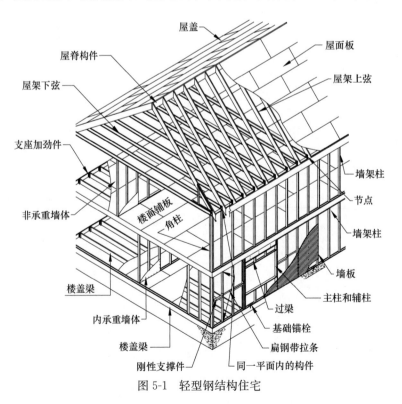

图 5-1　轻型钢结构住宅

传统的材料如钢筋混凝土相比密度小一半以上的材料。轻型钢框架是指由小截面热轧 H 型钢、高频焊接 H 型钢、普通焊接 H 型或异形截面的型钢、冷轧或热轧成型的方（或矩、圆）形钢管组成的纯框架或框架-支撑结构体系。结合轻质楼板和利用墙体抗侧力等有利因素，使钢框架结构体系不仅节省用钢量，而且解决了可以建造多层结构的技术问题。

轻型钢结构住宅是一种专用建筑体系，其设计与建造必须要有材性稳定、耐候耐久、安全可靠、经济实用的轻质围护配套材料及其与钢结构连接的配套技术，尤其是轻质外围护墙体及其与钢结构的连接配套技术。

轻型钢结构住宅是一种新的建筑体系，涉及的材料是新型建筑材料，设计方法是"建筑、结构、设备与装修一体化"，强调"配套"：材料要配套、技术要配套、设计要配套，按《轻型钢结构住宅技术规程》JGJ 209—2010 的规定进行具体工程的设计、施工和验收。

从结构功能上来说，轻型钢结构住宅可分为主结构和围护结构两大部分。轻钢住宅主结构大多采用轻型钢框架或者冷弯薄壁型钢作为承重体系，构件之间采用螺栓或自攻螺钉连接，无须焊接。所有构件均可工厂加工，然后运至现场进行拼装。所有主结构均可实现国产化，且目前正向高强、耐候方向发展。

围护结构主要分为结构性板材、防水材料、保温材料和外墙挂板。其中，结构性板材主要有定向刨花板（OSB）和稻草板（Straw-Board）。刨花板是 20 世纪 70 年代在欧美迅速发展起来的一种新型高强度木质刨花板，它是以小径材、间伐材、木芯等为原料，通过专业设备加工成长条刨花，再将长条刨花经干燥、施胶，并成纵横交叉状态进行铺装、热压成型的一种结构人造板，如图 5-2 所示。由于其是由许多木片层层交叉叠压在一起，所以具有很高的强度。稻草板是以植物秸秆（如稻草或麦草等）作原

图 5-2　OSB 板

料，不添加胶粘剂，不需切割粉碎，直接在成型机内以加热挤压的方式形成密实的板坯，并在表面粘上一层各种材质的"护面纸"而制成的新型环保建材。它具有质量轻、强度较高及良好的隔声保温性能，对它可进行锯、钉、胶和表面油漆施工，比其他墙板更具广阔的发展前景。

轻型钢结构住宅的屋面、墙面均须做防水处理，防水材料有防水纸、防水卷材以及防水涂料等。保温材料可分为保温板和保温棉两大类。这两种材料在轻型钢结构住宅中均有应用，保温板主要用于外墙面，保温棉主要用于屋面、楼面和内隔墙保温、隔声。外墙挂板主要起到最外层围护及美观的作用，主要为 PVC 板和钢质挂板。外墙挂板是外墙油漆或涂料的理想替代材料，其中 PVC 挂板采用经过独特工艺处理的聚氯乙烯制成，具有优越的耐候性能，可以抵御各种恶劣气候。

5.1.2　轻型钢结构住宅应用

轻型钢结构住宅在我国的应用大约始于 20 世纪 90 年代中期，近 20 多年来特别是住房和城乡建设部编制的《轻型钢结构住宅技术规程》JGJ 209—2010 于 2010 年颁布实施后，其得到了迅速的发展，主要用于低层民用住宅、宿舍、别墅、农舍、营房、小型医

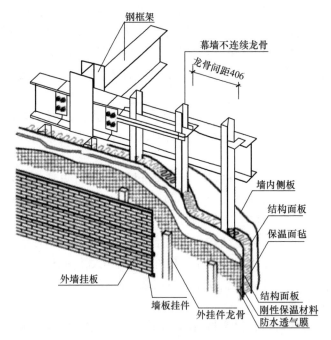

图 5-3 轻型框架幕墙体系

院、小型商业建筑、大型建筑的屋面和楼面等。轻型钢结构住宅符合"节能减排，建设节约型社会"要求，成为近年来钢结构领域发展的重要方向之一。

轻型钢结构住宅常见的结构体系有以下两种：

1. 框架-墙板体系

现行标准《轻型钢结构住宅技术规程》JGJ 209 推荐的轻型框架结构体系是由填充的墙体对结构提供侧向刚度，以墙体代替轻型门式刚架结构的柱间支撑，同时也以屋面板代替屋盖支撑，如图 5-3 所示，框架墙板体系，嵌入框架的端墙及内墙都需要提供侧向刚度。与框架垂直方向的墙体开有门窗时，需要墙体和框架柱及门窗框紧密相连，形成整体刚度。

根据受力性质及截面类型分别按《钢结构设计标准》GB 50017 和《冷弯薄壁型钢结构技术规范》GB 50018 的规定进行该体系框架构件的截面选择。

2. 冷弯薄壁型钢密肋体系

美国一、二层住宅的轻型钢结构采用密排的冷弯薄壁型钢构架，其间距为 407mm 或 610mm。具体方案如图 5-4 所示。这种简易构架脱胎于传统的木结构建筑，是以钢代木的结果，其主要构件采用冷弯槽钢或卷边槽钢，构件和构件之间多采用自攻螺钉相连。简易构架的整体性和侧向刚度主要依靠墙板和屋面板，同时也可以适当设置支撑构件。

图 5-4 冷弯薄壁型钢住宅体系

设计这类简易构架的轻钢结构，如果结构单元尺寸在一定的范围内，可以根据房屋的平面尺寸和风雪荷载值确定各类构件尺寸，无需进行力学计算；如果结构单元尺寸比较大，需要通过力学计算进行设计。本章重点介绍低层冷弯薄壁型钢装配式住宅体系。

5.2　低层冷弯薄壁型钢装配式住宅

5.2.1　低层冷弯薄壁型钢住宅组成

低层冷弯薄壁型钢住宅体系是一种轻型钢结构体系，主要由屋面系统、楼面系统、墙面系统及围护结构组成，如图5-5所示。

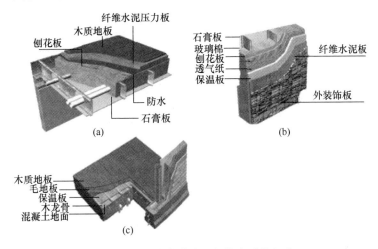

图 5-5　低层冷弯薄壁型钢住宅系统组成
(a) 屋面系统；(b) 墙面系统；(c) 楼面系统

楼面系统承重结构由密梁和楼面板组成，梁一般采用双C或四C槽钢（卷边）组成的工形、箱形截面；楼板用定向刨花板（OSB）。楼盖必须与混凝土基础、木地梁或承重墙可靠连接。

墙面系统由密柱和墙板组成，柱一般采用双C或四C槽钢（卷边）组成的工形、箱形截面，并且布置柱间支撑保证整体稳定性；内墙采用轻质隔断墙，外墙则用轻质保温板。墙板为墙体提供侧向支撑作用，必要时应设置X形剪力支撑系统，墙体与基础或楼盖必须可靠连接。

屋盖也采用密梁体系，上铺屋面板，屋架由屋面斜梁和屋面横梁组成。屋架横梁和屋架斜梁均应设置水平支撑，在屋架横梁和斜梁之间还应设置斜支撑。屋架（横梁）与承重墙的顶梁、屋面板与屋架斜梁、端屋架与山墙顶梁、屋架斜梁与屋架横梁或屋脊构件都必须可靠连接。

为了保证房屋具有良好的居住性能，应对底层楼面、外墙和屋面采取保温与隔热措施，如在轻钢骨架空腔内填充保温棉、喷射液体发泡材料或外贴泡沫隔热板材等；住宅的墙体、楼板和屋顶也宜采取吸声、隔声和消声措施，建筑围护结构还应采取措施防止水汽凝结现象的发生。

构件连接采用的紧固件包括螺钉、普通钉子、射钉、拉铆钉、螺栓和扣件等。在结构的次要部位，可采用射钉、拉铆钉或扣件等紧固件，扣件连接还用于形成组合截面。轻钢楼盖或墙体通过锚栓与砌体或混凝土基础连接，普通钉子用于构件与木地梁的连接。

5.2.2 低层冷弯薄壁型钢住宅特点

结构整体预制化程度高。冷弯薄壁型钢建筑住宅体系已经有一套成熟的技术体系，包括生产配套用的设计软件和独立的加工设备、全面稳定的配套材料供应链。所有结构材料已经可以实现完全工厂预制化，甚至可以实现工厂预拼装；现场安装就是简单的装配过程，全部干作业，真正实现住宅结构设计、生产完全成品化、产业化。

节能环保，居住舒适，造型丰富。冷弯薄壁型钢建筑住宅体系所采用材料均为绿色建材，其中钢结构材料可 100％回收，其他配套材料大部分也可回收，满足生态环境要求，有利于健康。尤其采用干作业施工方式，可以减少废弃物对农村土地、河流等大自然环境造成的污染，契合当前环保意识；由于住宅体系采用的高效节能墙体，其保温隔热材料以玻纤棉为主，具有良好的保温隔热效果。外墙保温板和墙体内置玻纤棉的组合采用，有效地避免墙体的"冷桥"现象，达到了更好的保温效果；由冷弯薄壁型龙骨、保温材料及石膏板等组成的节能墙体，还具有呼吸功能，可调节室内空气干湿度；其隔声效果可高达60dB；而且它的墙体厚度只有 12～20cm，墙体变薄也大大提高了房屋的使用面积（约增加使用面积 8％～15％）。屋顶具有通风功能，可以使屋内部上空形成流动的空气间，保证屋顶内部的通风及散热需求。窗户采用中空玻璃，隔声效果达 45dB 以上；由于使用了优良的保温节能结构和材料，冷弯薄壁型钢建筑住宅体系已经很轻松达到住房和城乡建设部提出的建筑节能标准，使得室内的居住舒适程度大大提高，是真正低能耗建筑。

运输成本低。由于钢结构本身自重轻，工厂都可以按部件统一标号打包发送到施工现场，非常适合山地和运输比较困难的地区，转运全过程不需要大型机械，可大大减少运输成本；冷弯薄壁型钢建筑住宅体系采用全部干作业现场装配式施工，工期短且受环境季节影响小。一栋 300m² 左右的建筑，从地基到装修的全过程，达到入住标准只需 8 个工人50 个工作日。

安全耐用，维护成本低。冷弯薄壁型钢建筑住宅体系的墙体及屋架结构与外墙板三者之间组成坚固的"板肋结构"，同时所有结构材料均使用高强度钢材，抗水平荷载和垂直荷载的能力大大提高，故抗震、抗风性能好且受损轻，更适宜在地震多发区、山区等环境恶劣条件下使用。经过试验证明可抵御 9 度地震（9 度时满足不倒塌的要求）和 70m/s 的飓风，使居住者生命财产能得到有效保护。轻钢结构由冷弯薄壁钢构件体系组成，结构采用高强热镀锌板冷轧制造，有效避免钢板在施工和使用过程中的锈蚀，增加了轻钢构件的使用寿命，装配采用高强度自攻螺栓，无需焊接，抗腐蚀性极佳，所有结构密闭在复合墙体内部，不易腐蚀，霉变，不怕虫蛀，建筑结构使用寿命长，理想状态下型钢建筑住宅体系的结构寿命可达 300 年。

用材省，自重轻，基础造价低。低层冷弯薄壁型钢建筑住宅体系屋顶及墙体结构，材料强度高，厚度薄，用钢量比轻钢结构建筑更少。因为自重轻（房屋整体自重约为传统砖混结构的 1/4），因此型钢建筑住宅体系基础负载小，降低了建筑的总体造价。结构自重轻。冷弯薄壁型钢结构的自重仅为钢筋混凝土结构的 1/4～1/3，砖混结构的 1/5～1/4。

由于自重轻，基础负担小，基础处理简单，构件制作、运输、安装、维护方便。

结构轻质高强，钢材的抗拉、抗剪强度相对较高，细部设计更精确。骨架构件和围护结构材料以及各种配件均可工厂化生产，精确高、质量好。

外部造型美观，空间布局灵活，建筑功能增强，具有良好的抗震性能，建筑垃圾少，材料可以回收再利用。

易于改造，管线布置方便。钢结构的内部分割、接高、加固等较为灵活。钢梁的腹板允许穿越小于一定直径的管线，加之结构空间的孔洞与空腔，使管线布置、更换、修理更方便。

5.3 材　　料

5.3.1 钢材

在低层冷弯薄壁型钢房屋的结构设计图纸和材料订货文件中，应注明所采用的钢材的牌号、质量等级、供货条件等以及连接材料的型号（或钢材的牌号）。必要时尚应注明对钢材所要求的机械性能和化学成分的附加保证项目，钢板厚度不得出现负公差。

用于承重结构的钢材和连接材料，应具有抗拉强度、伸长率、屈服强度、冷弯试验和硫、磷含量的合格保证。对焊接结构，尚应具有碳含量的合格保证。有抗震设防要求时，其承重结构钢材的屈服强度实测值与抗拉强度实测值的比值不应大于 0.85，伸长率不应小于 20%。

1. 承重结构

用于低层冷弯薄壁型钢房屋承重结构的钢材，应采用符合现行国家标准《碳素结构钢》GB/T 700 规定的 Q235 碳素结构钢和《低合金高强度结构钢》GB/T 1591 规定的 Q345 低合金高强度结构钢，并满足《连续热镀锌钢板及钢带》GB/T 2518 和《连续热镀铝锌合金镀层钢板及钢带》GB/T 14978 规定的 550 级钢材。当有可靠依据时，可采用其他牌号的钢材，但应符合相应有关国家标准的规定。

结构构件需经热镀锌或镀铝处理，并在常温下辊轧成型。构件的规格按截面形式和截面高度划分，腹板高度 90～305mm，翼缘宽度在 35～40mm 之间，壁厚在 0.45～2.5mm。U 形截面构件和 C 形截面构件的厚度不宜小于 0.85mm。一般地区，钢板的镀锌量应在 180g/m²，对于沿海地区、高腐蚀性地区或有特殊要求地区，镀锌量宜在 275g/m²。

冷弯薄壁型钢钢材强度设计值应按表 5-1 的规定采用。

钢材强度设计值 表 5-1

钢材牌号	钢材厚度 t (mm)	屈服强度 f_y (N/mm²)	抗拉、抗压和抗弯 f (N/mm²)	抗剪 f_v (N/mm²)	端面承压（磨平顶紧）f_e (N/mm²)
Q235	$t \leqslant 2$	235	205	120	310
Q345	$t \leqslant 2$	345	300	175	400

钢材牌号	钢材厚度 t（mm）	屈服强度 f_y（N/mm²）	抗拉、抗压和抗弯 f（N/mm²）	抗剪 f_v（N/mm²）	端面承压（磨平顶紧） f_e（N/mm²）
LQ550	$t<0.6$	530	455	260	—
	$0.6≤t≤0.9$	500	430	250	
	$0.9<t≤1.2$	465	400	230	
	$1.2<t≤1.5$	420	360	210	

钢材的物理性能应符合表 5-2 的规定。

钢材物理性能 表 5-2

弹性模量 E_s（N/mm²）	剪变模量 G（N/mm²）	线膨胀系数 α（以"1/℃"记）	质量密度 ρ（kg/m³）
$206×10^3$	$79×10^3$	$12×10^{-6}$	7850

2. 连接件

螺栓连接采用的材料应符合下列要求：普通螺栓应符合现行国家标准《六角头螺栓 C 级》GB/T 5780 的规定，其机械性能应符合现行国家标准《紧固件机械性能 螺栓、螺钉和螺柱》GB/T 3098.1 的规定。普通螺栓连接的强度设计值，应按现行国家标准《冷弯薄壁型钢结构技术规范》GB 50018—2016 表 4.2.5 的规定采用。高强度螺栓应符合现行国家标准《钢结构用高强度大六角头螺栓》GB/T 1228、《钢结构用高强度大六角螺母》GB/T 1229、《钢结构用高强度垫圈》GB/T 1230、《钢结构用高强度大六角头螺栓、大六角螺母、垫圈技术条件》GB/T 1231 或《钢结构用扭剪型高强度螺栓连接副》GB/T 3632 的规定。锚栓可采用现行国家标准《碳素结构钢》GB/T 700 规定的 Q235 钢或《低合金高强度结构钢》GB/T 1591 规定的 Q345 钢。

自攻螺钉、自钻自攻螺钉应分别符合现行国家标准《开槽盘头自攻螺钉》GB/T 5282、《开槽沉头自攻螺钉》GB/T 5283、《开槽半沉头自攻螺钉》GB/T 5284、《六角头自攻螺钉》GB/T 5285 和《十字槽盘头自钻自攻螺钉》GB/T 15856.1、《十字槽沉头自钻自攻螺钉》GB/T 15856.2、《十字槽半沉头自钻自攻螺钉》GB/T 15856.3、《六角法兰面自钻自攻螺钉》GB/T 15856.4 的规定；射钉应符合现行国家标准《射钉》GB/T 18981 的规定。冷弯薄壁型钢结构住宅的连接件可按表 5-3 的规定选用。

连接件使用表 表 5-3

序号	名称	规格	螺杆直径（mm）	长度（mm）	连接部位	备注
1	胀锚螺栓	M10×110	10.00	110	首层承重墙底梁与基础	
2	射钉	$\phi3.7×32$	3.70	32	底梁与地基；边梁与混凝土墙；冷弯薄壁构件与普钢构件的连接	金属垫片直径为25mm

序号	名称	规格	螺杆直径 (mm)	长度 (mm)	连接部位	备注
3	六角头自钻自攻螺钉	ST4.8×19	4.80	19	拉具与墙龙骨、梁支座（包括采用连接件）；桁架与墙体	
		ST4.8×38	4.80	38	墙体底梁与楼层	
		ST5.5×19	5.50	19	桁架构件及支座	
		ST6.3×32	6.30	32	天花板与楼层构件	
4	圆头自钻自攻螺钉	ST4.2×13	4.20	13	墙体构件、墙体之间、梁拼合	
		ST4.8×19	4.80	19	拉带与冷弯薄壁构件	
5	盘头自钻自攻螺钉	ST4.8×19	4.80	19	钢板、斜拉带与冷弯薄壁构件	
6	绞花头蝴蝶翅	ST4.2×38	4.20	38	楼面板与楼层结构	
7	平沉头自钻自攻螺钉	ST4.2×32	4.20	32	屋面板与桁架	

注：1. 螺钉长度指从钉头的支撑面到尖头末端的长度；

2. 栓钉验收时应执行下列国家标准：《紧固件机械性能 自攻螺钉》GB/T 3098.5、《紧固件机械性能 自钻自攻螺钉》GB/T 3098.11、《紧固件 验收检查》GB/T 90.1、《紧固件 标志与包装》GB/T 90.2。

5.3.2 楼板材料

轻质楼板材料是轻型钢结构住宅的一项重要技术，轻质楼板不仅可减少主体结构用钢量，还有利于抗震。目前采用的轻质楼板体系是密肋龙骨与轻质板材（水泥加气发泡类板材、钢丝网水泥板、定向刨花板）组合体系。水泥加气发泡类板属于新兴建材，具有轻质高强的特点，适用于预制装配式施工；钢丝网水泥板的板面尺寸在 $1m^2$ 左右，厚度为 $25\sim30mm$，用自攻螺钉固定在密肋钢梁上，组成轻质楼板结构体系。

楼板用水泥加气发泡类材料的立方体抗压强度标准值不应低于 6.0MPa。水泥加气发泡类板材中配置的钢筋（或钢构件或钢丝网）应经有效的防腐处理，且钢筋的黏结强度不应小于 1.0MPa。轻质楼板中的配筋可采用冷轧带肋钢筋，其性能应符合国家现行标准《冷弯带肋钢筋》GB 13788 以及《钢筋焊接网混凝土结构技术规程》JGJ 114 的规定。楼板用钢丝网应进行镀锌处理，其规格应采用直径不小于 0.9mm、网格尺寸不大 20mm×20mm 的冷拔低碳钢丝编织网。钢丝的抗拉强度标准值不应低于 450MPa。楼板用定向刨花板不应低于 2 级，甲醛释放限量应为 1 级，且应符合现行行业标准《定向刨花板》LY/T 1580 的规定。

5.3.3 围护材料

围护材料是指墙板和屋面板。外围护材料（外墙板和屋面板）决定建筑功能的实现。同时钢结构住宅的轻型化，围护材料也是关键之一。围护材料宜采用节能环保的轻质材料，并应满足国家现行有关标准对耐久性、适用性、防火性、气密性、水密性、隔声和隔热等性能的要求。

为了减小建筑生产对自然资源生态系统的破坏，轻质围护材料应采用节地、节能、利废、环保的原材料。此外，轻质围护新材料及其应用技术，在使用前必须经相关程序核准，使用单位应对材料进行复检和技术资料审核。一方面使其满足住宅建筑规定的物理性能、热工性能、耐久性能和结构要求的力学性能；另一方面，保证轻质围护材料符合现行国家标准《民用建筑工程室内环境污染控制规范》GB 50325 和《建筑材料放射性核素限量》GB 6566 的规定。《轻型钢结构住宅技术规程》JGJ 209 给出了结构性能的一般要求：预制的轻质外墙板和屋面板应按等效荷载设计值进行承载力检验，受弯承载力检验系数不应小于 1.35，连接承载力检验系数不应小于 1.50，在荷载效应的标准组合作用下，板受弯挠度最大值不应超过板跨度的 1/200，且不应出现裂缝。轻质墙体的单点吊挂力不应低于 1.0kN，抗冲击力试验不得小于 5 次。

轻型钢结构住宅的轻质围护材料宜采用水泥基的复合型多功能轻质材料，也可以采用水泥加气发泡材料、轻质混凝土空心材料、轻钢龙骨复合墙体材料等。围护材料产品的干密度不宜超过 800kg/m³。水泥基板材是指以普通水泥为基本材料，有的经加气发泡技术做成轻质板材，有的掺加工业废料或聚苯颗粒制成轻质板材，还有用保温材料夹心制成复合保温板等。轻钢龙骨复合墙板是用冷弯薄壁型钢作为龙骨，两侧由薄板蒙皮、保温材料以及建筑面板组成，在现场用自攻螺钉拼装成一道墙体，有的既当围护结构又当承重结构，有的仅作为围护结构。

5.3.4 保温材料

用于轻型钢结构住宅的保温隔热材料应具有满足设计要求的热工性能指标、力学性能指标和耐久性能指标。轻型钢结构住宅的保温隔热材料可采用模塑聚苯乙烯泡沫板（EPS板）、挤塑聚苯乙烯泡沫板（XPS 板）、硬质聚氨酯板（PU 板）、岩棉、玻璃棉等。其性能指标见表 5-4。

保温隔热材料性能指标 表 5-4

检验项目	EPS 板	XPS 板	PU 板	岩棉	玻璃棉
表观密度（kg/m³）	≥20	≥35	≥25	40～120	≥10
导热系数[W/(m·K)]	≤0.041	≤0.033	≤0.026	≤0.042	≤0.050
水蒸气渗透系数[ng/(Pa·m·s)]	≤4.5	≤3.5	≤6.5	—	—
压缩强度（MPa）	≥0.10	≥0.20	≥0.08		
体积吸水率（%）	≤4	≤2	≤4	≤5	≤4

当使用 EPS 板、XPS、PU 板等有机泡沫塑料作为轻型钢结构住宅的保温隔热材料时，保温隔热系统整体应具有合理的防火构造措施。

5.4 建 筑 设 计

5.4.1 一般规定

冷弯薄壁型钢装配式住宅建筑设计应符合现行国家标准《住宅建筑规范》GB 50368、

《住宅设计规范》GB 50096、《装配式钢结构建筑技术标准》GB/T 51232 和《装配式住宅建筑设计标准》JGJ/T 398 的规定。

建筑设计应结合钢结构体系的特点，并应符合住宅建筑空间应具有全寿命期的适应性；非承重部品应具有通用性和可更换性。钢结构部（构）件及其连接应采取有效的防火措施，耐火等级应符合国家现行标准《建筑设计防火规范》GB 50016、《建筑钢结构防火技术规范》GB 51249 的规定。

钢结构部（构）件及其连接应采取防腐措施，钢部（构）件防腐蚀设计应根据环境条件、使用部位等确定，并应符合现行行业标准《建筑钢结构防腐蚀技术规程》JGJ/T 251 的规定；隔声设计及其措施应根据功能部位、使用要求等确定，隔声性能应符合现行国家标准《民用建筑隔声设计规范》GB 50118 的规定；热工设计、措施和性能应符合现行国家标准《民用建筑热工设计规范》GB 50176 以及建筑所属气候地区的居住建筑节能设计标准的规定。

外墙板与钢结构部（构）件的连接及接缝处应采取防止空气渗透和水蒸气渗透的构造措施，外门窗及幕墙应满足气密性和水密性的要求。外围护系统与主体结构连接或锚固设计及其措施应满足安全性、适用性及耐久性的要求。

装配式钢结构住宅建筑室内装修设计应符合标准化设计、部品工厂化生产和现场装配化施工的原则；设备管线应采用与结构主体分离设置方式和集成技术。

5.4.2 建筑模数

1. 模数概念

建筑设计中，为了实现建筑工业化大规模生产，使不同材料、不同形式和不同制造方法的建筑构配件、组合件具有一定的通用性和互换性，统一选定的协调建筑尺度的增值单位。建筑模数是指选定的尺寸单位，作为尺度协调中的增值单位，也是建筑设计、建筑施工、建筑材料与制品、建筑设备、建筑组合件等进行尺度协调的基础，其目的是使构配件安装吻合，并有互换性。我国建筑设计和施工中，必须遵循《建筑模数协调标准》GB/T 50002，厨房、卫生间设计应符合现行行业标准《住宅厨房模数协调标准》JGJ/T 262 和《住宅卫生间模数协调标准》JGJ/T 263 的规定。

模数分为基本模数和导出模数，基本模数的数值应为 100mm（M 等于 100mm）。整个建筑物和建筑物的一部分以及建筑部件的模数化尺寸，应是基本模数的倍数。导出模数应分为扩大模数和分模数，扩大模数基数应为 2M、3M、6M、9M、12M 等；分模数基数应为 M/10、M/5、M/2。

建筑设计应采用基本模数或扩大模数数列，并应符合下列规定：

（1）开间与柱距、进深与跨度、门窗洞口宽度等水平方向宜采用水平扩大模数数列 $2n\text{M}$、$3n\text{M}$，n 为自然数；

（2）层高和门窗洞口高度等垂直方向宜采用竖向扩大模数数列 $n\text{M}$；

（3）梁、柱等部件的截面尺寸宜采用竖向扩大模数数列 $n\text{M}$；

（4）构造节点和部品部（构）件的接口尺寸等宜采用分模数数列 $n\text{M}/2$、$n\text{M}/5$、$n\text{M}/10$。

住宅建筑因下列情况而产生非模数尺寸与空间时，可对有关部位进行设计技术处理：

（1）钢结构柱网采用中心线定位法，边跨和边开间的平面尺寸可采用非模数；

（2）采用界面定位法时，钢结构柱网中心线为非模数；

（3）在下层钢结构柱网采用中心线定位的情况下，钢柱截面随高度改变可采用非模数；

（4）钢梁偏离轴线，可采用非模数；

（5）为隐蔽钢梁、钢柱，内墙向一侧移动，可采用非模数；

（6）受技术经济原因限制的楼盖高度可采用非模数；

（7）专用体系的特殊构法，可采用非模数。

2. 模数协调

为了保证建筑制品、构配件等有关尺寸的统一协调，现行《建筑模数协调标准》GB/T 50002规定了标志尺寸、构造尺寸、实际尺寸及其相互间的关系。

（1）标志尺寸：用以标注建筑物定位轴线间的距离（如开间或柱距、进深或跨度、层高等）以及建筑构配件、建筑组合件、建筑制品、有关设备位置界限之间的尺寸。标志尺寸应符合模数数列的规定。

（2）构造尺寸：构造尺寸是建筑构配件、建筑组合件、建筑制品等的设计尺寸，一般情况下标志尺寸减去缝隙为构造尺寸。缝隙尺寸应符合模数数列的规定。

（3）实际尺寸：实际尺寸是建筑构配件、建筑组合件、建筑制品等生产制作后的实际尺寸。因生产误差造成实际尺寸与设计的构造尺寸有差值，这个差值应符合施工验收规范的规定。

5.4.3 平面、立面与空间设计

低层冷弯薄壁型钢房屋的套型设计应采用大空间结构布置方式；空间布局应考虑结构抗侧力体系的位置。采用模块及模块组合的设计方法；基本模块应采用标准化设计，并应提高部品部件的通用性，模块应进行优化组合，并应满足功能需求及结构布置要求。轻型钢结构住宅的建筑平面设计除了应符合模数外，还应与结构体系相协调，否则不仅使结构设计繁琐，还可能会增加结构用材和造价，甚至造成结构受力不合理。

户型设计是建筑系统集成设计的基础，可进行系统集成设计，主要包括去掉或优化南侧开缝，优化采光、通风，提升居住品质；利用钢结构优势，将柱网设置在外墙和分户墙上，户内无柱，大空间灵活分隔；通过模数化、模块化、部品化、序列化，实现了户型的多样化。

建筑平面设计应符合结构布置特点，满足内部空间可变性要求；宜规则平整，以连续柱跨为基础布置，柱距尺寸宜按模数统一；住宅楼电梯及设备竖井等区域宜独立集中设置；宜采用集成式或整体厨房、集成式或整体卫浴等基本模块；住宅空间分隔应与结构梁柱布置协调。

平面几何形状宜规则，其凹凸变化及长宽比例应满足结构对质量、刚度均匀的要求，平面刚度中心与质心宜接近或重合。空间布局应有利于结构抗侧力体系的设置及优化。应充分兼顾钢框架结构的特点，房间分隔应有利于柱网设置。为了建筑美观，可采用异形柱、扁柱、扁梁或偏轴线布置墙柱等方式，避免室内露柱或露梁。

建筑立面设计应采取标准化与多样性相结合的方法，并应根据外围护系统特点进行立

面深化设计。外围护系统的外墙应采用耐久性好、易维护的饰面材料或部品，且应明确其设计使用年限。外围护系统的外墙、阳台板、空调板、外门窗、遮阳及装饰等部品应进行标准化设计。建筑层高应满足居住空间净高要求，并应根据楼盖技术层厚度、梁高等要求确定。

住宅的单元或套型的楼梯间、厨房、卫生间等功能区应采用模块化设计方法，住宅套内用水空间宜集中布置，合理确定厨房和卫生间的位置，并结合功能和管线要求优先选择整体厨房和整体卫浴等模块化部品，提高部品部件的通用性。

住宅共用管线和公共立管布置应集中紧凑，宜设置在共用空间部位的模块空间中；设计可采用户型模块化或单元模块化设计方法，模块之间的组合形式可灵活多样。

设备管线的设计年限短于主体结构的设计年限，在保证建筑使用寿命的前提下，设备管线应能进行较为便捷的维护检修与更换。竖向管线宜集中设置在公共管井，管线阀门、检修配件、计量仪表、电表箱、配电箱、弱电箱等统一集中设置在公共区域，预留统一检修空间。户内给水分水器、排水集水器、热力分集水器、空调设备、新风设备等，预留合理的检修空间。公共功能的管道，包括给水总立管、消防立管、雨水立管、供暖（空调）供回水总立管和弱电干线等，不应设置在功能使用空间内，应设置在共用空间中。一般应结合楼梯间等进行综合布置。

5.4.4 协同设计

低层冷弯薄壁型钢房屋设计应符合建筑、结构、设备与管线、内装修等集成设计原则，各专业之间应协同设计。

建筑设计、部品部（构）件生产运输、装配施工及运营维护等应满足建筑全寿命期各阶段协同的要求。深化设计应符合下列规定：

（1）深化图纸应满足装配施工安装的要求；

（2）应进行外围护系统部品的选材、排板及预留预埋等深化设计；

（3）应进行内装系统及部品的深化设计。

协同设计的基础是模数与模数协调、标准化设计及通用化接口，并且各专业设计在策划、方案设计、初步设计、施工图设计及详图设计等不同设计阶段均应在BIM平台上进行设计。

低层冷弯薄壁型钢房屋应以工业化生产建造方式为原则，做好建筑设计、部（构）件部品生产运输、装配施工、运营维护等产业链各阶段的设计协同，将有利于设计、施工建造的相互衔接，保障生产效率和工程质量。

低层冷弯薄壁型钢房屋的设计除常规图纸要求外，还宜包括主体部（构）件、外围护系统部品和内装部品的施工图和深化设计部分。其图纸应整体反映主体部（构）件、外围护系统部品和内装部品的规格、类型、加工尺寸、连接形式和设备与管线种类及定位尺寸，设计应满足部品部（构）件的生产安装要求。

5.5 结 构 设 计

低层冷弯薄壁型钢房屋的结构设计应符合国家现行标准《工程结构可靠性设计统一标

准》GB 50153、《建筑抗震设计规范》GB 50011、《钢结构设计标准》GB 50017、《装配式钢结构建筑技术标准》GB/T 51232 的规定。结构设计正常使用年限不应少于 50 年，安全等级不应低于二级。

5.5.1 一般规定

1. 结构布置

低层冷弯薄壁型钢房屋建筑设计宜避免偏心过大或在角部开设洞口，如图 5-6 所示。当偏心较大时，应计算由偏心导致的扭转对结构的影响。

抗剪墙体在建筑平面和竖向宜均衡布置，在墙体转角两侧 900mm 范围内不宜开洞口；上、下层抗剪墙体宜在同一竖向平面内；当抗剪内墙上下错位时，错位间距不宜大于 2.0m。

在设计基本地震加速度为 0.3g 及以上或基本风压为 0.70kN/m² 及以上的地区，低层冷弯薄壁型钢房屋建筑结构布置要求抗剪墙之间的间距不应大于 12m；由抗剪墙所围成的矩形楼面或屋面的长度与宽度之比不宜超过 3；平面凸出部分的宽度小于主体宽度的2/3时，凸出长度 L 不宜超过 1200mm，如图 5-7 所示，超过时凸出部分与主体部分应各自满足《低层冷弯薄壁型钢房屋建筑技术规程》JGJ 227—2011（以下简称为《低层冷弯规程》）的第 8 章关于抗剪墙体长度的要求。

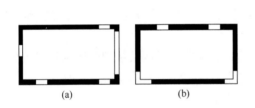

图 5-6　不宜采用的建筑平面示意
（a）偏心较大；（b）角部开洞

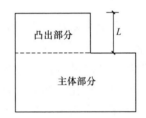

图 5-7　平面凸出示意

2. 荷载与作用

根据现行规范《建筑结构荷载规范》GB 50009 和《建筑抗震设计规范》GB 50011，结合轻型钢结构住宅的特点，《轻型钢结构住宅技术规程》JGJ 209 中给出了荷载效应组合的具体表达式和相关系数。这些公式和系数与其他类型的建筑钢结构相同，这里不做介绍。

3. 内力计算原则

低层冷弯薄壁型钢房屋是由复合墙板组成的"盒子"式结构，上下层的立柱和楼（屋）面之间的型钢构件直接相连，双面所覆板材一般沿建筑物竖向不是连续的。因此，楼（屋）面竖向荷载及结构自重都假定仅由承重墙体的立柱独立承担，但双面所覆盖板材对立柱构件失稳的约束将在立柱的计算长度中考虑；水平风荷载或水平地震作用应由抗剪墙体承担。

低层冷弯薄壁型钢房屋建筑结构设计时可在建筑结构的两个主轴方向分别计算水平荷载的作用。每个主轴方向的水平荷载应由该方向抗剪墙体承担，可根据其抗剪刚度大小按比例分配，并应考虑门窗洞口对墙体抗剪刚度的削弱作用。

各墙体承担的水平剪力可按式（5-1）计算：

$$V_j = \frac{\alpha_j K_j L_j}{\sum_{i=1}^{n} \alpha_j K_j L_j} V \qquad (5-1)$$

式中　V_j——第 j 面抗剪墙体承担的水平剪力；

　　　V——由水平风荷载或多遇地震作用产生的 X 方向或 Y 方向总水平剪力；

　　　K_j——第 j 面抗剪墙体单位长度的抗剪刚度，按表 5-5 采用；

　　　α_j——第 j 面抗剪墙体门窗洞口刚度折减系数，按《低层冷弯规程》第 8.2.4 条规定的折减系数采用；

　　　L_j——第 j 面抗剪墙体的长度；

　　　n——X 方向或 Y 方向抗剪墙数。

抗剪墙体的抗剪刚度 K [kN/（m·rad）]　　　　表 5-5

	纸面石膏板（12mm）	800
LQ550	LQ550 波纹钢板（0.42mm）	2000
	定向刨花板（12mm）	1450
	水泥纤维板（12mm）	1100

　　低层冷弯薄壁型钢房屋构件中，墙体立柱应按压弯构件验算其强度、稳定性及刚度；屋架构件应按屋面荷载的效应，验算其强度、稳定性及刚度；对于楼面梁，由于工程中一般采用槽形（卷边）构件，在受压翼缘与楼面板采用规定间距的螺钉相连，对平面整体失稳及畸变屈曲的约束有保障，因此只需要验算其强度和刚度，而无需验算整体稳定性能和畸变屈曲性能。所以楼面梁应按承受楼面竖向荷载的受弯构件验算其强度、刚度。当相关构造不能够提供有效约束时，则应进行稳定验算。

5.5.2　构造要求

1. 板件宽厚比限值

　　低层轻型钢结构住宅或非抗震设防的多层轻型钢结构住宅的框架柱和框架梁，其板件宽厚比限值应按现行国家标准《钢结构设计标准》GB 50017 有关规定确定，不应大于表 5-6 规定的限值。

受压板件的宽厚比限值　　　　表 5-6

板件类别	宽厚比限值
非加劲板件	45
部分加劲板件	60
加劲板件	250

2. 构件长细比限值

　　受压构件的长细比不宜大于表 5-7 的规定。受拉构件的长细比不宜大于 350，但张紧拉条的长细比可不受此限制。当受拉构件在永久荷载和风荷载或多遇地震组合作用下受压时，长细比不宜大于 250。

| 受压构件的长细比限值 | 表 5-7 |

构件类别	长细比限值
主要承重构件（梁、立柱和屋架）	150
其他构件及支撑	200

3. 变形限值

受弯构件的挠度不宜大于表 5-8 规定的限值。

| 受弯构件的挠度限值 | 表 5-8 |

构件类别	构件挠度限值
楼层梁： 　　全部荷载 　　活荷载	$L/250$ $L/500$
门、窗过梁	$L/350$
屋架	$L/250$
结构板	$L/200$

注：1. 表中 L 为构件跨度；
　　2. 对悬臂梁，按悬伸长度的 2 倍计算受弯构件的跨度；
　　3. 可不考虑螺栓或螺钉孔引起的构件截面削弱的影响。

在水平风荷载作用下，墙体立柱垂直于墙面的横向弯曲变形与立柱长度之比不得大于 $1/250$；由水平风荷载标准值或多遇地震作用标准值产生的层间位移与层高之比不应大于 $1/300$。

5.5.3 结构构件设计

构件和连接的承载力应按现行国家标准《冷弯薄壁型钢结构技术规程》GB 50018 和《钢结构设计标准》GB 50017 的有关规定计算，需要进行抗震验算的还应按现行国家标准《建筑抗震设计规范》GB 50011 的有关规定计算。

1. 楼面梁

（1）构造要求

当楼面梁的上翼缘与结构面板通过螺钉可靠连接，且楼面梁间的刚性撑杆和钢带支撑的布置符合《低层冷弯规程》7.2 节的规定时，梁的整体稳定可不验算。当楼面梁支承处布置腹板承压加劲件时，楼面梁腹板的局部稳定性可不验算。楼面结构面板，包括吊顶板，对减小楼面梁的挠度有正面作用。考虑到结构面板为多块拼接，连接方式为小直径螺钉，且板之间有间隙，一般无法准确地定量确定组合作用的大小。因此计算挠度和强度时，不考虑组合作用。冷弯薄壁型钢结构开口截面构件符合下列情况之一时，可不考虑畸变屈曲对构件承载力的影响：

① 构件受压翼缘有可靠的限制畸变屈曲变形的约束。

② 构件长度小于构件畸变屈曲半波长（λ）；畸变屈曲半波长可按式（5-2）、式（5-3）计算：

对轴压卷边槽形截面：

194

$$\lambda = 4.8 \left(\frac{I_x h b^2}{t^3} \right)^{0.25} \qquad (5\text{-}2)$$

对受弯卷边槽形截面和 Z 形截面：

$$\lambda = 4.8 \left(\frac{I_x h b^2}{2t^3} \right)^{0.25} \qquad (5\text{-}3)$$

式中 h——腹板高度；

      b——翼缘宽度；

      a——卷边高度；

      t——壁厚；

      I_x——绕 x 轴毛截面惯性矩，$I_x = a^3 t (1 + 4b/a) / [12(1 + b/a)]$。

③ 构件截面采取了其他有效抑制畸变屈曲发生的措施。

（2）强度和稳定性

卷边槽形截面绕对称轴受弯情况下：

① 如果不考虑畸变屈曲，应按现行国家标准《冷弯薄壁型钢结构技术规范》GB 50018 的规定进行计算。

② 需要考虑畸变屈曲时，按式（5-4）～式（5-6）计算：

$$k_\varphi = \frac{2Et^3}{5.46(h + 0.06\lambda)} \left[1 - 1.11\sigma'_{md} \left(\frac{h^4 \lambda^2}{12.56\lambda^4 + 2.192h^2 + 13.39\lambda^2 h^2} \right) \right] \qquad (5\text{-}4)$$

$$当\ k_\varphi \geqslant 0\ 时, M \leqslant M_d \qquad (5\text{-}5)$$

$$当\ k_\varphi < 0\ 时, M \leqslant \frac{W_e}{W} M_d \qquad (5\text{-}6)$$

式中 M——弯矩；

      k_φ——系数；

      W——截面模量；

      W_e——有效截面模量；

      M_d——畸变屈曲受弯承载力设计值，按下列规定计算：

③ 当畸变屈曲的模态为卷边槽形和 Z 形截面的翼缘绕翼缘与腹板的交线转动时，畸变屈曲受弯承载力设计值应按式（5-7）～式（5-9）计算：

$$\lambda_{md} = \sqrt{\frac{f_y}{\sigma_{md}}} \qquad (5\text{-}7)$$

$$当\ \lambda_{md} \leqslant 0.673\ 时, M_d = Wf \qquad (5\text{-}8)$$

$$当\ \lambda_{md} > 0.673\ 时, M_d = \frac{Wf}{\lambda_{md}} \left(1 - \frac{0.22}{\lambda_{md}} \right) \qquad (5\text{-}9)$$

④ 当畸变屈曲的模态为竖直腹板横向弯曲且受压翼缘发生横向位移时，畸变屈曲受弯承载力设计值应按式（5-10）、式（5-11）计算：

$$当\ \lambda_{md} < 1.414\ 时, M_d = Wf \left(1 - \frac{\lambda_{md}^2}{4} \right) \qquad (5\text{-}10)$$

$$当\ \lambda_{md} \geqslant 1.414\ 时, M_d = Wf \frac{1}{\lambda_{md}^2} \qquad (5\text{-}11)$$

式中 λ_{md}——确定 M_d 用的无量纲长细比；

σ_{md}——受弯时的畸变屈曲应力，应按《低层冷弯规程》附录 C 中第 C.0.2 条的规定计算。

拼合截面绕 X 轴的强度和稳定性：应按现行国家标准《冷弯薄壁型钢结构技术规范》GB 50018 的规定计算。拼合截面的几何特性可取各单个开口截面绕本身形心主轴几何特性之和。对拼合箱形截面，当截面拼合连接处有可靠保证时，可将构件翼缘部分作为部分加劲板件按照叠加后的厚度来考虑组合后截面的有效宽厚比。

2. 承重墙立柱

承重墙立柱应按压弯构件的相关规定进行强度和整体稳定计算，强度计算时可不考虑墙体结构面板的作用；整体稳定计算时宜考虑墙体面板和支撑的支持作用。

（1）压弯构件的强度和稳定性：应按现行国家标准《冷弯薄壁型钢结构技术规范》GB 50018 的规定进行计算。需考虑畸变屈曲的影响时，可按式（5-12）～式（5-20）计算：

$$\frac{N}{N_j} + \frac{\beta_m M}{M_j} \leqslant 1.0 \tag{5-12}$$

$$N_j = \min(N_c, N_A) \tag{5-13}$$

$$M_j = \min(M_c, M_A) \tag{5-14}$$

$$N_c = \varphi A_e f \tag{5-15}$$

$$M_c = \left(1 - \frac{N}{N'_E}\varphi\right) W_e f \tag{5-16}$$

$$N_A = A_{cd} f \tag{5-17}$$

$$M_A = \left(1 - \frac{N}{N'_E}\varphi\right) M_d \tag{5-18}$$

$$N'_E = \frac{\pi^2 EA}{1.165 \lambda^2} \tag{5-19}$$

$$b_{es} = b_e - 0.1t(b/t - 60) \tag{5-20}$$

式中 φ——轴心受压构件的稳定系数，按现行国家标准《冷弯薄壁型钢结构技术规范》GB 50018 的规定采用；

A_e——有效截面面积，对于受压板件宽厚比大于 60 的板件，应对板件有效宽度进行折减；

b_{es}——折减后的板件有效宽度；

N_c——整体失稳时轴压承载力设计值；

N_A——畸变屈曲时轴压承载力设计值；

A_{cd}——畸变屈曲时的有效截面面积，按《低层冷弯规程》第 6.1.3 条的规定计算；

M_c——考虑轴力影响的整体失稳受弯承载力设计值；

M_A——考虑轴力影响的畸变屈曲受弯承载力设计值；

M_d——畸变屈曲受弯承载力设计值；

β_m——等效弯矩系数，按现行国家标准《冷弯薄壁型钢结构技术规范》GB 50018 确定。

对拼合截面计算轴压承载力设计值 N_j 和受弯承载力设计值 M_j 时，应分别按《低层冷弯规程》第 6.1.3 条第 2 款和第 6.1.4 条第 2 款的规定进行计算。

（2）承重墙体立柱（图 5-8）的计算长度系数应按下列规定取用：

① 当两侧有墙体结构面板时，可仅计算绕 X 轴的弯曲失稳，计算长度系数 μ_x（可取 0.4）；

② 当仅一侧有墙体结构面板，另一侧至少有一道刚性撑杆或钢带拉条时，需分别计算绕 X 轴、Y 轴的弯曲失稳和弯扭失稳，计算长度系数可取 $\mu_x=\mu_y=\mu_w=0.65$；

③ 当两侧无墙体结构面板，应分别计算绕 X 轴、Y 轴的弯曲失稳和弯扭失稳，计算长度系数：对无支撑时可取 $\mu_x=\mu_y=\mu_w=0.8$，中间有一道支撑（刚性撑杆、双侧钢带拉条）可取 $\mu_x=\mu_w=0.8$，$\mu_y=0.5$。

计算承重内墙立柱时，宜考虑室内房间气压差对垂直于墙面的作用，室内房间气压差可取 $0.2kN/m^2$。

承重墙体立柱还应对螺钉之间的立柱段，按轴心受压杆进行绕截面弱轴的稳定性验算。当墙体两侧有结构面板时，立柱段的计算长度 l_{0y} 应取 $2s$，s 为连接螺钉的间距。

非承重墙体的立柱承受垂直墙面的横向风荷载时，按受弯构件的相关规定进行强度和变形验算，计算时可不考虑墙体面板的影响。

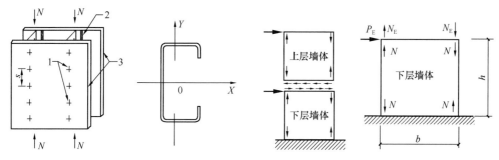

图 5-8　带墙体面板的立柱示意　　　　图 5-9　上、下层间由倾覆力矩引起的
1—自攻螺钉；2—墙体立柱；3—墙体结构面板　　　　　向上拉拔力和向下压力

（3）墙体端部、门窗洞口边等位置与抗拔锚栓连接的拼合立柱应按轴心受力杆件计算，轴心力为倾覆力矩产生的轴向力 N 与原有轴力的叠加。其中各层由倾覆力矩产生的轴向力 N 可按式（5-21）和图 5-9 计算。验算受压稳定时，拼合主柱的计算长度系数应按《低层冷弯规程》第 8.2.1 条的规定取用。

$$N = \eta P_s h/b \qquad (5-21)$$

式中　N——由倾覆力矩引起的向上拉拔力和向下压力；

　　　η——轴力修正系数：当为拉力时，$\eta=1.25$；当为压力时，$\eta=1$；

　　　P_s——一对抗拔连接件之间墙体段承受的水平剪力；

　　　h——墙体高度；

　　　b——抗剪墙体单元宽度，即一对抗拔连接件之间墙体宽度。

（4）抗剪墙的受剪承载力，单位计算长度上的剪力要符合式（5-22）、式（5-23）要求：

风荷载作用下：

$$S_w \leqslant S_h \qquad (5-22)$$

抗震设防区，多遇地震作用下：

$$S_E \leqslant S_h / \gamma_{RE} \tag{5-23}$$

式中 S_w——考虑风荷载效应组合下抗剪墙单位计算长度的剪力，按《低层冷弯规程》的式（5.2.3）计算；

S_E——考虑地震作用效应组合下抗剪墙单位计算长度的剪力，应按《低层冷弯规程》的式（5.2.3）计算；对于规则结构，外墙应乘以放大系数1.15，对于不规则结构，外墙应乘以放大系数1.3；

γ_{RE}——承载力抗震调整系数，取 $\gamma_{RE}=0.9$；

S_h——抗剪墙单位计算长度的受剪承载力设计值，按表5-9取值。

计算抗剪墙单位计算长度的受剪承载力设计值 S_h，当开有洞口时，应乘以折减系数 α，当洞口尺寸在 300mm 以下时，$\alpha=1.0$；当洞口宽度 300mm$\leqslant b \leqslant$400mm，洞口高度 300mm$\leqslant h \leqslant$600mm 时，α 宜由试验确定；当无试验依据时，可按式（5-24）、式（5-25）确定：

$$\alpha = \frac{\gamma}{3 - 2\gamma} \tag{5-24}$$

$$\gamma = \frac{1}{1 + \dfrac{A_0}{H \Sigma L_i}} \tag{5-25}$$

式中 A_0——洞口总面积；

H——抗剪墙高度；

ΣL_i——无洞口墙长度总和。当洞口尺寸超过上述规定时，$\alpha=0$。

抗剪墙单位长度的受剪承载力设计值 S_h（kN/m）　　　　表 5-9

立柱材料	面板材料（厚度）	S_h
Q235 和 Q345	纸面石膏板（12mm）	7.20
	定向刨花板（12mm）	2.50
LQ550	纸面石膏板（12mm）	2.90
	LQ550 波纹钢板（0.42mm）	8.00
	定向刨花板（12mm）	6.40
	水泥纤维板板（12mm）	3.70

注：1. 墙体立柱卷边槽形截面高度，对 Q235 级和 Q345 级钢不应小于 89mm，对 LQ550 级不应小于 75mm，立柱间距不应大于 600mm；

2. 表中所列值均为单面板组合墙体的受剪承载力设计值；两面设置面板时，受剪承载力设计值为相应面板材料的两值之和。但对 LQ550 波纹钢板单面板组合墙体的值应乘以 0.8 后再相加；

3. 组合墙体的宽度小于 450mm 时，可忽略其受剪承载力；大于 450mm 而小于 900mm 时，表中受剪承载力设计值乘以 0.5；

4. 中密度板组合墙体可按定向刨花板取用受剪承载力设计值；

5. 单片抗剪墙体的最大计算长度不宜超过 6m；

6. 墙体面板的钉距在周边不应大于 150mm，在内部不应大于 300mm。

5.5.4 节点设计

1. 螺钉连接

螺钉连接应符合现行国家标准《冷弯薄壁型钢结构技术规范》GB 50018 有关螺钉连

接计算的规定；连接 LQ550 级板材且螺钉连接受剪时，尚应按式（5-26）对螺钉单剪抗剪承载力进行验算：

$$N_v^f \leqslant 0.8 A_e f_v^s \tag{5-26}$$

式中　N_v^f——1 个螺钉的抗剪承载力设计值；

　　　A_e——螺钉螺纹处有效截面面积；

　　　f_v^s——螺钉材料抗剪强度设计值，可由《低层冷弯规程》附录 A 规定的标准试验确定。

多个螺钉连接的承载力应乘以折减系数，折减系数应按下式计算：

$$\xi = \left(0.535 + \frac{0.465}{\sqrt{n}}\right) \leqslant 1.0 \tag{5-27}$$

式中　n——螺钉个数。

采用螺钉连接时，螺钉至少应有 3 圈螺纹穿过连接构件。螺钉的中心距和端距不得小于螺钉直径的 3 倍，边距不得小于螺钉直径的 2 倍。受力连接中的螺钉连接数量不得少于 2 个。用于钢板之间连接时，钉头应靠近较薄的构件一侧，如图 5-10 所示。

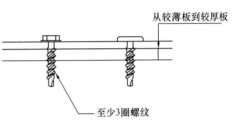

图 5-10　螺钉连接示意

2. 柱脚与基础设计

（1）柱脚设计

为了施工方便，钢柱脚可采用预埋锚栓与柱脚板连接的外露式做法，也可采用预埋钢板与钢柱现场焊接，并应符合下列要求：

① 柱脚板厚度不应小于柱翼缘厚度的 1.5 倍；

② 预埋锚栓的长度不应小于锚栓直径的 25 倍；

③ 柱脚钢板与基础混凝土表面的摩擦极限承载力可按式（5-28）计算：

$$V = 0.4(N + T) \tag{5-28}$$

式中　N——柱轴力设计值；

　　　T——受拉锚栓的总拉力，当柱底剪力大于摩擦力时应设抗剪件。

④ 柱脚与底板间应设置加劲肋；

⑤ 柱脚板与基础混凝土间产生的最大压应力标准值不应超过混凝土轴向抗压强度标准值的 2/3；

⑥ 对预埋锚栓的外露式柱脚，在柱脚底板与基础表面之间应留 50～80mm 的间隙，并应采用灌浆料或细石混凝土填实间隙；

⑦ 钢柱脚在室内平面以下部分应采用钢丝网混凝土包裹。

对于密排立柱，不需要每根柱单独设置底板和锚栓。可以用一根通长的开口向上的冷弯槽钢与各柱相连，再把这根槽钢锚固于基础。

（2）基础设计

地基基础的变形和承载力计算应按现行国家标准《建筑地基基础设计规范》GB 50007 的规定进行。轻型钢结构住宅的基础形式应根据住宅层数、地质状况、地域特点等因素进行选择，可采用柱下独立基础或条形基础，当有地下室时，可采用筏板基础或独立柱基加防水板的做法，必要时也可采用桩基础。

　　基础底面应有素混凝土垫层，基础中钢筋的混凝土保护层厚度一般不应小于40mm，有地下水时宜适当增加混凝土保护层厚度。

　　地基基础的变形和承载力计算应按现行国家标准《建筑地基基础设计规范》GB 50007的规定进行；当地基主要受力层范围内不存在软弱黏土层时地基及基础可不进行抗震承载力验算；轻型钢结构住宅设有地下室时，地下室的钢柱宜采用钢丝网水泥砂浆包裹。地下室的防水应符合现行国家标准《地下工程防水技术规范》GB 50108的要求。

5.6　装配化技术要求

　　低层轻型钢结构装配式住宅可参照图5-1建造，每个结构单元的长度不大于18m，宽度不大于12m；单层承重墙高度不超过3.3m，檐口高度不超过9m；屋面坡度取值宜在1∶4～1∶1范围内；挑檐的悬挑长度不超过300mm，其他悬挑构件的悬挑长度不超过600mm，满足结构单元尺寸时，可以不进行力学计算，直接根据荷载选择设计方式。当住宅结构单元的尺寸超出上述规定的范围时，应按照《低层冷弯规程》进行设计。本节主要讨论符合结构单元尺寸的情况，设计和构造要求应符合《低层冷弯规程》的规定。

5.6.1　基本构件标准化

　　1. 基本截面

　　冷弯薄壁型钢结构装配式住宅的基本构件只有U形（普通槽形）和C形（卷边槽形）两种截面形式。常用型号见表5-10。U形截面（图5-11）一般用作顶梁、底梁或边梁，套在C形截面构件的端头，常用型号只有8种；C形截面（图5-12）一般用作梁柱构件，常用型号只有5种。构件的钢材厚度在0.45～2.5mm范围内，U形截面构件和C形截面承重构件的厚度应不小于0.85mm。C形构件中卷边的宽厚比应符合表5-11的要求。

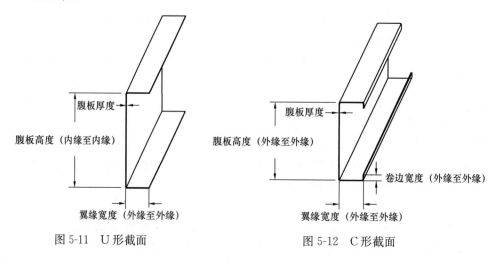

图5-11　U形截面　　　　　　　　　图5-12　C形截面

常用构件尺寸　　　　　　　　　　　　　　　　　表 5-10

构件型号	腹板高度（mm）	翼缘宽度（mm）
U90×35×厚度	90	35
U140×35×厚度	140	35
U205×35×厚度	205	35
U255×35×厚度	255	35
U305×35×厚度	305	35
U155×40×厚度	155	40
U205×40×厚度	205	40
U255×40×厚度	255	40
C90×40×卷边宽度×厚度	90	40
C140×40×卷边宽度×厚度	140	40
C205×40×卷边宽度×厚度	205	40
C255×40×卷边宽度×厚度	255	40
C305×40×卷边宽度×厚度	305	40

卷边的最小宽度　　　　　　　　　　　　　　　表 5-11

翼缘宽厚比	20	30	40	50	60
卷边的最小宽度	6.3t	8t	9t	10t	11t
卷边的最大宽度	12t				

注：t 为板厚度。

用代号表示构件类型：槽形截面构件 U；卷边槽形截面构件 C，具体表示如下所示：

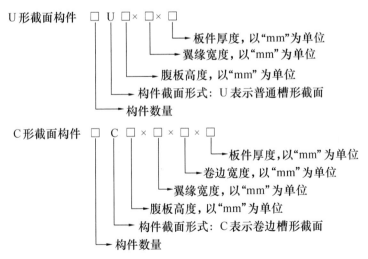

例如：2 个腹板高度 90mm、翼缘宽度为 35mm、厚度 0.85mm 的 U 形截面构件表示为：2U90×35×0.85；2 个腹板高度 90mm、翼缘宽度 40mm、卷边宽度 10mm、厚度 0.85mm 的 C 形截面构件表示为：2C90×40×10×0.85。

2. 拼合截面

（1）楼盖梁拼合截面

楼盖梁拼合截面依据工程设计采用，常见组合如图 5-13 所示，图 5-13 (a)、(b) 为 2C 组合，图 5-13 (c)、(d) 为 4C 组合。

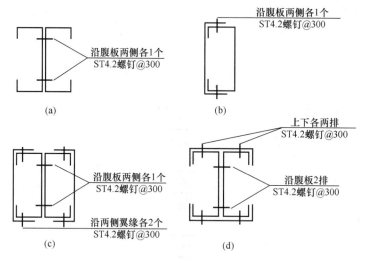

图 5-13　楼盖梁组合形式

（2）墙架柱拼合截面

墙架柱拼合截面依据工程设计采用，常见组合如图 5-14 所示，图 5-14 (a) 为 2C 组合，图 5-14 (b)、(c)、(d) 为 4C 组合。

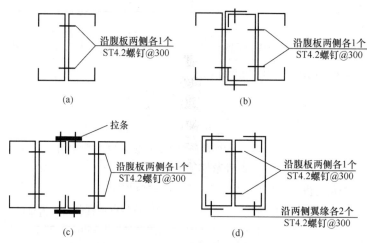

图 5-14　墙架柱组合形式

5.6.2　连接件技术要求

螺钉、普通钉子、射钉、拉铆钉、螺栓和扣件等连接件的连接方法必须符合国家有关标准的规定，还要符合以下规定：

螺钉包括自钻自攻螺钉和自攻螺钉两种，如图 5-15 所示，自钻自攻螺钉用于 0.85mm 厚以上钢板的连接，自攻螺钉仅用

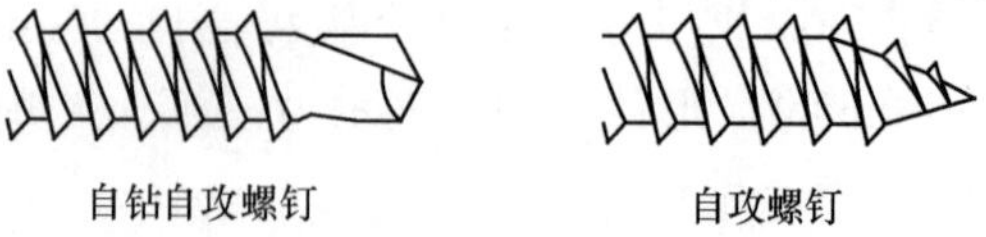

自钻自攻螺钉　　　　自攻螺钉

图 5-15　螺钉尖头形式

于石膏板等结构板材与 0.85mm 厚以下的钢板的连接。

常用的自钻自攻螺钉或自攻螺钉规格为 ST3.5、ST4.2、ST4.8（其螺纹外径 d 分别为 3.53mm、4.22mm、4.80mm），其长度范围为 13～76mm。螺钉的头部有六角头、盘头、沉头和半沉头等形式，构件之间的连接可采用带垫圈的盘头螺钉，结构面板与构件的连接可采用沉头和半沉头螺钉。连接钢板与钢结构所采用的自钻自攻螺钉规格不应小于 ST4.2，螺钉中心间距不应小于 3d 或 13mm，取较小值，边距不小于 13mm。连接石膏板与钢结构所采用的自攻螺钉规格不应小于 ST3.5，其他结构板材与钢结构的连接所采用的自攻螺钉规格不应小于 ST4.2，边距不小于 10mm，间距符合设计要求。

轻钢楼盖或墙体与砌体或混凝土基础通过锚栓连接，锚栓离底梁端部（如基础转角或门洞处）的距离应小于 300mm。锚栓宜选用下部带弯钩的 M13，锚栓在砌体基础中埋置深度不应小于 380mm，在混凝土基础中不应小于 180mm。采用锚栓连接时，应预先在底梁上冲孔，孔的直径比锚栓直径大 1.5～3mm，孔中心到底梁的边缘距离不小于 1.5 倍锚栓直径，孔之间的中心距离不小于锚栓直径的 3 倍。

5.6.3 楼面系统装配技术要求

1. 楼盖系统

低层轻型钢结构装配式住宅的楼盖可以选用主次梁承重体系配置楼面铺板和刚性支撑，具体可参照图 5-16。楼盖及其构件的强度、刚度、稳定性以及楼盖的振动均应满足设计要求。

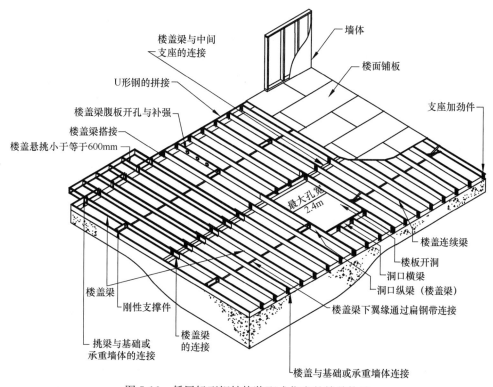

图 5-16　低层轻型钢结构装配式住宅的楼盖构造

（1）楼面梁：截面采用 2C 或 4C 拼接截面，间距 400～600mm。

（2）刚性支撑：当楼面梁的跨度超过 3.6m 时，梁跨中在下翼缘应设置通长钢带支撑和刚性撑杆，如图 5-17 所示。刚性撑杆沿钢带方向宜均匀布置，间距不宜大于 3.0m，且应在钢带两端设置。钢带的宽度不应小于 40mm，厚度不应小于 1.0mm。钢带两端应至少各用 2 个螺钉与刚性撑杆相连，并应与楼面梁至少通过 1 个螺钉连接，如图 5-17 所示。

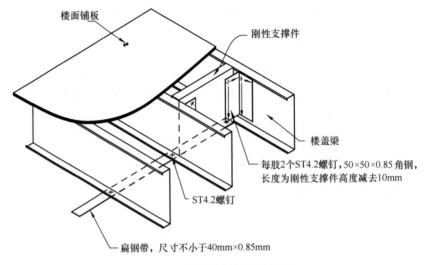

图 5-17　楼层扁钢带拉条设置

（3）楼面结构面板：结构面板需要具备一定的厚度并与楼面梁可靠连接，楼盖系统才能简化为平面内刚性的隔板，可靠地传递水平荷载。当水平作用较大时，适当增加结构面板的厚度和螺钉连接密度可增大楼面平面内刚度，确保房屋安全。楼面结构板有多种形式，可以是结构用定向刨花板，也可以铺设密肋压型钢板，上浇薄层混凝土；也可在楼面梁顶加设对角拉条，且拉条与每根梁顶面都有螺钉连接固定，再铺设非结构面板。在构造上必须保证整个楼盖系统具有足够的平面内刚度，以便安全可靠地传递水平荷载作用。

当结构面板采用定向刨花板时，厚度不应小于 15mm。结构面板与梁应采用螺钉连接，板边缘处螺钉的间距不应大于 150mm，板中间区螺钉的间距不应大于 300mm，螺钉孔边距不应小于 12mm。在基本风压不小于 0.7kN/m² 或地震基本加速度为 0.3g 及以上的区域，楼面结构面板的厚度不应小于 18mm，且结构面板与梁连接的螺钉间距不应大于 150mm。

（4）楼板开洞：其最大宽度不宜超过 2.4m，洞口周边宜设置拼合箱形截面梁，拼合构件上下翼缘应采用螺钉连接，间距不应大于 600mm。梁之间宜采用角钢连接，角钢每肢的螺钉不应少于 2 个。楼板洞口周边应设置边梁，边梁由 U 形钢和 C 形钢组合成箱形截面梁，其中横梁的跨度不应大于 2.4m，且其截面高度和厚度应与相邻的楼盖梁一致。洞口横梁与楼盖梁采用 50mm×50mm 的角钢连接，角钢厚度不应小于楼盖梁厚度，角钢每肢均匀布置 4 个 ST4.2 螺钉，如图 5-18 所示。

2. 构件连接

（1）边梁与基础（混凝土）：可以采用如图 5-19、图 5-20 所示的连接方式，连接角钢的规格宜为 150mm×150mm，厚度应不小于 1.0mm，角钢与边梁应至少采用 4 个螺钉可

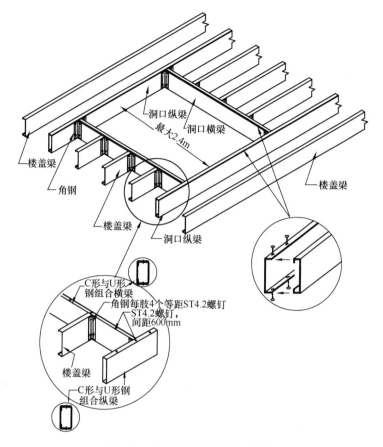

图 5-18　洞口横梁与楼盖主梁连接

靠连接，与基础应采用地脚螺栓连接。地脚螺栓宜均匀布置，距离墙端部或墙角应不大于 300mm，直径应不小于 12mm，间距应不大于 1200mm，埋入基础深度应不小于其直径的 25 倍。

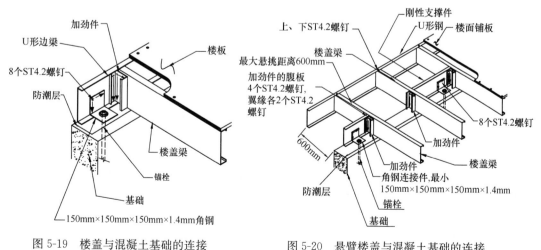

图 5-19　楼盖与混凝土基础的连接　　　　图 5-20　悬臂楼盖与混凝土基础的连接

（2）楼盖与承重外墙连接：可以采用如图 5-21、图 5-22 所示连接方式；当悬挑楼盖末端支承上部承重墙体时，可以按照如图 5-23 所示连接方式，楼面梁悬挑长度不宜超过跨度的 1/3。悬挑部分宜采用拼合工字形截面构件，其纵向连接间距不得大于 600mm，每处上下各应至少用 2 个螺钉连接，且拼合构件向内延伸不应小于悬挑长度的 2 倍。当风荷载与地震作用变化较大时，参考表 5-12 进行设计。

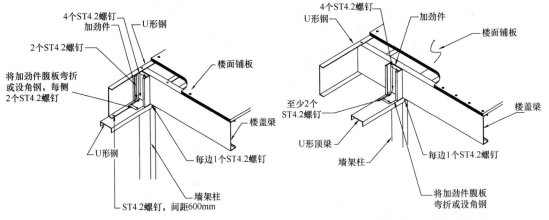

图 5-21　楼盖与承重外墙的连接　　　　图 5-22　悬臂楼层与承重墙的连接

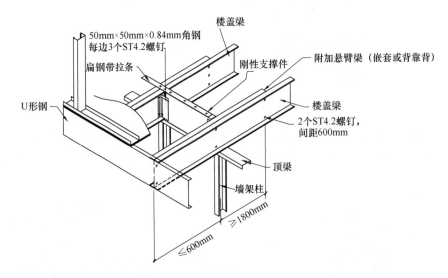

图 5-23　承受楼面荷载和屋面荷载的悬臂梁与外墙的连接

楼盖与基础或承重墙连接的要求		表 5-12
连接情况	基本风压 w_0（标准值），地面粗糙度，抗震设防烈度	
	$0.9kN/m^2$，B 类（或小于 $1.5kN/m^2$，C 类），设防烈度不大于 8 度地区	小于 $1.5kN/m^2$，B 类
楼盖 U 形边梁与木地梁的连接	采用钢板连接，间距 1.2m，4 个 ST4.2 螺钉和 4 个 $\phi3.8\times75mm$ 普通钉子	采用钢板连接，间距 0.6m，4 个 ST4.2 螺钉和 4 个 $\phi3.8\times75mm$ 普通钉子

连接情况	基本风压 w_0（标准值），地面粗糙度，抗震设防烈度	
	0.9kN/m²，B类（或小于1.5kN/m²，C类），设防烈度不大于8度地区	小于1.5kN/m²，B类
楼盖与混凝土基础的连接（图5-19、图5-20）	采用角钢连接，间距1.8m，锚栓直径12mm，8个ST4.2螺钉	采用角钢连接，间距1.2m，锚栓直径12mm，8个ST4.2螺钉
楼盖与承重外墙的连接 — 楼盖梁与承重外墙U形顶梁的连接（图5-21，图5-22）	2个ST4.2螺钉	3个ST4.2螺钉
楼盖与承重外墙的连接 — 楼面U形边梁与墙体U形顶梁的连接（图5-21）	采用1个ST4.2螺钉，间距0.6mm	

（3）梁连接与搭接：楼盖梁与承重内墙U形顶梁的连接采用2个ST4.2螺钉，如图5-24所示。连续梁在内支座处应设置加劲件，且沿内墙长度方向宜设置刚性支撑件，其间距为3.0m，与梁的连接方式参照图5-24。简支梁在内承重墙顶部采用如图5-25所示的搭接时，搭接长度不应小于150mm，每根梁应至少用2个螺钉与顶导梁连接。梁与梁之间应至少用4个螺钉连接。

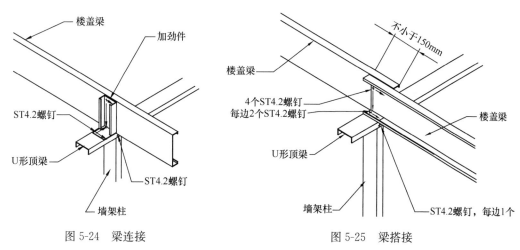

图5-24　梁连接　　　　　　　　　　图5-25　梁搭接

5.6.4　屋面系统装配技术要求

屋面围护系统设计应包含材料部品的选用要求、构造设计、排水设计、防雷设计等内容。轻质楼板可以采用前面所述楼板材料，建筑面层宜采用轻质找平层。吊顶时宜在密肋钢梁间填充玻璃棉或岩棉等措施满足埋设管线和建筑隔声的要求。多孔吸声材料（如玻璃棉、岩棉矿棉、植物纤维喷涂等）的吸声机理是材料内部有大量微小的孔隙，声波沿着这些孔隙可以深入材料内部，与材料发生摩擦作用将声能转化为热能。对压型钢板现浇钢筋混凝土楼板，应设计吊顶。装配式钢结构住宅建筑屋面围护系统的防水等级应根据建筑造型、重要程度、使用功能、所处环境条件确定。

1. 屋架结构系统

低层轻型钢结构装配式住宅屋架结构系统由上弦、下弦、支撑和屋面板组成,可参照图 5-26建造,节点可以参照图 5-27~图 5-32。屋盖系统及其构件的强度、刚度和稳定均应满足设计要求。

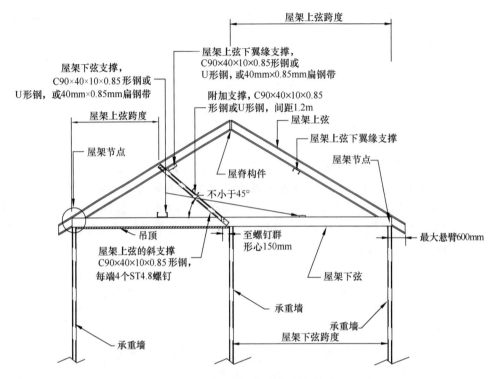

图 5-26　低层轻型钢结构屋架构造

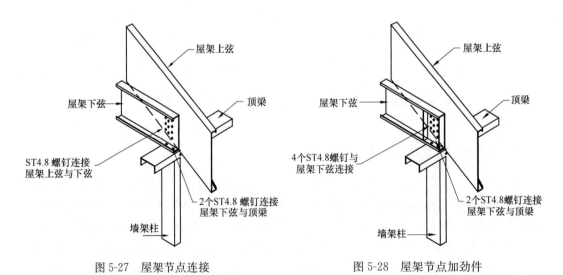

图 5-27　屋架节点连接　　　　　　图 5-28　屋架节点加劲件

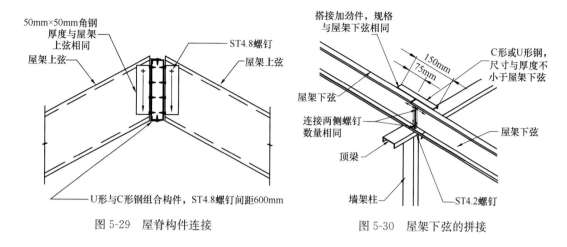

<table>
<tr><td>图 5-29 屋脊构件连接</td><td>图 5-30 屋架下弦的拼接</td></tr>
</table>

2. 屋盖系统连接

屋架下弦与承重墙的顶梁、屋面板与屋架上弦、端屋架与山墙顶梁、屋架上弦与屋架下弦或屋脊构件的连接要求见表 5-13。

屋盖系统的连接要求　　　　　　　　　　　　　　　　　　　　　　表 5-13

连接情况	紧固件的数量、规格和间距
屋架下弦与承重墙的顶梁	2 个 ST4.8 螺钉，沿顶梁宽度布置
屋面板与屋架上弦	ST4.2 螺钉，边缘间距为 150mm，中间部分间距为 300mm。在端桁架上，间距为 150mm
端屋架与山墙顶梁	ST4.8 螺钉，中心距为 300mm
屋架上弦与屋架下弦或屋脊构件	ST4.8 螺钉，均匀排列，到边缘的距离不小于 12mm，数量符合设计要求

3. 支撑体系

(1) 屋架下弦的水平支撑：上翼缘水平支撑：屋架下弦上翼缘的水平支撑采用厚度不小于 0.85mm 的 U 形或 C 形截面，或 40mm×0.85mm 的扁钢带。水平支撑与屋架下弦上翼缘采用 1 个 ST4.2 螺钉连接（图 5-26）；下翼缘水平支撑：屋架下弦下翼缘可采用石膏吊顶或通长设置扁钢带起水平支撑作用，石膏板的固定采用 ST3.5 螺钉；当采用 40mm×0.85mm 的扁钢带时，扁钢带的间距不宜大于 1.2m。

(2) 屋架上弦需斜支撑：斜支撑与屋架下弦的连接处宜搁置在承重墙上。屋架上弦的斜支撑截面不应小于 C90×40×10×0.85，其长度不应超过 2.4m，与屋架下弦及屋架上弦的连接每端不宜少于 4 个 ST4.8 螺钉。当斜支撑的长度超过 1.2m 时，应在斜支撑上每间距 1.2m 处设置附加水平支撑，附加水平支撑的截面可与斜支撑相同。

(3) 屋架上弦下翼缘水平支撑：屋架上弦下翼缘的水平支撑宜采用厚度不小于 0.85mm 的 U 形或 C 形截面，或 40mm×0.85mm 扁钢带，支撑间距不应大于 2.4m，支撑与屋架上弦下翼缘采用 2 个 ST4.2 螺钉连接。

4. 拼接要求

屋架上弦不宜拼接，屋架下弦只允许在跨中支承点处拼接，拼接的每一侧所需螺钉数量、规格应和屋架上弦与下弦连接所需螺钉相同。

5. 屋面或吊顶开洞

（1）屋面（或吊顶）的洞口采用组合截面纵梁和横梁作为外框，如图 5-31 和图 5-32 所示，组合截面的 C 形和 U 形钢截面尺寸与屋架上弦（或屋架下弦）相同，洞口横梁跨度不应大于 1.2m。

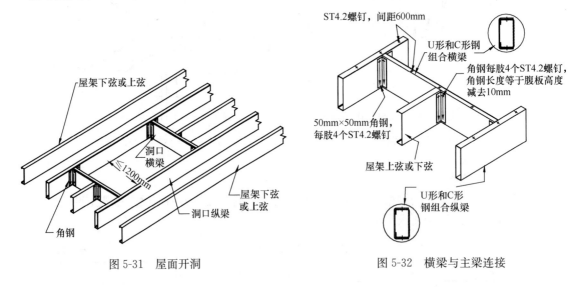

图 5-31　屋面开洞　　　　　　　图 5-32　横梁与主梁连接

（2）洞口横梁与纵梁的连接采用 4 个 50mm×50mm 角钢，角钢的厚度不小于屋架下弦或屋架上弦的厚度，角钢连接每肢采用 4 个均匀排列的 ST4.2 螺钉。

5.6.5　墙体系统装配技术要求

外墙属于建筑外围护体系，是轻型钢结构住宅建筑设计的重点。轻质围护材料应根据保温或隔热的要求进行选择。外墙保温板应采用整体外包钢结构的安装方式，当采用填充钢框架式外墙时，外露钢结构部位应做外保温隔热处理。对于轻质墙体，应有防裂、防潮和防雨措施，并应有保持保温隔热材料干燥的措施。外墙的挑出构件，如阳台、雨篷、空调室外板等均应作保温隔热处理。对墙体的预留洞口或开槽处应有补强措施，对隔声和保温隔热功能应有弥补措施。非上人屋面不宜设女儿墙，否则应有可靠的防风或防积雪的构造措施。

外墙系统应根据不同的结构形式选择适宜的系统类型，外墙系统中外墙板可采用内嵌式、外挂式、嵌挂结合等形式，并宜分层悬挂或承托。外墙系统可选用预制外墙、现场组装骨架外墙、建筑幕墙等类型。外围护系统应考虑基层墙体和连接件的使用年限及维护周期；外饰面、防水层、保温以及密封材料的使用年限及维护周期；外墙可进行吊挂的部位、方法及吊挂力；日常和定期的检查和维护要求。

1. 承重墙

低层冷弯薄壁型钢装配式住宅的墙体结构，可以参考图 5-33 建造。

承重墙由立柱、顶导梁和底导梁、支撑、拉条和撑杆、墙体结构面板等部件组成，见图 5-34。

① 墙体立柱

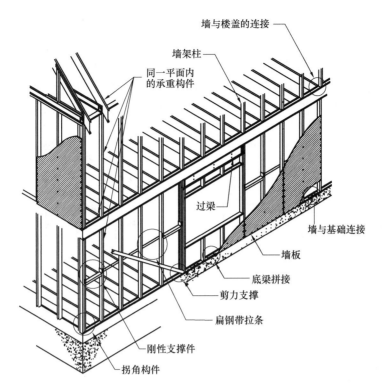

图 5-33　低层冷弯薄壁型钢装配式住宅的墙体构造

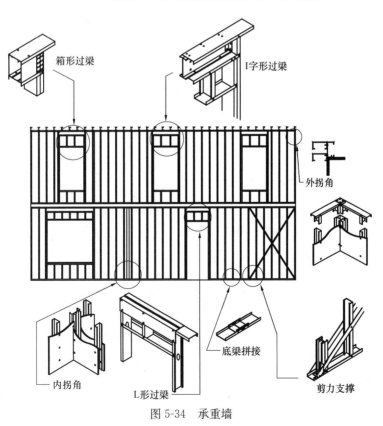

图 5-34　承重墙

墙体立柱宜按照模数上下对应设置；可采用卷边冷弯槽钢构件或由卷边冷弯槽钢构件、冷弯槽钢构件组成的拼合构件；墙体立柱的间距宜为400～600mm。

② 墙架柱的翼缘侧向支撑：可以采用在承重墙墙架柱的两面安装墙板材料（图5-35）；在承重墙墙架柱的一面安装墙板，另一面设置扁钢带拉条（图5-36）；在承重墙墙架柱的两面设置扁钢带拉条（图5-37）等方式对墙架柱的翼缘进行支撑。

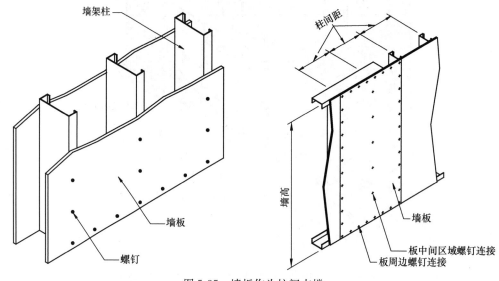

图5-35　墙板作为柱间支撑

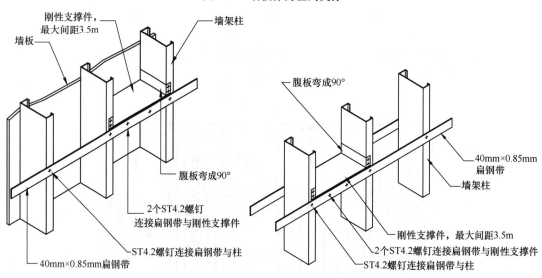

图5-36　一面扁钢带、一面墙板作为柱间支撑　　　图5-37　两面扁钢带作为柱间支撑

扁钢带拉条要符合以下要求：扁钢带尺寸不小于40mm×0.85mm，用ST4.2螺钉将扁钢带与梁或柱翼缘连接。沿扁钢带方向每隔3.5m设置一个刚性支撑件或X形支撑，且在房屋端头或楼面开孔处必须设置刚性支撑件或X形支撑，扁钢带与刚性支撑件用2个ST4.2螺钉连接。刚性支承件采用厚度不小于0.85mm的U形或C形短构件，其截面高度为C形梁或柱的腹板高度减去50mm。刚性支撑件采用角钢或者直接与梁或柱连接。X

形支撑截面尺寸与扁钢带相同，直接与梁或柱连接；高2.4m的承重墙在1/2高度处设置一道支撑，高2.7～3.3m的承重墙在1/3和2/3高度处各设置一道支撑。

③ 顶、底导梁

采用冷弯薄壁构件，壁厚不宜小于墙体立柱的壁厚，立柱与顶、底导梁应采用螺钉连接。承重墙的顶导梁可以按支承在墙体两立柱之间的简支梁计算，并根据由楼面梁或屋架传下的跨间集中反力与考虑施工时的1.0kN集中施工荷载产生的较大弯矩设计值，验算其强度和稳定性。

④ 墙体面板

外墙的外侧墙板可采用厚度不小于11mm的定向刨花板或12mm厚的胶合板，内侧墙板可采用厚度不小于12mm的石膏板；内承重墙两侧墙板均可采用厚度不小于12mm的石膏板。外墙与内墙的两侧墙板均可采用厚度12mm的水泥木屑板。

墙板的长度方向应与柱子平行，墙板的周边和中间部分都应与柱子或顶梁、底梁连接。墙板的覆盖长度不应小于墙长度的20%。在外墙的转角处（或端部），墙板的宽度不应小于1.2m。在外墙平面内应按设计要求设置X形剪力支撑系统。

墙体面板与墙体立柱应采用螺钉连接，墙体面板的边部和接缝处螺钉的间距不宜大于150mm，墙体面板内部的螺钉间距不宜大于300mm；墙体面板进行上下拼接时宜错缝拼接，在拼接缝处应设置厚度不小于0.8mm且宽度不小于50mm的连接钢带进行连接。

低层轻型钢结构装配式住宅的拐角应符合如图5-38所示的构造要求。在承重墙转角处必须设置抗拔锚栓（图5-39），承重墙其他部位应按设计要求设置抗拔锚栓。

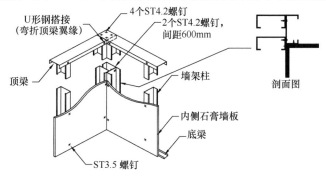

图 5-38　拐角构造

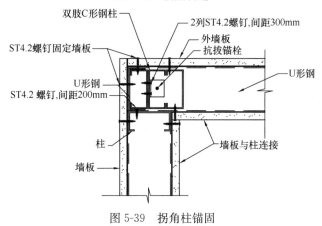

图 5-39　拐角柱锚固

⑤ 墙体开洞

在承重墙体的门、窗洞口上方和两侧应分别设置过梁和洞口边立柱，门、窗洞口边立柱应由两根或两根以上的卷边冷弯槽钢拼合而成。承重墙体的端边、门窗洞口的边部应采用拼合立柱，拼合立柱间采用双排螺钉固定，螺钉间距不应大于300mm。洞口边立柱宜从墙体底部直通至墙体顶部或过梁下部，并与墙体底导梁和顶导梁相连接。洞口过梁可选用实腹式或桁架式。

⑥ 过梁：所有承重墙门窗洞口上方必须设置过梁，过梁可采用箱形、工形或L形截面，其截面尺寸应符合设计要求。箱形截面过梁可由两个相同型号的C形截面构件组成，箱形截面过梁通过U形或C形钢与主柱相连，如图5-40所示；工形截面过梁：由两个相同型号C形截面构件组成，工形截面过梁通过角钢连接件与主柱相连，如图5-41所示。

箱形（或工形）截面过梁与主柱连接的螺钉规格及数量应符合表5-14的要求，其中一半螺钉用于连接件翼缘（或肢）与过梁的连接，另一半用于连接件腹板（或肢）与主柱的连接。过梁两侧主柱、辅柱及墙架短柱的尺寸和厚度与相邻的墙架柱相同，主柱和辅柱的数量应不少于表5-15的要求。主柱和辅柱应采用墙板互相连接，如图5-40和图5-41所示。

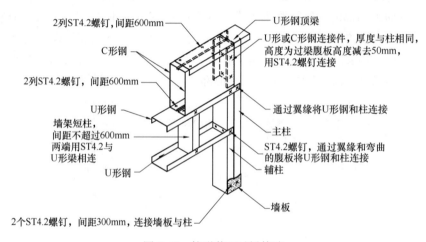

图5-40 箱形截面过梁构造

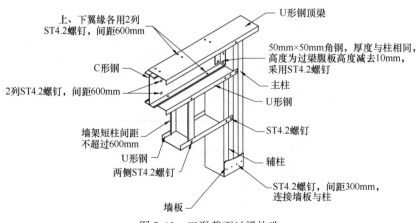

图5-41 工形截面过梁构造

214

过梁与主柱的连接要求   表 5-14

过梁跨度 (mm)	基本风压 w_0，地面粗糙度，抗震设防烈度			
	<1.0kN/m²，C类 设防烈度8度及 其以下区域	<1.0kN/m²，B类 或1.5kN/m²，C类	<1.25kN/m²，B类	<1.5kN/m²，B类
<1200	4个ST4.2螺钉	4个ST4.2螺钉	6个ST4.2螺钉	6个ST4.2螺钉
1200～2400	4个ST4.2螺钉	4个ST4.2螺钉	6个ST4.2螺钉	8个ST4.2螺钉
2400～3600	4个ST4.2螺钉	6个ST4.2螺钉	8个ST4.2螺钉	10个ST4.2螺钉
3600～4800	4个ST4.2螺钉	6个ST4.2螺钉	10个ST4.2螺钉	12个ST4.2螺钉

洞口每侧主柱和辅柱的数量要求   表 5-15

洞口宽度 (mm)	墙架柱间距 600mm		墙架柱间距 400mm	
	主柱数量	辅柱数量	主柱数量	辅柱数量
<1200	1	1	1	1
1200～1500	2	1	2	1
1500～2400	2	1	2	2
2400～3300	2	2	3	2
3300～3600	2	2	3	3
3600～3900	3	2	3	3
3900～4800	3	2	4	3
4800～5400	3	3	4	4

2. 非承重墙

非承重墙的 C 形截面构件最小厚度可采用 0.45mm，可不设置支撑、拉条和撑杆。非承重墙中柱子的高度不宜超过表 5-16 规定的要求。非承重墙及其门窗洞口、墙拐角、内外墙交接可参照图 5-42～图 5-46 的构造要求。

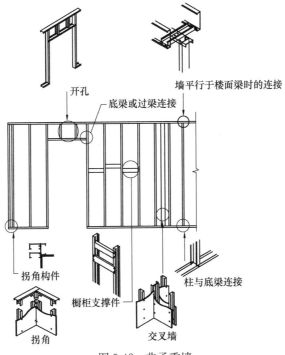

图 5-42　非承重墙

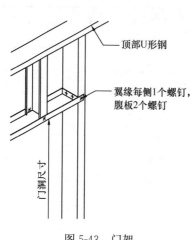

图 5-43　门架

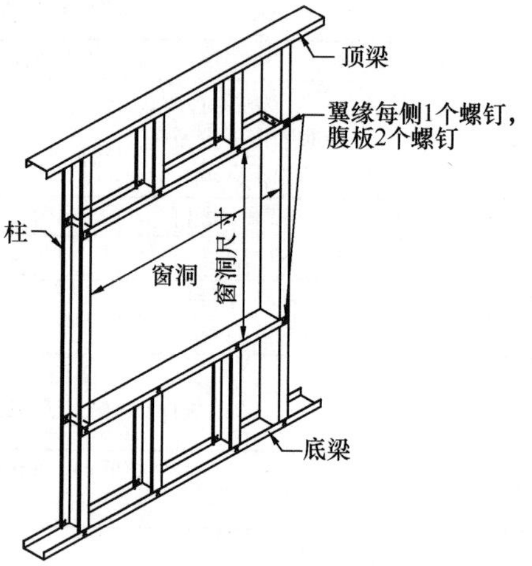

图 5-44　窗架

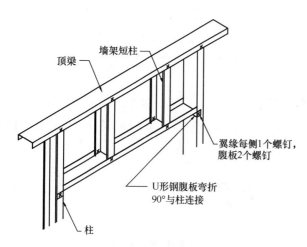

图 5-45　非承重过梁

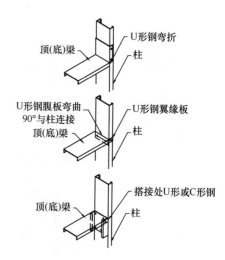

图 5-46　窗台 U 形构件

非承重墙的柱子高度要求（m）　　　　　　表 5-16

柱型号	1/2 高度处设置扁钢带拉条		沿墙高采用双面石膏板	
	柱间距		柱间距	
	400mm	600mm	400mm	600mm
C90×35×12×0.45	3.3	2.4	3.6	2.4
C90×35×10×0.70	3.9	3.3	4.5	3.9
C90×35×10×0.85	4.2	3.6	4.9	4.2

3. 墙体连接

墙体与基础或楼盖的连接应满足表 5-17 的要求。

连接情况	基本风压 w_0（标准值），地面粗糙度，抗震设防烈度			
	<1.0kN/m²，C类，设防烈度8度及其以下区域	<1.0kN/m²，B，或 1.5kN/m²，C类	<1.25kN/m²，B类	<1.5kN/m²，B类
墙底梁与楼盖梁或边梁的连接	每隔 300mm 装 1 个 ST4.2 螺钉	每隔 300mm 装 1 个 ST4.2 螺钉	每隔 300mm 装 2 个 ST4.2 螺钉	每隔 300mm 装 2 个 ST4.2 螺钉
墙底梁与基础的连接（图 5-47）	每隔 1.8m 装 1 个 13mm 的锚栓	每隔 1.2m 装 1 个 13mm 的锚栓	每隔 1.2m 装 1 个 13mm 的锚栓	每隔 1.2m 装 1 个 13mm 的锚栓
墙底梁与木地梁的连接（图 5-48）	连接钢板间距 1.2m，用 4 个 ST4.2 螺钉和 4 个 $\phi3.8\times75mm$ 普通钉子	连接钢板间距 0.9m，用 4 个 ST4.2 螺钉和 4 个 $\phi3.8\times75mm$ 普通钉子	连接钢板间距 0.6m，用 4 个 ST4.2 螺钉和 4 个 $\phi3.8\times75mm$ 普通钉子	连接钢板间距 0.6m，用 4 个 ST4.2 螺钉和 4 个 $\phi3.8\times75mm$ 普通钉子

4. 抗剪墙

当抗震设防烈度为 8 度及其以上时，应在建筑平面两个主方向的外墙或内墙上设置剪力墙，剪力墙所围成的矩形建筑平面的长宽比不大于 4：1。建筑平面的凸出部分不宜超过 1.2m，如果超过 1.2m，需设置剪力墙（图 5-49 中的虚线）围成两个矩形平面。剪力墙的长度应符合设计要求，剪力墙的长高比和剪力支撑所在平面的高宽比均不大于2：1。

剪力墙的两端由 X 形剪力支撑系统组成，如图 5-50 所示，剪力支撑系统应从基础到顶层布置在同一平面内。X 形剪力支撑一般采用

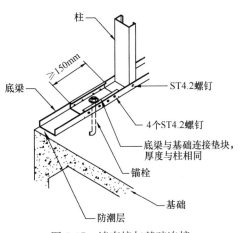

图 5-47 墙直接与基础连接

40mm×0.85mm 的扁钢带，扁钢带可交叉布置在柱子的任一侧或两侧，两端采用 ST4.2

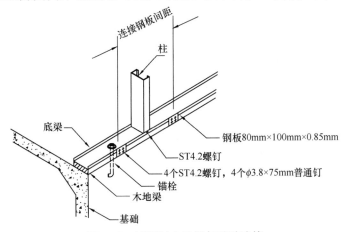

图 5-48 墙通过木地梁与基础连接

217

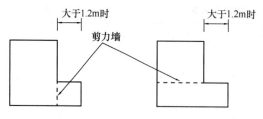

图 5-49　剪力墙的平面布置

螺钉与柱子端部连接，螺钉数量应符合设计要求。在扁钢带上应设置收紧装置将其张紧。

剪力墙至少一侧墙板应铺设厚度不小于 11mm 的定向刨花板或 12mm 厚的胶合板或 12mm 厚的水泥木屑板，另一侧墙板可铺设厚度不小于 12mm 的石膏板，连接螺钉的形式、数量和间距符合表 5-18 的要求；剪力墙的一侧也可铺设 0.70mm 厚的钢板以代替木质墙板，其连接采用 ST4.2 螺钉，在板的中间部分螺钉间距 300mm，板边缘的螺钉间距 100mm。

剪力墙的连接要求　　　　　　　　　　　　　　　　表 5-18

连接情况	螺钉的规格、数量和间距
柱与顶（底）梁	柱子两端的每侧翼缘各 1 个 ST4.2 螺钉
定向刨花板、胶合板或水泥木屑板与柱	ST4.2 螺钉，头部为喇叭形、平头，头部直径为 8mm；沿板周边间距为 150mm（螺钉到板边缘的距离为 10mm），板中间间距为 300mm
12mm 厚石膏板与柱	ST3.5 螺钉，头部为喇叭形、平头，头部直径为 8mm；间距为 300mm

在剪力墙转角处和 X 形剪力支撑系统的边柱处应设置抗拔锚栓（图 5-50），抗拔锚栓的承载力应符合设计要求，连接构造应符合如图 5-41 所示的要求。设置抗拔锚栓的边柱通过抗拔连接件将上层柱与下层柱连接（图 5-51 和图 5-52）。抗拔连接件的钢板厚度为 2.5mm，至少采用 6 个 ST4.2 螺钉与柱子连接。剪力墙的底梁与基础通过锚栓连接，在锚栓连接处应加垫块，垫块的长度不小于 150mm，截面及厚度与墙架柱相同（参照图 5-47）；锚栓的规格和间距应符合表 5-19 的要求，锚栓在砌体基础中埋置深度不应小于 380mm，在混凝土基础中不应小于 180mm。

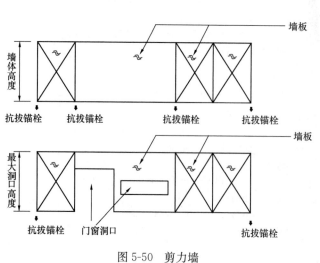

图 5-50　剪力墙　　　　　　　　图 5-51　剪力墙上设置抗拔锚栓的柱

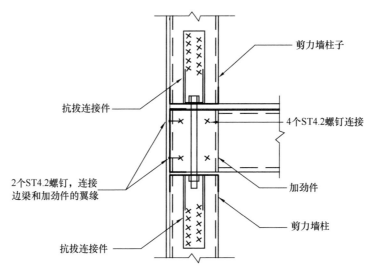

图 5-52　上下层柱的抗拔连接

剪力墙底梁与基础连接的锚栓间距要求（m）　　　　　　表 5-19

锚栓直径	墙板边缘螺钉间距（mm）			
（mm）	150	100	80	50
13	1.5	1.1	0.8	0.6
16	1.8	1.4	1.0	0.8

当基本风压为 1.5kN/m^2 及以上时，外墙的上层墙架柱与下层柱或墙架短柱与支承过梁、屋盖与支承屋盖的柱或过梁、过梁与支承过梁的辅柱均应通过抗拔拉条进行拉结。抗拔拉条采用 30mm×0.85mm 的扁钢带，扁钢带的一端至少采用 6 个 ST4.2 螺钉进行连接；外墙通过木地梁与基础连接（图 5-48），主柱和辅柱通过抗拔拉条与基础进行拉结（图 5-53）。抗拔拉条采用 30mm×0.85mm 的扁钢带抱箍，扁钢带的每侧至少采用 3 个 ST4.2 螺钉进行连接。

当基本风压大于 1.8kN/m^2 时，锚栓直径不小于 13mm，间距不大于 600mm，锚栓在砌

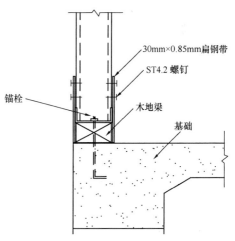

图 5-53　外墙与基础的抗拔连接

体基础中埋置深度不应小于 380mm，在混凝土基础中不应小于 180mm。墙架柱间距达 600mm 时，定向刨花板或胶合板墙板的厚度应不小于 15mm。

剪力墙的顶梁通过檐口连接件和通长的扁钢带与屋盖连接（图 5-54）。檐口连接件沿剪力墙方向设置，其间距不大于 1.2m，且在剪力墙转角处和 X 形剪力支撑系统边柱的顶部必须设置檐口连接件。

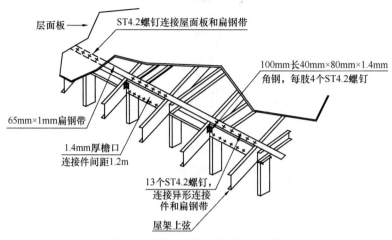

图 5-54 檐口连接件和通长扁钢带

5.7 附属设施安装要求

5.7.1 管道安装要求

室内给水排水系统和暖通、空调系统的管道宜布置在结构内部（图 5-55）。布置在钢构件里的给水排水管道应采用钢支架固定，当钢构件厚度为 0.45～0.70mm 时，钢支架与钢构件的连接采用 ST3.5 螺钉；当钢构件厚度大于 0.70mm 时，钢支架与钢构件的连接采用 ST4.2 螺钉。

布置在钢构件里的暖通、空调系统管道应采用厚度不小于 0.85mm 厚的 U 形或 C 形钢管道支架固定，管道支架与钢构件连接螺钉不应小于 ST4.2。

采用铜管时，在铜管穿过钢构件的接触部位应安装塑料套管等绝缘材料与钢构件隔开；当铜管平行于钢构件时，可用绝缘材料包裹铜管以隔离铜管和钢构件（图 5-56）。

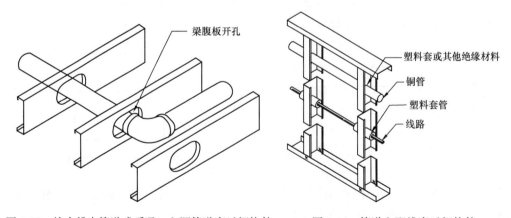

图 5-55 给水排水管道或暖通、空调管道穿过钢构件　　　图 5-56 管道和配线穿过钢构件

5.7.2 电线安装要求

电线宜布置在结构内部,当电线穿过钢构件时,应采用塑料套管等绝缘材料保护电线的绝缘层不受损伤。

电控箱应通过钢支架与钢柱固定(图 5-57),当钢构件厚度为 0.45~0.70mm 时,钢支架与钢构件连接采用 ST3.5 螺钉;当钢构件厚度大于 0.70mm 时,钢支架与钢构件连接采用 ST4.2 螺钉。

5.7.3 其他设施或者节点安装要求

在钢柱之间可用木支架或厚度不小于 0.85mm 的 U 形或 C 形钢支架安装壁柜,木支架或钢支架与钢构件的连接可用 ST4.2 螺钉,如图 5-58 所示。

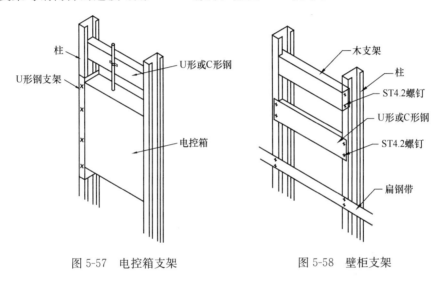

图 5-57 电控箱支架   图 5-58 壁柜支架

檐口节点、山墙节点、内墙门框、墙体吊挂节点、内墙面盆及台面节点、门窗过梁、楼梯、地面、墙面等节点可以参考图集 05J910-1 钢结构住宅(一)。

5.8 低层冷弯薄壁型钢住宅的施工

5.8.1 冷弯薄壁型钢制作与安装

1. 制作和矫正

构件上应避免刻伤。放样和号料应根据工艺要求预留制作和安装时的焊接收缩余量及切割、刨边和铣平等加工余量;应保证切割部位准确、切口整齐,切割前应将钢材切割区域表面的铁锈、污物等清除干净,切割后应清除毛刺、熔渣和飞溅物。

钢材的机械矫正,应在常温下用机械设备进行。冷弯薄壁型钢结构的主要受压构件,当采用方管时,其局部变形的纵向量测值如图 5-59 所示,应符合式(5-29)的要求:

$$\delta \leqslant 0.01b \tag{5-29}$$

式中 δ——局部变形的纵向量测值；

b——局部变形的量测标距，取变形所在面的宽度。

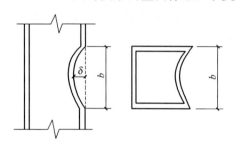

图 5-59 局部变形纵向量测示意图

碳素结构钢在环境温度低于−16℃，低合金结构钢在环境温度低于−12℃时，不得进行冷矫正和冷弯曲。碳素结构钢和低合金结构钢，加热温度应根据钢材性能选定，但不得超过900℃。低合金结构钢在加热矫正后，应在自然状态下缓慢冷却。构件矫正后，挠曲矢高不应超过构件长度的1/1000，且不得大于10mm。

构件的制孔：高强度螺栓孔应采用钻成孔；螺栓孔周边应无毛刺、破裂、喇叭口和凹凸的痕迹，切屑应清除干净。

2. 构件的组装和工地拼装

(1) 构件组装应在合适的工作平台及装配胎模上进行，工作平台及胎模应测平，并加以固定，使构件重心线在同一水平面上，其误差不得大于3mm。

(2) 应按施工图严格控制几何尺寸，结构的工作线与杆件的重心线应交汇于节点中心，两者误差不得大于3mm。

(3) 组装焊接构件时，构件的几何尺寸应依据焊缝等收缩变形情况，预放收缩余量；对有起拱要求的构件，必须在组装前按规定的起拱量做好起拱，起拱偏差应不大于构件长度的1/1000，且不大于6mm。

(4) 杆件应防止弯扭，拼装时其表面中心线的偏差不得大于3mm。

(5) 杆件搭接和对接时的错缝或错位不得大于0.5mm。

(6) 构件的定位焊位置应在正式焊缝部位内，不得将钢材烧穿，定位焊采用的焊接材料型号应与正式焊接用的相同。

(7) 构件之间连接孔中心线位置的误差不得大于2mm。

3. 冷弯薄壁型钢结构安装

(1) 结构安装前应对构件的质量进行检查。构件的变形、缺陷超出允许偏差时，应进行处理。

(2) 结构吊装时，应采取适当措施，防止产生永久性变形，并应垫好绳扣与构件的接触部位。

(3) 不得利用已安装就位的冷弯薄壁型钢构件起吊其他重物。不得在主要受力部位加焊其他物件。

(4) 安装屋面板前，应采取措施保证拉条拉紧和檩条的位置正确。

(5) 安装压型钢板屋面时，应采取有效措施将施工荷载分布至较大面积，防止施工集中荷载造成构件局部压屈。

(6) 在进行整体组装时：墙体结构要增设临时支撑、十字交叉支撑；楼面梁应增设梁间支撑；桁架单元之间应增设水平和垂直支撑；应采取有效措施将施工荷载分布至较大面积；冷弯薄壁型钢结构在安装过程中应采取措施避免撞击。受撞击变形的杆件应校正到位。

(7) 用于石膏板、结构用定向刨花板与钢板连接的螺钉，其头部应沉入石膏板、结构用定向刨花板 0～1mm，螺钉周边板材应无破损。

冷弯薄壁型钢结构制作和安装质量除应符合《冷弯薄壁型钢结构技术规范》GB 50018 规定外，尚应符合现行国家标准《钢结构工程施工质量验收规范》GB 50205 的规定。当喷涂防火涂料时，应符合现行国家标准《钢结构防火涂料通用技术条件》GB 14907 的规定。

5.8.2 轻质楼板和轻质墙体与屋面施工

1. 编制施工组织设计文件

（1）选用的楼板材料、墙体材料、屋面材料，以及防水材料、连接配件材料、防裂增强网片材料或黏接材料的种类、性能、规格或尺寸等，均应符合设计规定和材料性能要求，对预制楼板、屋面板和外墙板应进行结构性能检验，对外墙保温板和屋面保温板应进行热工性能检验；

（2）施工方法应根据产品特点和设计要求确定，包括楼板、墙板和屋面板的具体吊装方法，楼板、墙板和屋面板与主体钢结构的连接方法，屋面和外墙立面的防水做法，基础防潮层做法，门、窗洞口做法，穿墙管线以及吊挂重物的加固构造措施等；

（3）应制定施工进度网络图、劳动力投入计划和施工机械机具的组织调配计划，冬期或雨期施工保证措施；

（4）应对施工人员进行技术培训和施工技术交底，应设专人对各工序和隐蔽工程进行验收；

（5）应有安全、环保和文明施工措施；

（6）应严格按设计图纸施工，不得在现场临时随意开凿、切割、开孔。

2. 施工前准备工作

（1）材料进场时，应有专人验收，生产企业应提供产品合格证和质量检验报告，板材不应出现翘曲、裂缝、掉角等外观缺陷，尺寸偏差应符合设计要求；

（2）材料进场后，应按不同种类或规格堆放，并不得被其他物料污染，露天堆放时，应有防潮、防雨和防暴晒等措施；

（3）墙板安装前，应先清理基层，按墙体排板图测量放线，并应用墨线标出墙体、门窗洞口、管线、配电箱、插座、开关盒、预埋件、钢板卡件、连接节点等位置，经检查无误，方可进行安装施工；

（4）应对预埋件进行复查和验收；

（5）应先做基础的防潮层，验收合格后方可施工墙体。

3. 墙体与屋面施工

墙体与屋面施工应在主体结构验收后进行，内隔墙宜在做楼、地面找平层之前进行，且宜从顶层开始向下逐层施工，否则应采取措施防止底层墙体由于累积荷载而损坏。

（1）轻质楼板施工

有楼面次梁结构的，次梁连接节点应满足承载力要求，次梁挠度不应大于跨度的 1/200。对桁架式次梁，各榀桁架的下弦之间应有系杆或钢带拉结。吊装应按楼板排板图施工，并应严格控制施工荷载，悬挑部分施工时应设临时支撑措施。尺寸大于 100mm 的楼板洞口应在工厂预留，对所有洞口应填补密实。

当采用预制圆孔板或配筋的水泥发泡类楼板时，板与钢梁搭接长度不应小于 50mm，并应有可靠连接，采用焊接的应对焊缝进行防腐处理。当采用 OSB 板或钢丝网水泥板等薄型楼板时，板与钢梁搭接长度不应小于 30mm，采用自攻螺钉连接时，规格不宜小于 ST5.5，长度应穿透钢梁翼缘板不少于 3 圈螺纹，对 OSB 板间距不宜大于 300mm，对钢丝网水泥板应在板四角固定。楼板安装应平整，相邻板面高差不宜超过 3mm。

（2）轻质墙板施工

墙板施工前应做好下列技术准备：设计墙体排板图（包含立面、平面图）；确定墙板的搬运、起重方法；确定外墙板外包主体钢结构的干挂施工方法；制定测量措施；制定高空作业安全措施。

（3）外墙干挂施工

干挂节点应专门设计，干挂金属构件应采用镀锌或不锈钢件，宜避免现场施焊，否则应对焊缝做好有效的防腐处理；外墙干挂施工应由专业施工队伍或在专业技术人员指导下进行。

（4）双层墙板施工

双层墙板在安装好外侧墙板后，可根据设计要求安装固定好墙内管线，验收合格后方可安装内侧板；双层外墙的内侧墙板宜镶嵌在钢框架内，与外层墙板拼缝宜错开 200～300mm 排列，并应按内隔墙板安装方法施工。

（5）内隔墙板安装

内隔墙板应从主体钢柱的一端向另一端顺序安装，有门窗洞口时，宜从洞口向两侧安装；应先安装定位板，并在板侧的企口处、板的两端均匀满刮粘结材料，空心条板的上端应局部封孔；顺序安装墙板时，应将板侧榫槽对准另一板的榫头，对接缝隙内填满的粘结材料应挤紧密实，并应将挤出的粘结材料刮平；板上、下与主体结构应采用 U 形钢卡连接。

建筑墙体施工中的管线安装应符合下列要求：外墙体内不宜安装管线，必要时应由设计确定；应使用专用切割工具在板的单面竖向开槽切割，槽深不宜大于板厚的 1/3，当不得不沿板横向开槽时，槽长不应大于板宽的 1/2；管线、插座、开关盒的安装应先固定，方可用粘结材料填实、粘牢、平整；设备控制柜、配电箱可安装在双层墙板上。

墙面整理和成品保护应符合下列要求：墙面接缝处理应在门框、窗框、管线及设备安装完毕后进行；应检查墙面，补满破损孔隙，清洁墙面，对不带饰面的毛坯墙应满铺防裂网刮腻子找平；对有防潮或防渗漏要求的墙体，应按设计要求进行墙面防水处理；对已完成抹灰或刮完腻子的墙面不得再进行任何剔凿；在安装施工过程中及工程验收前，应对墙体采取防护措施，防止污染或损坏。

（6）轻质保温屋面施工

屋面施工前应符合下列要求：设计屋面排板图；确定屋面板搬运、起重和安装方法；制定高空作业安全措施。每块屋面板至少有两根檩条支撑，板与檩条连接应按产品专业技术规定进行连接或采用螺栓连接。

屋面板与檩条当采用自钻自攻螺钉连接时，应符合下列要求：螺钉规格不宜小于 ST6.3；螺钉长度应穿透檩条翼缘板外露不少于 3 圈螺丝；螺钉帽应加扩大垫片；坡度较大时应有止推件抗滑移措施。

屋面板侧边应有企口，拼缝处的保温材料应连续，企口内应有填缝剂，板应紧密排列，不得有热桥；屋面板安装验收合格后，方可进行防水层或屋面瓦施工。

5.8.3 低层冷弯薄壁型钢验收

钢结构工程施工质量的验收应在施工单位自检合格的基础上，按照检验批、分项工程的划分，作为主体结构分部工程验收。应在各分项工程均合格的基础上，进行钢结构分部工程质量控制资料检查、材料性能复验资料检查、观感质量现场检查。各项检查均应要求资料完整、质量合格。

（1）冷弯薄壁型钢构件的加工，应按设计要求控制尺寸，其允许偏差应符合表 5-20 的规定。按钢构件数抽查 10%，且不应少于 3 件。采用游标卡尺、钢尺和角尺、半圆塞规检查。

冷弯薄壁型钢构件加工允许偏差 表 5-20

检查项目		允许偏差
构件长度（mm）		−3～0
截面尺寸（mm）	腹板高度	±1
	翼缘宽度	±1
	卷边高度	±1.5
翼缘与腹板和卷边之间的夹角		±1°

（2）冷弯薄壁型钢墙体外形尺寸、立柱间距、门窗洞口位置及其他构件位置应符合设计要求，其允许偏差应符合表 5-21 的规定。按同类构件数抽查 10%，且不应少于 3 件，用钢尺和靠尺检查。

冷弯薄壁型钢墙体组装允许偏差 表 5-21

检查项目	允许偏差（mm）	检查项目	允许偏差（mm）
长度	−5～0	墙体立柱间距	±3
高度	±2	洞口位置	±2
对角线	±3	其他构件位置	±3
平整度	$h/1000$（h 为墙高）		

（3）冷弯薄壁型钢屋架外形尺寸的允许偏差应符合表 5-22 的规定。按同类构件数抽查 10%，且不应少于 3 件，用钢尺和角尺检查。

冷弯薄壁型钢屋架组装允许偏差 表 5-22

检查项目	允许偏差	检查项目	允许偏差
屋架长度（mm）	−5～0	跨中拱度（mm）	0～+6
支撑点距离（mm）	±3	相邻节间距离（mm）	±3
跨中高度（mm）	±6	弦杆间的夹角	±2°
端部高度（mm）	±3		

（4）冷弯薄壁型钢结构主体结构的整体垂直度和整体平面弯曲的允许偏差应符合表 5-23的规定。对主要立面全部检查。对每个所检查的立面，除两端外，尚应选取中间

部位进行检查。采用吊线、经纬仪等进行测量。

冷弯薄壁型钢结构主体结构整体垂直度和整体平面弯曲允许偏差   表 5-23

项目	允许偏差（mm）
主体结构的整体垂直度	$H/1000$，且不应大于 10
主体结构的整体平面弯曲	$L/1500$，且不应大于 10

注：H 为冷弯薄壁型钢结构檐口高度；L 为冷弯薄壁型钢结构平面长度或宽度。

（5）屋架、梁的垂直度和侧向弯曲矢高的允许偏差应符合表 5-24 的规定。按同类构件数抽查 10％，且不应少于 3 个。用吊线、经纬仪和钢尺现场实测。

屋架、梁的垂直度和侧向弯曲矢高允许偏差   表 5-24

项目	允许偏差（mm）
垂直度	$h/250$，且不应大于 15
侧向弯曲矢高	$l/1000$，且不应大于 10

注：h 为屋架跨中高度；l 为构件跨度或长度。

（6）结构板材安装的接缝宽度应为 5mm，允许偏差应符合表 5-25 的规定。对主要立面全部检查，且每个立面不应少于 3 处。采用钢尺和靠尺现场实测。

结构板材安装允许偏差   表 5-25

项目	允许偏差（mm）
结构板材之间接缝宽度	±2
相邻结构板材之间的高差	±3
结构板材平整度	±8

习　题

1. 低层冷弯薄壁型钢装配式住宅的特点是什么？
2. 阐述冷弯薄壁型钢装配式住宅的组成。
3. 楼面系统构件连接技术要求是什么？
4. 屋面系统构件连接技术要求是什么？
5. 墙体系统构件连接技术要求是什么？
6. 冷弯薄壁型钢装配式住宅的安装过程是什么？
7. 如何对装配式冷弯薄壁型钢住宅进行绿色评价？

第6章 BIM技术在钢结构建筑中的应用

6.1 背 景

6.1.1 政策背景

2015年6月16日，住房和城乡建设部发布了《关于印发推进建筑信息模型应用指导意见的通知》（建质函［2015］159号），明确了"到2020年，建筑行业甲级勘察设计单位以及特技、一级房屋建筑工程施工企业应掌握并实现BIM与企业管理系统和其他信息技术的一体化集成应用；以国有资金投资为主的大中型建筑，申报绿色建筑的公共建筑和绿色生态小区的新立项项目的勘察设计、施工、运营维护中，集成应用BIM的项目比率要达到90%"的发展目标。

2016年8月23日，住房和城乡建设部又发布了《2016－2020年建筑业信息化发展纲要》（建质函［2016］183号），提出了"十三五期间，全面提高建筑业信息化水平，着力增强BIM、大数据、智能化、移动通信、云计算、物联网等信息技术集成应用能力，建筑业数字化、网络化、智能化取得突破性进展，初步建成一体化行业监管和服务平台，数据资源利用水平和信息服务能力明显提升，形成一批具有较强信息技术创新能力和信息化应用达到国际先进水平的建筑企业及具有关键自主知识产权的建筑业信息技术企业"的发展目标。

6.1.2 BIM的优势

应用BIM技术，可大幅度提高建筑工程的集成化程度，促进建筑业生产方式的转变，提高投资、设计、施工乃至整个工程生命期的质量和效率，提升科学决策和管理水平。对于投资，有助于业主提升对整个项目的掌控能力和科学管理水平，提高效率、缩短工期、降低投资风险；对于设计，支撑可持续设计，强化设计协同，减少因"错、缺、漏、碰"导致的设计变更，促进设计效率和设计质量的提升；对于施工，支撑工业化建造和绿色施工、优化施工方案，促进工程项目实现精细化管理、提高工程质量、降低成本和安全风险；对于运维，有助于提高资产管理以及物业使用和应急管理水平。

6.1.3 存在的问题

但我们也要看到目前存在的不足。从行业宏观层面上讲，尚未形成完善的BIM标准体系，还缺少具有自主知识产权的BIM软件支撑，仅在设计和施工领域开展了一定程度的应用，BIM技术还未能在投资计划、设计、施工和运维全生命期得到较高水平应用；从企业层面上讲，有些企业对BIM技术仅停留在一般认识上，尚未进行深入研究、尝试和应用，对于 BIM 技术理解不深、人才培养不足，造成项目实施环节出现各种各样的问题。

6.1.4 BIM 应用综述

BIM 模型是项目信息交流和共享的数据中心。从建筑项目全生命期 BIM 应用的角度，从项目策划、概念设计、方案设计、初步设计、施工图设计，再到后续的施工和运营维护，是一个模型逐渐深化、信息不断丰富的发展过程。在项目的生命期中通常需要创建多个模型，例如用于表现设计意图的初步设计模型、用于施工组织的施工模型和反映项目实际情况的竣工模型等。

随着项目的进展，所产生的项目信息越来越多。这就需要对前期创建的模型进行修改和更新，甚至重新创建。以保证当时的 BIM 模型所集成的信息和正在增长的项目信息保持一致。因此，BIM 模型的维护是一个动态的过程，贯穿于项目实施的全过程，这对 BIM 的成功应用至关重要。

BIM 模型通过数字信息仿真模拟建筑物的真实信息，信息的内涵不仅仅是几何形状描述的视觉信息，还包括大量的非几何信息。各种信息始终是建立在一个三维模型数据库中。可以持续及时地提供项目设计、施工进度以及成本等方面的信息，这些信息完整可靠，并且需要各参与单位的实时协调更新。通过对 BIM 结构模型数据环境信息的不断更新及访问，建筑师、结构工程师、建造师、监理工程师以及业主可以清楚全面地了解项目的进展过程。建设信息的共享及维护，在建筑设计，结构设计，施工和管理的过程中，能够加快决策进度，提高决策质量，从而提高项目整体质量。

对于结构工程专业而言，BIM 结构模型维护主要体现在从方案设计阶段到施工阶段对模型的不断深化及调整：根据不同设计阶段，对设计模型的深化及补充；根据施工进度和深化设计及时更新和集成 BIM 模型，进行专业内部及专业间的碰撞检查，提供具体碰撞的检测报告，并提供相应的解决方案，及时协调解决碰撞；施工变更引起的模型修改及更新；对于结构模型结合施工进度，考虑施工工况对结构计算的影响；在出具完工证明以前，向业主提供真实准确的竣工模型，BIM 应用资料和设备信息等，确保业主和物业管理公司在运营阶段具备充足的信息。

结构工程专业中，各建设阶段的模型对内容及参数信息的需求各不相同：在初步设计阶段，结构专业工作重点是根据建筑模型，开发、维护和更新选中的 BIM 结构模型，进行初步结构分析，实施 BIM 建筑模型与 BIM 结构模型间的设计协调。施工图设计阶段，根据最新的建筑模型，维护和更新结构模型。施工图结构设计模型应有准确的尺寸、形状、位置、方位和数量以及可以提供招标投标使用的各种非几何属性参数。深化设计阶段，及时根据设计变更单、签证单、工程联系单、技术核定单等对模型进行相应的修改。模型构件应表现对应建筑实体的详细几何特征及精确尺寸，应表现必要的细部特征和内部组成；构件信息中应包含项目后续阶段（如施工算量、材料统计、造价分析等应用）需要使用的详细信息，包括构件的规格类型参数、主要技术指标、主要性能参数及技术要求等。在结构模型基础上，进行机电安装、钢结构、幕墙、精装修等专业深化设计，进行单专业内和专业间碰撞检查，提供具体碰撞的检测报告，并提供相应的解决方案，及时协调解决碰撞。竣工验收阶段，模型应包含（或链接）分部分项工程的质量验收资料，以及工程洽商、设计变更等文件，BIM 应用资料和设备信息等，确保业主和物业管理公司在运营阶段具备充足的信息。

将 BIM 模型引入结构设计后，BIM 模型作为一个信息平台能够将各种过程数据统筹管理。BIM 模型中的结构构件同样也具有真实构件的属性和特性。记录了工程实施过程中的数据信息，可以被实时调用、统计分析、管理与共享。结构工程的 BIM 模型应用主要包括结构建模和计算、规范校核、三维可视化辅助设计、工程造价信息统计、施工图文档和其他有关的信息明细表等。其包括结构构件以及整体结构两个建筑信息模型。可以存储丰富的构件信息，包括材料信息、几何信息和荷载信息等，能随时方便地进行显示和查询。BIM 软件工具还可以在进行节点设计时自动地判断出包含梁柱的定义、梁柱的空间方位以及梁柱截面尺寸的基本要求等在内的结构构件的逻辑信息，然后对构件的连接类型进行判断识别，并自动匹配与之相应的节点，达到三维模型信息核心的参数化和智能化，从而实现在整个建筑寿命期，对建筑信息的共享、更新和管理。

6.2 BIM 在钢结构建筑设计中的应用

6.2.1 装配式钢结构建筑设计对 BIM 的技术要求

1. BIM 软件及功能介绍

通常 BIM 软件可分为建模、应用和协同三大类，目前常用的软件有以下几种：

（1）Autodesk Revit 系列软件，Revit 建筑设计软件专为建筑信息建模而创建，可帮助专业的设计和施工人员使用协调一致的模型，将设计创意从最初的概念变为现实的构造。Revit 是一个综合性的应用程序，其中包含适用于建筑设计（Revit Architecture）、机械、电气和管道（Revit MEP）、结构工程（Revit Structure）以及工程施工（Revit Construction）的各项功能。Revit 因其强大的族功能、上手容易、兼容性强等特点，成为 BIM 软件中的主流产品。

（2）Bentley 软件，工业设计院常用该软件，在基础设施建设、海洋石油设施建设以及厂房建设等中常用，支持 DNG 和 DWG 两种文件格式，这两种格式是全球 95% 基础设施文件格式，可直接编辑，非常便利；可以记录修改流程，比较修改前后的设计，并且 Bentley 公司有协同设计平台，使各专业充分交流，具有管理权设置与签章功能，可以将模型发布到 GoogleEarth，可将 Sketchup 模型导入其中，支撑任何形体较为复杂的曲面。

（3）Tekla Structure 软件，是国内钢结构应用最为广泛的 BIM 软件，具有强大的钢结构设计、施工以及制造的能力。功能包括 3D 实体结构模型与结构分析完全整合、3D 钢结构细部设计、3D 钢筋混凝土设计、专案管理、自动 Shop Drawing、BOM 表自动生成系统，可以追踪修改模型的时间以及操作人员，方便核查，不需要转换，可随时导出报表。

（4）广联达软件，广联达 BIM5D 以 BIM 平台为核心，集成全专业模型，并以集成模型为载体，关联施工工程中的进度、合同、成本、质量、安全、图纸、物料等信息，为项目提供数据支撑，实现有效决策和精细管理，从而达到减少施工变更、缩短工期、控制成本、提升质量的目的。

（5）Navisworks 软件，Autodesk Navisworks 软件能够将 AutoCAD 和 Revit 系列软

件创建的设计数据与来自其他设计工具的集合图形和信息相结合,将其作为整体的三维项目,通过多种文件格式进行实时审阅,而无需考虑文件的大小。Navisworks 软件可帮助所有相关方将项目作为一个整体来看待,优化从设计决策、建筑实施、性能预测和规划直至设施管理和运营等各个环节。

2. BIM 技术分析与功能分析

应用于建筑结构与场地分析。建筑结构设计是一项科学而系统的工作,其设计内容不仅包含了建筑主体部分的合理化构建,同时涵盖了工程建设区域相关地质水文条件的分析与研究,在建筑结构设计中应用 BIM 技术,能够通过动态数字信息实现建筑结构主体在客观环境因素影响中应力表现的分析。将 BIM 技术与 GIS 技术相结合,能够全面而深入地模拟建筑工程场地条件,对建筑结构选型与体系结构进行合理地预测判断,准确合理地确定最佳建筑施工场地区域,保证建筑结构设计能够全面符合当地的地质、水文以及气候环境条件,在施工与使用中维持较高的稳定性与安全性。

应用于建筑结构性能分析。建筑结构设计不仅是具体结构构件的选择与组合,其更强调建筑整体成型后的应力表现,是否能在一定的水平、竖向以及振动载荷下维持较高的稳定水平。因此,在建筑结构设计中应用 BIM 技术,应能够对结构设计方案进行全面的模拟分析,建立出与建筑实体相对应的一体化数字模型,通过相应软件的内置计算分析功能,实现建筑结构性能的全面分析,通过相关数据的导入将建筑结构设计结果置于接近实际情况的环境之中,快速、准确地完成整个分析结构过程,发现设计缺陷,及时进行修正与优化,提高建筑结构设计质量。

应用于建筑结构的协同。不同专业共同完成建筑工程设计绘图是 BIM 技术应用的重要特征,在设计环节中的信息处理与汇总交流提升了建筑结构设计的协调性与高效性。在 BIM 模型中,建筑工程的数据是不断进行交流和共享的,这主要包括两个方面:一是借助中间数据文件,完成异地不同设计软件进行模型设计时需要的相应数据和信息;二是通过设置中性数据库,实现不同专业之间的数据传递和共享,将与建筑工程相关的水暖、土建、装饰等各种专业的内容有机地结合起来,利用统一的处理平台来对信息进行规范处理,实现系统内部信息流的畅通。在这种数据交流和共享的基础上,保证了建筑结构设计充分考虑中建筑有关各方面的内容,避免了某一点、某一参数疏漏导致的结构不完善问题,对于建筑结构设计有着重要作用。

3. BIM 施工模拟

基于 BIM 所建立的 3D 模型,其强大的可视化能力与高效的建筑性能分析能够为项目设计和方案优选等提供良好的保障,大大提高了建筑从业人员的工作效率,使项目的质量在前期设计阶段得到多方面的优化和提升。当项目进展到施工阶段,具体可视化模拟、进度计划成为建筑从业人员更关心和重视的问题。建筑机械的行进路线和操作空间、土建工程的施工顺序、设备管线的安装顺序、材料的运输堆放安排等,都需要随着项目进展作出相应变化,在 3D 模型基础上增加"时间"这一维度,建立基于 BIM 的 4D 模型,能够有效地在施工阶段发挥过程模拟的功效,对项目进行有效地监控和指导。

现在的结构设计流程部分地考虑了施工过程的受力工况,如施工荷载,然而在实际的施工过程中,可能出现很多设计未考虑的影响因素,这些因素中有些甚至存在着极大的危险。因此需要对施工过程的安全性能进行分析,对建筑物施工期间的结构性能进行评估。

比如，施工分析中需要考虑不断增加的荷载对结构造成的附加应力作用所引起的结构变形等。这些方面均涉及施工方案和施工顺序，甚至细致到施工工序，而且对施工过程中每一步构件的定位和加工尺寸的确定以及施工的安全性都起到关键作用。对施工期建筑的时变结构体系进行安全性能分析，能动态地跟踪施工全过程，以保证结构变形、应力满足设计要求，保证施工的安全和质量。

进行施工期建筑结构安全分析，需要通过建筑结构类型、材料性质以及施工荷载等随时间和进度变化的时变分析，建立施工期建筑时变结构体系的分析模型，并针对各种施工操作进行力学分析、性能验算和安全性识别。再建立相应的安全指标、评价体系，及施工期建筑安全评价模型。最后结合上述分析模型和评价模型，实现对施工期建筑结构的安全性分析和评估。

由于 4D 信息模型和时变结构计算在实践维度上具有共通性，因此它们之间能形成良好的数据互通性。具体而言，时变结构中的结构模型，在钢筋混凝土结构施工阶段，主要包括结构构件和支撑体系，均能通过 4D 系统的三维模型导出生成。而在时间因素上，4D 技术应用于进度的形象模拟，能够表现出小至结构构件，大至结构形式在施工过程中的动态状态。

通过 4D 系统的进度模拟，能自动生成相应的短暂结构计算模型，用于计算结构的短暂受力情况和评价施工期结构的安全性能和可靠度指标。同时，4D 系统能动态模拟整个施工过程，也为结构的安全性能提供连续的计算分析，从而保障建筑在整个施工期中安全可靠。

4. 信息共享与传递

模型集成化应用。BIM 技术将建模结构设计中的信息进行量化整合，实现工程设计单元参数化描述，并将模数结果汇总形成具体建筑结构构件的信息化模型。BIM 技术的模型集成化应用，能够准确地展示建筑结构内部梁、柱、墙等具体构件的位置与相互关系，真实反映建筑结构特征，通过系统内置的物理信息处理功能对设计结构进行动态化的模拟分析，设计人员能够全面而直观了解建筑结构状况，对设计经过进行预测判断，降低出现结构设计失误的概率，控制工程建设事故的发生。

参数形成和编辑。建筑结构模型数据库是 BIM 技术的核心部分，其内部涵盖的模型由量化参数构成，因此 BIM 技术应用中的重要功能就是建筑结构模型参数的形成与编辑。在数据库参数的形成与编辑过程中，建立的建筑工程构件模型与结构实体一一对应，确保结构设计人员能够便捷地取用模型，确保设计方案与工程实际情况的一致性。

信息共享与交换。BIM 技术的另一个功能特点就是建筑结构设计信息的共享与交换，依托 BIM 软件的应用，结构设计人员能够将设计结果以模型封装的形式录入数据库，在其他设计人员访问时能够便捷地获取结构设计模型信息。建筑结构不同，构建设计人员可以将他人的设计结构与本人的工作内容结合起来，调整优化设计方案，提升建筑结构设计的整体一致性，在互联网信息技术飞速发展的时代背景下，云计算、大数据技术的出现，为 BIM 技术提供了更加广阔的发展空间，依托模型数据的资源共享能够全面提升建筑结构设计领域协同水平。

6.2.2 装配式钢结构建筑设计 BIM 技术特点

1. 可视化

BIM 可以实现装配式钢结构建筑三维建模，能够三维展现建筑工程项目的全貌，构件连接、细部做法以及管线排布等，这种可视化模式具有互动性和反馈性，便于设计、制作、运输、施工、装修、运维等各个单位的沟通和讨论。

BIM 的出现可以作为设计者工作方式的转折点，设计者可以利用三维立体的方式，将预想的设计图以三维的形式展现，不再局限于原来的平面设计；对于构件的互动以及反馈有较为明确的说明，设计者在进行模型设计的时候，不论任何阶段都能实现项目的可视化，使设计者能够更为清楚地了解设计的具体情况，这在建造过程、运营过程中也同样能够实现。

2. 可协调性

BIM 可以实现装配式钢结构建筑工程全生命期内的信息共享，使工程设计、制作、运输、施工、装修等各个环节信息互相衔接。基于 BIM 的三维设计软件可以提供清晰、高效、专业的沟通平台。当各专业项目信息出现"不兼容"时，如管道冲突、预留洞口不合适等，可在工程建造前期进行协调，减少不合理变更方案或者问题变更方案。

在项目实施过程中经常会出现各种问题，由于各设计师之间没有很好地沟通，经常会出现图纸交叉等问题，例如暖通等专业在进行管道布置时，需要在施工图上绘制施工线路，但在实际的操作过程中管线的布置位置可能与房屋的整体结构发生冲突。BIM 的出现就能大幅度减少这些冲突的产生。对于不同专业之间的交叉问题，同时还能处理更为复杂的情况，例如电梯井的布置，防火区与其他安全问题设计的交叉、地下排水与其他设计间的交叉等。

3. 模拟性

BIM 不仅能够呈现三维建筑物模型，还能够模拟不在真实世界中进行操作的事物。例如，在设计阶段，能够对建筑物进行节能模拟、日照模拟、紧急疏散模拟等；在施工阶段，利用四维施工模拟软件可以根据施工组织设计模拟实际施工，从而确定合理的施工进度控制方案；另外，还可以对整个工程造价进行快速计算，从而实现工程成本的合理控制；在运营维护阶段，可以对紧急情况处理方式进行模拟，例如，火灾或地震逃生模拟等。

4. 优化性

从前期规划、中期设计施工到后期运营维护，整个装配式钢结构工程项目就是一个不断优化的过程。现代建筑复杂程度高，参与人员无法掌握所有信息，必须借助一定的科学技术和设备。BIM 及其配套的优化工具为此类复杂项目的优化提供了可能。例如，在装配式钢结构建筑前期项目方案阶段，BIM 可实现项目投资及其回报的快速计算，使建设单位更加直观地了解哪种方案更适合自身需求；在设计阶段，可以对某些施工难度较大的设计方案进行优化，控制造价和工期。

5. 输出性

BIM 可以输出的装配式钢结构建筑图纸包括综合管线图、综合结构留洞图、碰撞检查侦错报告和建议改进方案等。

6. 可追溯性

在装配式建筑全生命期的不同阶段，BIM 模型信息是一致的，同一信息无需重复输入，而且信息模型能够自动演化，模型对象在不同阶段可以简单地进行修改和扩展而无需重复创建，避免了信息不一致的错误，实现信息追溯。信息模型中的对象是可识别且相互关联的，系统能够对模型的信息进行统计和分析，并生成相应图形和文档。如果模型中的某个对象发生变化，与之关联的所有对象都会随之更新，以保持模型的完整性和稳定性。BIM的成果之一就是完善的信息模型，能够连接建筑项目生命期不同阶段的数据、过程，是对工程对象的完整描述，可被建筑项目各参与方普遍使用，实现装配式建筑全生命期的追溯。

7. 高度集成化

装配式钢结构建筑项目不同阶段的数据都被收录到一个完整的数据库中，BIM技术的主要作用是对项目进行数据信息的统一处理，并对数据库进行架构，这些项目数据信息主要是项目的基础信息、附属信息等。项目的基础信息包括预制构件的物理性能；梁柱的大小情况、位置坐标情况、材料密度大小以及导热情况等。厂家信息则属于附属信息，从数据信息来看，由于组织方式存在差距，BIM能够做到信息的单一对接，而传统的信息则是一个与多个之间对接，从这些对比中能够发现，BIM项目不仅有较为完整的数据信息，同时还能够让信息更加完整地保存和传输。这对于项目中的各参与方来说，项目的信息会更加公开化，团队之间的协作也会更加默契。

6.2.3　BIM模型的设计深度

模型的细致程度定义了一个BIM模型构件单元从最初级的概念化的程度发展到最高级的竣工级精度的步骤。按照BIM模型的运行阶段不同，从概念设计到竣工设计共划分为5个阶段：1.0阶段，等同于概念设计，此阶段的模型通常为表现建筑整体类型分析的建筑体量，分析包括体积、建筑朝向、造价等；2.0阶段，等同于方案设计，此阶段的模型包含普遍性系统，大致的数量、大小、形状、位置以及方向；3.0阶段，模型单元等同于传统施工图和深化施工图层次；4.0阶段，模型可用于加工和安装；5.0阶段，表现竣工的情形。BIM模型深度应按不同专业划分，包括建筑、结构、机电专业的BIM深度，并应分为几何和非几何两个信息维度，每个信息维度分为5个等级区间，见表6-1~表6-3。

建筑专业几何信息深度等级表　　　　　　表 6-1

序号	信息内容	深度等级				
		1.0	2.0	3.0	4.0	5.0
1	场地边界、地形表面、地貌、植被、地坪、场地道路等	○	○	○	○	○
2	建筑主体外观形状	○	○	○	○	○
3	建筑层数、高度、面积、基本功能分隔构件	○	○	○	○	○
4	建筑标高	○	○	○	○	○
5	建筑空间	○	○	○	○	○
6	主要技术经济指标的基础数据	○	○	○	○	○
7	广场、停车场、运动场地、无障碍设施、排水沟、挡土墙等		○	○	○	○
8	植被、小品		○	○	○	○
9	主体建筑构件的几何尺寸、定位信息、楼地面、柱、外墙、屋顶、内墙、门窗、楼梯、坡道、电梯、管井、顶棚等		○	○	○	○

序号	信息内容	深度等级				
		1.0	2.0	3.0	4.0	5.0
10	主要建筑设施的几何尺寸、定位信息;卫浴、家具、厨房设施等			○	○	○
11	主要建筑细节几何尺寸、定位信息、栏杆、扶手、装饰构件、功能性构件(如防水、防潮、保温、隔声)等			○	○	○
12	主体建筑构件深化尺寸、定位信息;构造柱、过梁、基础、排水沟、集水坑等			○	○	○
13	主要建筑设施深化几何尺寸、定位信息、卫浴、厨房设施等			○	○	○
14	主要建筑装饰深化,材料位置、分割形式、铺装与划分			○	○	○
15	主要构造深化与细节			○	○	○
16	隐蔽工程与预留孔洞的几何尺寸、定位信息			○	○	○
17	细化建筑经济技术指标的基础数据			○	○	○
18	精细化构件细节组成与拆分的几何尺寸、定位信息				○	○
19	最终构件的精确定位及外形尺寸				○	○
20	最终确定的洞口精确定位及尺寸				○	○
21	构件为安装预留的细小孔洞				○	○
22	实际完成的建筑构配件的位置及尺寸					○

结构专业几何信息深度等级表　　　　　　　　　　　　表 6-2

序号	信息内容	深度等级				
		1.0	2.0	3.0	4.0	5.0
1	结构体系的初步模型表达、结构设缝、主要结构构件布置	○	○	○	○	○
2	结构层数、结构高度	○	○	○	○	○
3	主体结构构件,结构梁、结构板、结构墙、水平及竖向支撑等基本布置及截面		○	○	○	○
4	空间结构的构件基本布置及截面,如桁架、网架的网格尺寸及高度等		○	○	○	○
5	基础的类型及尺寸,如桩、筏板、独立基础等		○	○	○	○
6	主要结构洞口定位、尺寸			○	○	○
7	次要结构构件深化,楼梯、坡道、排水沟、集水坑等			○	○	○
8	次要结构细节深化,如节点构造、次要的预留孔洞			○	○	○
9	建筑围护体系的结构构件布置			○	○	○
10	钢结构深化			○	○	○
11	精细化构件细分组成与拆分,如钢筋放样及组拼,钢构件下料				○	○
12	预埋件、焊接件的精确定位及外形尺寸				○	○
13	复杂节点模型的精确定位及外形尺寸				○	○
14	施工支护的精确定位及外形尺寸				○	○
15	构件为安装预留的细小孔洞				○	○
16	实际完成的建筑构配件的位置及尺寸					○

机电专业几何信息深度等级表 表 6-3

序号	信息内容	深度等级				
		1.0	2.0	3.0	4.0	5.0
1	主要机房或机房区的占位尺寸、定位信息	○	○	○	○	○
2	主要路由（风井、水井、电井等）几何尺寸、定位信息	○	○	○	○	○
3	主要设备（锅炉、冷却塔、冷冻机、换热设备、水箱水池、变压器、燃气调压设备、智能化系统设备等）几何尺寸、定位信息	○	○	○	○	○
4	主要干管（管道、风管、桥架、电气套管等）几何尺寸、定位信息		○	○	○	○
5	所有机房的占位几何尺寸、定位信息		○	○	○	○
6	所有干管（管道、风管、桥架、电气套管等）几何尺寸、定位信息		○	○	○	○
7	支管（管道、风管、桥架、电气套管等）几何尺寸、定位信息			○	○	○
8	所有设备（水泵、消防栓、空调机组、散热器、风机、配电箱柜等）几何尺寸、布置定位信息			○	○	○
9	管井内管线连接几何尺寸、布置定位信息			○	○	○
10	设备机房内设备布置定位信息和管线连接			○	○	○
11	末端设备（空调末端、风口、喷头、灯具、烟感器等）布置定位信息和管线连接			○	○	○
12	管道、管线装置（主要阀门、计量表、消声器、开关、传感器）等布置			○	○	○
13	主要建筑设施深化几何尺寸、定位信息、卫浴、厨房设施等				○	○
14	单项（太阳能热水、虹吸雨水、热泵系统室外部分、特殊弱电系统等）深化设计模型				○	○
15	开关面板、支吊架、管道连接件、阀门的规格定位信息				○	○
16	风管定制加工模型				○	○
17	特殊三通、四通定制加工模型，下料准确几何信息				○	○
18	复杂部位管道整体定制加工模型				○	○
19	根据设备采购信息的定制模型					○
20	实际完成的建筑设备与管道构件及配件的位置及尺寸					○

BIM 模型深度等级可按需要选择不同专业和信息维度的深度等级进行组合，也可以根据需要选择专业 BIM 模型深度等级进行组合，同时应符合现行《建筑信息模型施工应用标准》GB/T 51235 的要求。

在钢结构深化设计 BIM 应用中，可基于施工图设计模型或施工图和相关设计文件、施工工艺文件创建钢结构深化设计模型，输出平立面布置图、节点深化设计图、工程量清单等，见图 6-1。

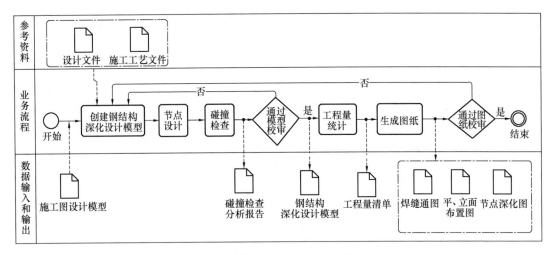

图 6-1 钢结构深化设计 BIM 应用典型流程

6.2.4 BIM 技术在建筑设计各阶段的应用

1. 前期规划阶段

装配式钢结构建筑项目前期规划中，影响因素众多，利用 BIM 将不同组合下的数据进行模拟量化可为设计人员确定最合适的建筑形体和位置提供依据。将传统的决策时间安排到前期规划中，能有效减少项目进程中因变更而增加的成本，也可提高设计质量。通过 BIM 的分析和优化，可有效综合交通、环境等影响因素，寻求最佳流线、视线，通过定量数据分析得到相对最优建筑方案，避免对经验的过分依赖。

2. 方案设计阶段

在装配式钢结构建筑方案设计时应用 BIM 技术，可以有效提高设计效率。众多的优化手段能为方案比选提供量化依据和技术手段，结合绿色建筑理念，使设计策略的制定更有针对性。相比于 CAD 时代，BIM 技术方便了各专业的沟通、减少了设计失误的发生，工作效率大大提高。装配式钢结构建筑概念设计阶段，设计人员利用 BIM 技术对多个方案进行模拟和分析，比对不同方案的布局、建筑造型、结构样式、能耗、工程造价等，从中选择最优方案，并结合其他方案的亮点对预制装配式住宅形体及布局进行优化。住宅设计中要控制好户型面积，要求其与空间功能分配相适应。装配式钢结构建筑方案设计过程中，通过 BIM 模型进行体块推敲，各体块对应信息能清楚及时地反映不同功能空间的面积，建筑师可按需要对其做出调整。BIM 技术做到了信息与模型的联动，大大提高了设计效率。

3. 初步设计阶段

初步设计是在方案设计的基础上，绘出方案的脉络图，由建筑师确定建筑的总体设计方案及布局，结构工程师根据建筑方案进行结构设计，建筑和结构的设计师在设计过程中反复提资修改。BIM 模型作为一个信息数据平台，可以把上述设计过程中的各种数据统筹管理，BIM 模型中的结构构件同时也具有真实构件的属性及特性，记录了项目实施过程的所有数据信息，可以被实时调用、统计分析、管理和共享。在初步设计阶段，BIM

的成果是多维的、动态的，可以较好地就设计方案与各参与方进行沟通，对于项目的建筑效果、结构设计、机电设备系统设计及各类经济指标的对比等都能更直观地进行展示和交流。

4. 施工图设计阶段

在完成方案设计和初步设计之后，进入到施工图绘制阶段。借助BIM技术与"云端"技术，各专业设计人员可以将包含各自专业的设计信息的BIM模型统一上传至BIM设计平台供其他专业设计人员调用，进行数据传递与无缝对接，全视角可视化的设计协同。BIM模型的建立使得设计单位从根本上改变了二维设计的信息割裂问题。传统二维设计模式下，建筑平面图、立面图、剖面图是分别绘制的，如果在平面图上修改了某个窗户，那么就要分别在立面图及剖面图进行与之相应的修改，难免出现疏漏，造成部分图修改而部分图没有随之修改的低级错误。而BIM的数据是采用唯一、整体的数据存储方式，无论平面图、立面图还是剖面图其针对某一部位采用的都是同一数据信息，某一专业设计参数更改能够同步更新到BIM平台，并且同步更新设计图纸，使得修改简便而准确。通过碰撞检查与自动纠错功能，自动筛选各专业之间的设计冲突，帮助各专业设计人员及时找出专业设计中存在的问题。

5. 深化设计阶段

在BIM技术支持下，装配式钢结构建筑方案确定后，需由专业技术团队对设计模型进行深化设计，完成各种节点与末端的模型搭建工作，使之成为指导施工的唯一依据。由设计模型生成的构件模型包含有生产所需的细节化信息，可作为钢结构构件的工厂生产与现场施工依据。装配式钢结构建筑因其自身区别于一般建筑的特点，在进行BIM模型拆分时就应注意构件的划分，钢结构构件的深化设计是装配式钢结构建筑设计的重点和难点。钢结构构件的深化设计传统上是由钢结构构件厂作为主体进行的，需要其综合来自各方及各专业的意见并将其转化为构件实体。在BIM技术支持下，各专业在同一平台上交流意见，提出自己的需求，最后进行汇总，各专业的需求由具体化变为符号化。在此基础上，由专业人员通过BIM软件建立钢结构构件的BIM模型库，作为工厂生产构件的标准。设计师也可从BIM钢结构构件库中挑选满足需要的构件对方案模型进行深化。

协同设计是协调多个不同参与方来实现一个相同的设计目标的过程（图6-2）。传统的协同设计，指的是依赖网络达到沟通交流信息的作用的一种手段，也包括设计流程中的组织管理。设计单位通过CAD文件之间的外部参照实现各专业间数据的可视化共享，电视电话网络会议使远在异地的设计团队成员交流设计成果、评审方案或讨论设计变更等，都是协同设计的表现。在BIM技术下，协同已不再是简单的文件参照，各专业通过共同的BIM平台共享信息实现项目的协作。装配式钢结构建筑的设计过程中需要水、暖、电等各个专业的协同设计，为了共同完成这一项目，项目组要在共享平台上创建完整的项目信息和文档，这些信息是可以被该项目组的所有成员查看和使用的。所收集的信息要在同一平台下经过分析、加工、补充后给各专业共享，设计各参与方之间要协同，设计单位与施工企业也要协同，二维设计和三维设计之间也应该协同，最终保证信息在建筑全生命期中传递。

进行装配式钢结构建筑BIM协同时，为方便信息和人员的管理，保证专业内以及专业间BIM信息的流畅交互，需要建立统一的BIM平台。只有在同一平台下，才能保证设计规范、任务书、图纸等信息的共享。各专业围绕同一模型展开工作，各专业所有变更均能被其他专业看到并做相应的调整，实现了即时交流。同时，建设方和施工单位在项目初步设计时即参与到方案的讨论中来，因缺乏交流而出现的工程变更也因此减少，大大提高了工作效率。

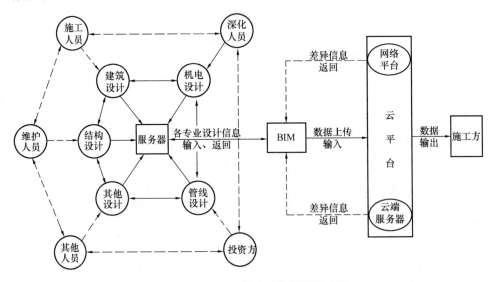

图 6-2　基于 BIM 技术的协同设计流程

以当前应用最广的 Tekla 来说，其深化设计流程大致如下：

（1）运用 Tekla 软件建立轴线。按照图纸在模型中建立统一的轴网，根据构件规格在软件中建立规格库，定义构件前缀号，以便软件在自动编号时能合理区分各构件，使加工厂和现场安装更为合理方便。（2）精确建模阶段，Tekla 3D 包含了设计、制造、安装的全部要求，所有的图面与报告完全整合在模型中产生一致的输出文件，与以前的设计系统相比，Tekla 可以获得更高的效率和效果，让设计者可以在更短的时间内做出更正确的设计，根据施工图、构件运输条件、现场安装条件及工艺等方面对各构件合理分段，对节点进行人工装配。（3）模型校核阶段，装配式钢结构建筑各构件交错连接，结构复杂，如果到施工现场才发现安装困难，无论是运回工厂或者是现场调整修改都会造成工期延误，也会因人工及材料的浪费导致工程成本的增加。通过 Tekla 软件本身包含的碰撞检测功能，可以更为方便快捷地检测出碰撞对象的位置，对模型的准确性、节点的合理性及加工工艺等各方面进行校核，运用软件中的校核功能对整体模型进行校核，防止构件之间相互碰撞。（4）构件编号阶段，模型校核后，通过 Tekla 软件的编号功能对模型中的构件进行编号，软件将根据预先设置的构件名称进行编号归并，把同一规格构件统一编为一类，把相同的构件合并编号，编号的归类和合并更有利于对构件的批量加工，从而减少工厂的加工时间。（5）构件出图阶段，通过Tekla 能够对模型中的构件、节点自动生成初步零件图、构件图以及施工布置图，然后对图纸中的尺寸标注、焊缝标注、构件方向定位及图纸排版等方面进行修改调整，力求深化图纸准确、简洁、清楚、美观。由于所有信息都存储在模型内，且与模型紧密关联，因此当工程发生设计变更时，只需对模型进行修改，各种与之相关联的图纸文件及数据文件均会相应地自动更新，很好地解决了工程多次变更版本所带来的一系列难题。

6.3　BIM 在装配式钢结构构件生产中的作用

在构件生产阶段应用 BIM 技术有助于实现信息化管理，可进行订单信息管理、材料购置管理、生产技术方案编制、库存控制等，机械化的生产更提高了构件质量，实现高效生产。

BIM 技术可用于生产订单管理，储存订单详细信息。根据订单中构件材料信息以及加工厂现有物料进行备料准备，及时进行材料采购，避免生产订单下达后因缺料无法生产，延误工期。同时应用 BIM 技术还可以编制生产计划，使构件生产实现信息化，生产管理高效化。经过设计阶段和深化设计阶段可产生上百张图纸，建筑构件也有成百上千，应用 BIM 技术可很快地在信息平台上找到所需信息，减少工作量，更加科学准确地指导设备进行构件生产。

BIM 技术有助于实现数字化制造，完成构件检测自动化，减少人工操作次数，有效降低人工操作可能带来的失误，使生产效率得到提高、构件质量得到保障。完成的构件可将库存信息录入 BIM 系统，管理人员根据施工进度将构件运输至施工现场，实现库存科学管理。图 6-3 为钢结构 BIM 与生产系统的关系。

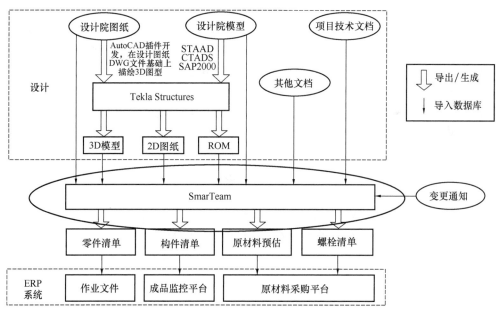

图 6-3　钢结构 BIM 与生产系统的关系

6.4　BIM 在装配式钢结构建筑施工中的应用

1. 施工阶段项目目标管理

利用构件库建立的装配式钢结构建筑 BIM 模型，具有协调性、模拟性和可视化特点。在 BIM 模型的基础上关联进度计划进行 4D 工序模拟，优化吊装进度计划；而利用构件级数据库可准确快速地统计工作量，多算对比加强成本管控；同时将多专业模型整合在同一个平台，利用管线综合自动检查管线净高和间距，减少碰撞冲突，提高施工质量；搭建基于 BIM 的施工资料管理平台，方便查找和管理资料。

2. 进度管理

基于 BIM 模型的进度管理，主要是通过进度计划的编制和进度计划的控制来实现，在进度计划执行过程中，检查实际进度是否按计划要求执行，若出现偏差及时找出偏差原因，然后采取必要的补救措施加以控制。随着我国大型建设工程规模越来越大、影响因素多、参与方众多和协调难度大，传统进度管理不及时、缺乏灵活性，经常出现实际进度与计划进度不一致，计划控制作用失效。

3. 成本管理

传统模式下，工程量信息是基于 2D 图纸建立，造价数据掌握在分散的预算员手中，数据很难准确对接，导致工程造价快速拆分难以实现，不能进行精确的资源分析，这是导致数据不准确、控制不及时的重要原因。而具有构件级的 BIM 模型，关联成本信息和资源计划形成构件级 5D 数据库，根据工程进度的需求，选择相对应的 BIM 模型进行框图调取数据，分类汇总统计形成框图出量，快速输出各类统计报表，形成进度造价文件，然后提取所需数据进行多算对比分析，提高成本管理效率，加强成本管控。

4. 质量管理

传统二维施工图纸，采用线条在图纸上表达各个构件的信息，而真正的构造形式需要施工人员凭经验去想象，技术交底时不够形象直观；而 BIM 可视化交底是以三维的立体实物图形为基础，通过 BIM 模型全方位的展现其内部构造，不仅可以精细到每一个构件的具体信息，也方便从模型中选取复杂部位和管件节点进行吊装工序模拟，逼真的可视化效果增加了工人对施工环境和施工工艺的理解，然后对现场工人进行交底，指导现场施工，提高施工效率和构件安装质量。

习　题

1. 简述 BIM 技术在装配式钢结构设计各阶段的主要工作内容。
2. 试分析基于 BIM 的装配式钢结构设计与传统设计方式的不同之处。

附录 钢结构建筑装配率计算

装配率是一个重要的概念，是衡量建筑物装配化程度的标尺，如前所述，该数值也是判断建筑物是否为装配式建筑的标准之一。

装配率应根据附表1中评价分值按下式计算：

$$P = \frac{Q_1 + Q_2 + Q_3}{100 - Q_4} \times 100\% \qquad (附1)$$

式中 P——装配率；

　　　Q_1——主体结构指标实际得分值；

　　　Q_2——围护墙和内隔墙指标实际得分值；

　　　Q_3——装修和设备管线指标实际得分值；

　　　Q_4——评价项目中缺少的评价项分值总和。

装配式建筑评分计算表　　　　　　　　　　　　　　　附表1

	评价项	评价要求	评价分值	最低分值
主体结构 （50分）	柱、支撑、承重墙、延性墙板等竖向构件	35%≤比例≤80%	20～30*	20
	梁、板、楼梯、阳台、空调板等构件	70%≤比例≤80%	10～20*	
围护墙 和 内隔墙 （20分）	非承重围护墙非砌筑	比例≥80%	5	10
	墙体、保温（隔热）、装饰一体化	50%≤比例≤80%	2～5*	
	内隔墙非砌筑	比例≥50%	5	
	墙体、管线、装修一体化	50%≤比例≤80%	2～5*	
装修 和 设备管线 （30分）	全装修	—	6	6
	干式工法的楼面、地面	比例≥70%	6	—
	集成厨房	70%≤比例≤90%	3～6*	
	集成卫生间	70%≤比例≤90%	3～6*	
	管线分离	50%≤比例≤70%	4～6*	

注：表中带"＊"项的分值采用内插法计算，计算结果取小数点后1位。

1. 主体结构部分 Q_1

柱、支撑、承重墙、延性墙板等主体结构竖向预制部品部件的应用比例按预制部分占竖向构件总体积的比例计算，装配式钢结构建筑由于竖向承重构件采用钢构件，全部是预制构件，因此主体结构竖向构件评价项得分可为30分。如果要参与评级，竖向构件比例不能低于35%（即20分）。

水平构件的梁、板、楼梯、阳台、空调板等预制部品部件的应用比例按其水平投影面积占建筑面积的比例计算，计算建筑面积时可以扣除没有楼板的洞口。预制板包括叠合板、压型钢板组合楼板和宽度在300mm以下的后浇板带。

$$q_{1a} = \frac{A_{1a}}{A} \times 100\% \qquad\qquad (附2)$$

式中　q_{1a}——梁、板、楼梯、阳台、空调板等构件中预制部品部件的应用比例；

　　　A_{1a}——各楼层中预制装配梁、板、楼梯、阳台、空调板等构件的水平投影面积之和；

　　　A——各楼层建筑平面总面积。

2. 围护墙和内隔墙部分 Q_2

非承重围护墙中非砌筑墙体的应用比例按下式计算：

$$q_{2a} = \frac{A_{2a}}{A_{w1}} \times 100\% \qquad\qquad (附3)$$

式中　q_{2a}——非承重围护墙中非砌筑墙体的应用比例，非砌筑指非"原位砌筑"，如果事先制作好构件，在楼面组装，仍按预制构件计；

　　　A_{2a}——各楼层非承重围护墙中非砌筑墙体的外表面之和，计算时可不扣除门、窗及预留洞口等的面积；

　　　A_{w1}——各楼层非承重围护墙外表面总面积，计算时可不扣除门、窗及预留洞口等的面积。

围护墙采用墙体、保温、隔热、装饰一体化的应用比例按下式计算：

$$q_{2b} = \frac{A_{2b}}{A_{w2}} \times 100\% \qquad\qquad (附4)$$

式中　q_{2b}——围护墙采用墙体、保温、隔热、装饰一体化的应用比例；

　　　A_{2b}——各楼层围护墙采用墙体、保温、隔热、装饰一体化的墙面外表面积之和，计算时可不扣除门、窗及预留洞口等的面积；

　　　A_{w2}——各楼层围护墙外表面总面积，计算时可不扣除门、窗及预留洞口等的面积。

内隔墙中非砌筑墙体的应用比例按下式计算：

$$q_{2c} = \frac{A_{2c}}{A_{w3}} \times 100\% \qquad\qquad (附5)$$

式中　q_{2c}——内隔墙中非砌筑墙体的应用比例；

　　　A_{2c}——各楼层内隔墙中非砌筑墙体的墙面面积之和，计算时可不扣除门、窗及预留洞口等的面积；

　　　A_{w3}——各楼层内隔墙墙面总面积，计算时可不扣除门、窗及预留洞口等的面积。

内隔墙采用墙体、管线、装修一体化的应用比例应按下式计算：

$$q_{2d} = \frac{A_{2d}}{A_{w3}} \times 100\% \qquad\qquad (附6)$$

式中　q_{2d}——内隔墙采用墙体、管线、装修一体化的应用比例；

　　　A_{2d}——各楼层内隔墙采用墙体、管线、装修一体化的墙面面积之和，计算时可不扣除门、窗及预留洞口等的面积；

　　　A_{w3}——各楼层内隔墙墙面总面积，计算时可不扣除门、窗及预留洞口等的面积。

3. 装修和设备管线 Q_3

干式工法楼面、地面的应用比例应按下式计算：

$$q_{3a} = \frac{A_{3a}}{A} \times 100\%$$ (附7)

式中 q_{3a}——干式工法楼面、地面的应用比例;

A_{3a}——各楼层采用干式工法楼面、地面的水平投影面积之和;

A——各楼层建筑的总面积。

集成厨房的橱柜和厨房设备等应全部安装到位,墙面、顶面和地面中干式工法的应用比例应按下式计算:

$$q_{3b} = \frac{A_{3b}}{A_k} \times 100\%$$ (附8)

式中 q_{3b}——集成厨房干式工法的应用比例;

A_{3b}——各楼层厨房墙面、顶面和地面采用干式工法的面积之和;

A_k——各楼层厨房的墙面、顶面和地面的总面积。

集成卫生间的洁具设备等应全部安装到位,墙面、顶面和地面中干式工法的应用比例应按下式计算:

$$q_{3c} = \frac{A_{3c}}{A_b} \times 100\%$$ (附9)

式中 q_{3c}——集成卫生间干式工法的应用比例;

A_{3c}——各楼层卫生间墙面、顶面和地面采用干式工法的面积之和;

A_b——各楼层卫生间的墙面、顶面和地面的总面积。

管线分离比例应按下式计算:

$$q_{3d} = \frac{L_{3d}}{L} \times 100\%$$ (附10)

式中 q_{3d}——管线分离比例;

L_{3d}——各楼层管线分离的长度,包括裸露于室内空间以及敷设在地面架空层、非承重墙体空腔和吊顶内的电气、给水排水和采暖管线长度之和;

L——各楼层电气、给水排水和采暖管线的总长度。

参 考 文 献

[1] 中华人民共和国住房和城乡建设部. 钢结构设计标准 GB 50017—2017[S]. 北京：中国建筑工业出版社，2017.

[2] 陈绍蕃，等. 钢结构（下册）（第四版）[M]. 北京：中国建筑工业出版社，2018.

[3] 中华人民共和国住房和城乡建设部. 装配式钢结构住宅建筑技术标准 JGJ/T 469—2019[S]. 北京：中国建筑工业出版社，2019.

[4] 中华人民共和国住房和城乡建设部. 低层冷弯薄壁型钢房屋建筑技术规程 JGJ 227—2011[S]. 北京：中国建筑工业出版社，2011.

[5] 中华人民共和国建设部，中华人民共和国国家质量监督检验检疫总局. 冷弯薄壁型钢结构技术规范 GB 50018—2002[S]. 北京：中国计划出版社，2003.

[6] 周绪红. 低层冷弯薄壁型钢结构住宅体系[J]. 建筑科学与工程学报，122(6)，2005.

[7] 中国建设教育协会，远大住宅工业集团股份有限公司. 预制装配式建筑施工要点集[M]. 北京：中国建筑工业出版社，2018.

[8] 中国建筑标准设计研究院. 装配式建筑系列标准应用实施指南—钢结构建筑[M]. 北京：中国计划出版社，2016.

[9] 马张永，等. 装配式钢结构建筑与 BIM 技术应用[M]. 北京：中国建筑工业出版社，2019.

[10] 中国钢结构协会. 建筑钢结构施工手册[M]. 北京：中国计划出版社，2002.

[11] 《钢结构工程施工规范》编制组. 钢结构工程施工规范 GB 50755—2012 应用指南[M]. 北京：中国建筑工业出版社，2013.

[12] 中华人民共和国住房和城乡建设部. 装配式钢结构建筑技术标准 GB/T 51232—2016[S]. 北京：中国建筑工业出版社，2017.

[13] 中华人民共和国住房和城乡建设部. 装配式整体卫生间应用技术标准 JGJ/T 467—2018[S]. 中国建筑工业出版社，2019.

[14] 中华人民共和国国家质量监督检验检疫总局，中国国家标准化管理委员会. 整体浴室 GB/T 13095—2008[S]. 北京：中国标准出版社，2008.

[15] 中华人民共和国国家质量监督检验检疫总局，中国国家标准化管理委员会. 住宅卫生间功能及尺寸系列 GB/T 11977—2008[S]. 北京：中国标准出版社，2008.

[16] 中华人民共和国住房和城乡建设部. 住宅整体厨房 JG/T 184—2011[S]. 北京：中国标准出版社，2011.

[17] 中华人民共和国住房和城乡建设部. 装配式整体厨房应用技术标准 JGJ/T 477—2018[S]. 北京：中国建筑工业出版社，2018.

[18] 中华人民共和国住房和城乡建设部. 住宅厨房模数协调标准 JGJ/T 262—2012[S]. 北京：中国建筑工业出版社，2012.

[19] 中华人民共和国国家质量监督检验检疫总局，中国国家标准化管理委员会. 家用厨房设备 第2部分：通用技术要求 GB/T 18884.2—2015[S]. 北京：中国标准出版社，2015.

[20] 文桂萍，等. 建筑设备安装与识图[M]. 北京：机械工业出版社，2010.